ÉLÉMENTS

D'ARITHMÉTIQUE

COURS ÉLÉMENTAIRE

ÉLÉMENTS
D'ARITHMÉTIQUE

A L'USAGE DES ÉCOLES PRIMAIRES

COURS ÉLÉMENTAIRE

(DIXIÈME ÉDITION)

(Tir. : 128.000 ex.)

LIBRAIRIE CATHOLIQUE EMMANUEL VITTE

LYON   **PARIS**
3, place Bellecour, 3 | 5, rue Garancière, 5

1924

ARITHMÉTIQUE

ÉLÉMENTAIRE

PRÉLIMINAIRES

1. L'ARITHMÉTIQUE EST la science des nombres.

2. Le NOMBRE est le résultat qu'on obtient en comparant une grandeur à son unité.

3. On appelle GRANDEUR ou QUANTITÉ tout ce qui peut être augmenté ou diminué, comme la longueur, la surface, le poids, le temps, etc.

4. L'UNITÉ est une quantité connue à laquelle on compare les quantités de même espèce que l'on veut MESURER ou COMPTER.

Quand on dit qu'un mur a *six mètres* de longueur, la *longueur* du mur est la *quantité* mesurée ; le *mètre* est l'*unité* à laquelle cette quantité a été comparée, et *six*, qui est le résultat de cette comparaison, est le *nombre*. Le nombre exprime combien il y a d'unités ou de parties d'unité dans la quantité.

De même, dans *trente pommes*, le *tas de pommes* est la *quantité ;* une *pomme* est l'*unité*, parce que *c'est l'une des choses que l'on veut compter ;* *trente* est le *nombre*, parce qu'il exprime combien il y a de pommes dans le tas.

5. Il y a trois espèces de nombres : le nombre ENTIER, le nombre FRACTIONNAIRE et la FRACTION.

6. Le *nombre entier* est celui qui contient l'unité une ou plusieurs fois exactement, comme *douze personnes, quatre mètres*.

7. Le *nombre fractionnaire* est celui qui contient une ou plusieurs fois l'unité et une ou plusieurs parties d'unité, comme *deux mètres et demi, cinq litres trois quarts*.

8. La *fraction* est une ou plusieurs parties de l'unité divisée en parties égales, comme *un tiers de pomme, trois quarts d'heure.* Toute quantité plus petite que l'unité est une fraction.

9. On appelle NOMBRE CONCRET celui qui est suivi du nom de son unité, comme *douze mètres, six francs.*

10. On appelle NOMBRE ABSTRAIT celui qui n'est pas suivi du nom de son unité, comme *quatre, douze, cinq fois, trois unités.*

EXERCICES ORAUX

1. Qu'est-ce qu'on obtient quand on compare une grandeur à son unité?

2. Pourquoi compare-t-on une quantité à son unité?

3. Quand on dit qu'un vase contient treize litres de vin, quelle est la quantité mesurée, — quel est le nombre, — quelle est l'unité?

4. Qu'est-ce qu'on exprime en disant qu'une table a trois mètres de long?

5. Donnez un exemple de nombre entier.

6. Dites un nombre fractionnaire.

7. Exprimez une fraction.

8. Donnez un exemple de nombre concret.

9. Donnez un exemple de nombre abstrait.

10. Quels noms pourrait-on donner aux nombres *trois* unités, — *quatre* pommes *et demie,* — *trois quarts* d'heure?

CHAPITRE Ier

NUMÉRATION DES NOMBRES ENTIERS

11. La plus simple manière de former les nombres entiers est d'*ajouter l'unité successivement à elle-même,* ce qui donne chaque fois un nouveau nombre. Mais, à mesure qu'on forme les nombres, il faut savoir les exprimer ou les représenter; c'est ce qu'enseigne la NUMÉRATION.

12. La *numération* est l'art d'exprimer les nombres, soit par la parole, soit par l'écriture.

13. Il y a deux sortes de numérations : la *numération parlée* et la *numération écrite.*

I

Numération parlée

14. La NUMÉRATION PARLÉE est l'art d'exprimer les nombres au moyen d'une petite quantité de mots appelés *noms de nombres*.

15. Tout l'artifice de la numération parlée consiste à grouper les nombres par séries d'unités appelées ORDRES ; à réunir les ordres par CLASSES, et à les nommer de la manière suivante :

Ordres et classes des unités simples

16. L'unité seule s'appelle UN; l'unité ajoutée à elle-même s'appelle *deux* ; deux plus *un* donnent *trois*, et, à mesure qu'on augmente d'une unité, on a les nombres *quatre, cinq, six, sept, huit, neuf.* Ces neuf premiers noms de nombres désignent les UNITÉS SIMPLES ou *unités du premier ordre*.

17. *Neuf* plus *un* donnent DIX, et la réunion de dix unités s'appelle DIZAINE ou DIX. C'est l'*unité du second ordre*.

18. On compte par dizaines comme on a compté par unités simples et l'on dit :

Une dizaine, deux dizaines..., neuf dizaines; ou plus simplement :

Dix, vingt, trente, quarante, cinquante, soixante, soixante-dix, quatre-vingts, quatre-vingt-dix.

19. A la suite de chaque nombre de dizaines, on ajoute les neuf premiers nombres, et l'on dit :

Onze, douze, treize, quatorze, quinze, seize, dix-sept, dix-huit, dix-neuf.

Vingt et un, vingt-deux, vingt-trois..... vingt-neuf.

Trente et un, trente-deux..... et ainsi de suite jusqu'au nombre *quatre-vingt-dix-neuf.*

Quatre-vingt-dix-neuf plus *un* forment une réunion de *dix* dizaines qu'on appelle CENTAINE ou CENT. C'est *l'unité du troisième ordre.*

20. On compte les centaines comme on a compté les unités, et, à la suite de chaque nombre de centaines, on répète successivement les quatre-vingt-dix-neuf premiers nombres. Ainsi l'on dit :

Cent un, cent deux, cent trois,..... cent quatre-vingt-dix-neuf.

Deux cent un, deux cent deux..... deux cent quatre-vingt-dix-neuf.

Trois cent un, trois cent deux..... et ainsi de suite jusqu'à *neuf cent quatre-vingt-dix-neuf.*

21. Les trois ordres ci-dessus : *unités, dizaines* et *centaines d'unités simples,* forment la première *classe des nombres* appelée CLASSE DES UNITÉS SIMPLES.

Ordres et classe des mille.

22. *Neuf cent quatre-vingt-dix-neuf* plus *un* donnent une collection de *dix centaines* qu'on appelle MILLE ou *unité du quatrième ordre.*

23. On compte les *mille* par *unités, dizaines* et *centaines,* comme les unités simples, et l'on répète successivement, d'un nombre de mille au suivant, tous les nombres inférieurs. Ainsi l'on dit :

Un mille, deux mille, trois mille,..... neuf mille ; dix mille, vingt mille,..... quatre-vingt-dix-neuf mille ; cent mille, deux cent mille, trois cent mille....., et l'on arrive ainsi au nombre *neuf cent quatre-vingt-dix-neuf mille neuf cent quatre-vingt-dix-neuf* unités.

24. Les *dizaines de mille* forment *l'unité du cinquième ordre,* et les *centaines de mille,* celle du *sixième ordre.* Ces trois ordres, *unités, dizaines* et *centaines de mille,* forment la *seconde classe des nombres,* appelée CLASSE DES MILLE.

Ordres et classes au-dessus des mille.

25. *Neuf cent quatre-vingt-dix-neuf mille neuf cent quatre-vingt-dix-neuf* plus *un* donnent une collection de *mille mille* appelée MILLION. C'est *l'unité du septième ordre* et l'unité principale de la *troisième classe des nombres,* appelée CLASSE DES MILLIONS, renfermant aussi trois ordres : *unités, dizaines* et *centaines de millions.*

De même, une collection de *mille millions* donne un BILLION ou MILLIARD, *unité principale de la quatrième classe des nombres,* et ainsi de suite pour les classes plus élevées des TRILLIONS des QUATRILLIONS, etc.

26. On compte par *millions,* par *billions,* etc., comme on a compté par *mille,* c'est-à-dire qu'*on* fait précéder *chaque unité* *principale des neuf cent quatre-vingt-dix-neuf premiers nombres et qu'on la fait suivre de tous les nombres qui lui sont inférieurs.*

REMARQUE

27. On voit par ce qui précède :

1° Que la combinaison des *neuf premiers noms de nombres* avec les mots *dix, cent, mille, million, billion,* permet de nommer tous les nombres nécessaires à nos besoins.

2° *Que dix unités du même ordre forment une unité de l'ordre immédiatement supérieur, et que mille unités d'une classe forment aussi une unité de la classe immédiatement supérieure;*

3° Que les divers ordres se groupent de trois en trois pour former des *classes d'unités* principales. Il y a les *unités, dizaines et centaines* d'UNITÉS SIMPLES ; *les unités, dizaines et centaines* de MILLE, etc.

II
Numération écrite

28. LA NUMÉRATION ÉCRITE est l'art de représenter les nombres au moyen d'une petite quantité de caractères appelés CHIFFRES.

29. Les neuf premiers chiffres représentent les neuf premiers nombres et en prennent le nom :

$$1 \quad 2 \quad 3 \quad 4 \quad 5 \quad 6 \quad 7 \quad 8 \quad 9$$

un, deux, trois, quatre, cinq, six, sept, huit, neuf.

30. Pour représenter les autres nombres, on est convenu de placer ces mêmes chiffres au rang de l'ordre à représenter ; en sorte que, dans tout nombre entier écrit, le premier chiffre à droite représente des *unités ;* le deuxième, des *dizaines ;* le troisième, des *centaines ;* le quatrième, des *mille,* etc.

D'après ce principe, le nombre *deux cent trente-quatre,* qui se compose de *quatre unités, trois dizaines, et deux centaines,* s'écrira : 234 ; *quatre mille trois cent vingt et un,* s'écrira : 4,321.

31. Si le nombre à écrire manque de quelque ordre d'unités on a recours pour en tenir la place, à un *dixième caractère,* 0, appelé ZÉRO.

Ainsi *dix, vingt,* s'écrivent : 10, 20, avec *un zéro* pour tenir la place des unités ; *trois cent quatre,* s'écrit : 304, avec un zéro pour tenir la place des dizaines.

32. On voit que le zéro n'a aucune valeur ; il sert uniquement à tenir la place des ordres d'unités qui manquent dans un nombre.

33. Les autres chiffres ont une VALEUR ABSOLUE qui dépend de leur forme et une VALEUR RELATIVE qui dépend de leur place. Ainsi, dans 47, la valeur absolue de 4 est *quatre unités* et sa valeur relative est *quatre dizaines* ou *quarante*.

Moyen facile de lire et d'écrire les nombres.

34. Pour lire facilement un nombre écrit, *on le partage en tranches de trois chiffres, à partir de la droite*, sauf à n'avoir qu'un ou deux chiffres dans la dernière à gauche ; puis revenant de gauche à droite, *on lit chaque tranche comme si elle était seule, et l'on donne à chacune le nom qui lui convient.*

Le nombre 50604030, ainsi partagé : 50.604.030, se lit : cinquante MILLIONS *six cent quatre* MILLE *trente* UNITÉS.

35. Pour représenter un nombre dicté, il *faut écrire d'abord la classe la plus élevée, et à sa droite, les autres classes par ordre de grandeur, ayant soin de remplacer par des zéros les ordres d'unités qui manquent.*

Ainsi, le nombre *sept millions trente mille huit cents*, s'écrira 7.030.800.

36. Résumé de la numération parlée et de la numération écrite.

CLASSES OU TRANCHES DES

6			5			4			3			2			1		
Quatrillions			Trillions			Billions			Millions			Mille			UNITÉS		
18	17	16	15	14	13	12	11	10	9	8	7	6	5	4	3	2	1
Cent quatrillions	Dix quatrillions	QUATRILLIONS	Cent trillions	Dix trillions	TRILLIONS	Cent billions	Dix billions	BILLIONS	Cent millions	Dix millions	MILLIONS	Cent mille	Dix mille	MILLE	Cent	Dix	UNITÉS simples
.	.	1	1	1	1	1	1	1	1	1	1	1	1	1	1	1	1
.	.	2	2	2	2	2	2	2	2	2	2	2	2	2	2	2	2
.	.	3	3	3	3	3	3	3	3	3	3	3	3	3	3	3	3
.	.	4	4	4	4	4	4	4	4	4	4	4	4	4	4	4	4
.	.	5	5	5	5	5	5	5	5	5	5	5	5	5	5	5	5
.	.	6	6	6	6	6	6	6	6	6	6	6	6	6	6	6	6
.	.	7	7	7	7	7	7	7	7	7	7	7	7	7	7	7	7
.	.	8	8	8	8	8	8	8	8	8	8	8	8	8	8	8	8
.	.	9	9	9	9	9	9	9	9	9	9	9	9	9	9	9	9
.	.	0	0	0	0	0	0	0	0	0	0	0	0	0	0	0	0

EXERCICES ORAUX

11. Nommez les dix premiers ordres d'unités.

12. Nommez les quatre premières classes d'unités.

13. Combien y a-t-il d'ordres dans chaque classe ?

14. Combien faut-il d'unités d'un ordre pour faire une unité de l'ordre immédiatement supérieur ?

15. Combien faut-il d'unités d'une classe pour faire une unité de la classe immédiatement supérieure ?

16. Quels rangs occupent les unités des quatre premières classes ?

17. A quelle classe appartiennent les centaines d'unités simples,—les dizaines de mille, — les centaines de millions ?

18. Quels sont les deux ordres d'unités les plus rapprochés de celui des mille ?

19. Combien y a-t-il d'unités entre deux nombres consécutifs de dizaines, — de centaines, — de mille ?

20. Comment énonce-t-on les nombres compris entre les unités consécutives des différents ordres ?

21. Comment place-t-on les chiffres pour qu'ils représentent les unités de chaque ordre ?

22. Quel chiffre emploie-t-on quand le nombre n'a pas d'unités d'un ordre quelconque ?

23. Dans un nombre, un chiffre occupe le cinquième rang. Quel ordre d'unités représente-t-il ?

24. A quel rang écrit-on les unités simples, les mille, les millions ?

25. Combien faut-il de zéros à la droite du chiffre 1, pour représenter une centaine, — un mille, — un million ?

26. Combien faut-il de chiffres pour représenter les centaines de mille ?

27. Quelles sont les plus fortes unités d'un nombre de quatre chiffres, — de six chiffres, — de huit chiffres ?

28. Le chiffre 5 occupe dans un nombre le cinquième rang. Quelle en est la valeur ?

29. Combien faut-il de chiffres pour représenter tous les nombres ?

30. Combien faut-il de mots pour exprimer les nombres ?

CHAPITRE II

OPÉRATIONS DE L'ARITHMÉTIQUE

37. On appelle OPÉRATIONS ARITHMÉTIQUES les divers changements que l'on fait subir aux nombres, pour les composer et les décomposer.

38. Il y a quatre opérations fondamentales, savoir : l'ADDITION, la SOUSTRACTION, la MULTIPLICATION et la DIVISION.

39. On les appelle FONDAMENTALES, parce qu'elles sont la base de toutes les autres.

40. On appelle PROBLÈME une question à résoudre. Dans les problèmes de l'arithmétique, on cherche ordinairement à découvrir certains nombres *inconnus*, au moyen d'autres nombres *connus*.

41. RÉSOUDRE UN PROBLÈME, c'est trouver les nombres inconnus qui remplissent les conditions de ce problème. Pour cela, il faut deux choses, la SOLUTION et le CALCUL.

42. La *solution* est l'indication des opérations à faire.

43. Le calcul est l'exécution des opérations.

44. Voici les principaux signes employés pour indiquer les opérations :

Le signe de l'égalité =, qui se lit ÉGALE : $\qquad$ 7 et 3 = 10

Le signe de l'addition, +, qui se prononce PLUS : $\qquad$ 7 + 3 = 10

Le signe de la soustraction, —, qui se prononce MOINS : $\qquad$ 10 — 3 = 7

Le signe de la multiplication, ×, qui se lit MULTIPLIÉ PAR : $\qquad$ 7 × 3 = 21

Le signe de la division, :, qui se lit DIVISÉ PAR : $\qquad$ 21 : 3 = 7

I

De l'addition

45. L'ADDITION est une opération qui a pour but de réunir plusieurs nombres exprimant des unités de même nature pour en faire un seul.

Le résultat de l'addition s'appelle SOMME ou TOTAL.

46. L'addition de deux nombres d'un seul chiffre peut se faire d'abord au moyen des doigts, en ajoutant successivement au premier nombre toutes les unités du second. Ainsi, pour ajouter 3 à 5, par exemple, on dit : 5 et 1 font 6, 6 et 1 font 7, 7 et 1 font 8 ; donc 5 et 3 font 8. Avec le temps, le résultat de ces opérations se grave dans la mémoire, et on arrive à additionner directement deux chiffres quelconques. On peut d'ailleurs s'aider de la table d'addition qui se trouve dans les *Exercices de calcul*, page 9. Quand on sait bien les additions élémentaires, il est facile de faire toutes les autres au moyen de la règle suivante :

47. Règle de l'addition. — Pour faire une addition, *on écrit les nombres les uns sous les autres, de manière que les unités soient sous les unités, les dizaines sous les dizaines, etc., et l'on souligne le dernier nombre.*

On additionne ensuite tous les chiffres de la première colonne à droite. Si la somme ne surpasse pas 9, on l'écrit au-dessous; si elle surpasse, 9, on écrit seulement les unités, et on retient les dizaines, pour les joindre à la colonne suivante.

On opère de même sur toutes les autres colonnes ; mais, à la dernière colonne à gauche, on écrit le total sans faire de retenue.

48. Exemple. Soit à additionner 37, 258 et 964.

On dispose les nombres comme ci-contre ; puis, commençant par la droite, on dit : 7 et 8 font 15, et 4 font 19, ou 1 dizaine et 9 unités. On écrit 9 sous la colonne des unités, et on retient une dizaine, pour la joindre à la colonne des dizaines.

```
Opération.
    37
   258
   964
  ─────
 1:259
```

Passant à la seconde colonne, on dit : 1 de retenue et 3 font 4, et 5 font 9, et 6 font 15. On écrit 5 sous la colonne, et l'on retient 1.

Enfin, à la troisième colonne, on dit : 1 de retenue et 2 font 3, et 9 font 12, qu'on écrit sans faire de retenue, parce qu'il n'y a plus rien à additionner.

Le nombre 1.259, trouvé par cette opération, est bien la somme des nombres donnés, puisqu'il en renferme toutes les parties.

49. Preuve. — Après avoir fait une opération, il est utile de la vérifier par une seconde opération qu'on appelle *preuve*.

50. On fait la PREUVE de l'addition en *additionnant chaque colonne de bas en haut.* Si l'on retrouve le même résultat, on est fondé à croire qu'il est exact.

51. Usage de l'addition. — On fait usage de l'addition quand on veut trouver le total de plusieurs nombres ; augmenter un nombre d'un ou plusieurs autres ; trouver le prix de revient d'un objet, sachant le prix d'achat et les frais ; trouver le prix de vente, connaissant le prix de revient et le bénéfice qu'on veut faire, etc.

Problèmes résolus.

I. Henri a trois sacs de billes : le premier en contient 35, le second 84, le troisième 267. Combien a-t-il de billes en tout?

Solution. Il faut réunir en un seul les trois nombres de billes ce qui donne

$$35+84+267=386$$

Réponse. Henri a 386 billes.

```
Opération.
    35
    84
   267
  ─────
   386
```

II. Un épicier a reçu trois caisses de savon : la première pèse 138 kilogrammes, la seconde 87, et la troisième 215. Quel est le poids des trois caisses.

Solution. Les trois caisses pèsent ensemble   *Opération.*

$$138+87+215=440$$

138
87
215
——
440

Réponse. 440 kilogrammes.

III. Un maquignon achète un cheval 1.235 fr. Combien doit-il le revendre pour gagner 125 fr.?

Solution. Il doit le vendre ce qu'il l'a payé plus ce qu'il veut gagner, c'est-à-dire   *Opération.*

$$1.235+125=1.360$$

1.235
125
——
1.360

Réponse. Le maquignon doit revendre son cheval 1.360 francs.

PROBLÈMES

31. Un élève a gagné 18 bons points le matin et 16 le soir. Combien en a-t-il gagné en tout?

32. Paul est né en 1847, et il n'a vécu que 18 ans. En quelle année est-il mort?

33. Jules reçoit 19 fr. de sa mère, 16 fr. de son père, 8 fr. de son oncle et 4 fr. de sa marraine. Combien reçoit-il en tout?

34. Une statue de 2 mètres de hauteur est placée sur un piédestal de 3 mètres. A quelle hauteur s'élève cette statue?

35. Léon a reçu 17 fr. de son père et 15 fr. de sa mère. Combien possède-t-il?

36. Etienne avait 42 billes ; il en gagne d'abord 15, puis 28. Combien en a-t-il?

37. Un instituteur reçoit 2 douzaines de grammaires, 5 douzaines de catéchismes et 3 douzaines d'arithmétiques. Combien reçoit-il de douzaines de livres.

38. Charlemagne est né en 742, et il a vécu 72 ans. En quelle année est-il mort?

39. Après avoir payé une dette de 127 fr., il me reste encore 89 fr., combien avais-je?

40. Quel est le poids de deux veaux dont le premier pèse 86 kilos et le second 97?

41. Joseph a 67 billes dans une poche et 49 dans une autre. Combien en a-t-il en tout?

42. Louis a gagné 17 bons points le matin et 19 le soir. Combien en a-t-il gagné en tout le jour?

43. Trois joueurs ont perdu, l'un 75 fr., l'autre 189 fr. et le troisième 286 fr. Combien ont-ils perdu en tout?

44. Paul est né en 1878. En quelle année a-t-il eu 25 ans?

45. Un ouvrier a gagné 177 fr., et un autre 295 fr. Combien ont-ils gagné en tout?

46. J'ai payé au boulanger 129 fr., au boucher 69 fr., à l'épicier 58 fr. Combien ai-je déboursé?

47. Trois champs de blé ont donné : le premier 275 gerbes, le deuxième 367 et le troisième 524. Combien a-t-on récolté de gerbes ?

48. Un marchand achète du drap pour 13.750 fr. Combien doit-il le revendre pour gagner 1.268 fr. ?

49. Le poids d'une marchandise est de 315 kilos. Si l'emballage pèse 37 kilos, quel en est le poids total ?

50. Une propriété a coûté 27.528 fr. ; on y a fait pour 3.769 fr. de réparations. Combien doit-on la revendre pour gagner 4.720 fr. ?

51. Une personne achète un pré 5.800 fr., une vigne 12.975 fr., une terre 7.900 fr., une maison 12.850 fr. et un jardin 3.000 fr. Quel est le montant de ces acquisitions ?

52. Jean a 12 billes dans la main droite et 18 dans la gauche ; Emile en a 13 dans la main droite et 15 dans la main gauche. Combien en ont-ils ensemble ?

53. Hugues Capet vint au monde en 946 ; il monta sur le trône à l'âge de 41 ans et régna 9 ans. En quelle année mourut-il ?

54. Dans une classe il y a six tables : les deux premières ont 8 élèves chacune ; les deux secondes 7 et les deux dernières 6. Trouvez le nombre d'élèves de cette classe.

55. Quelle somme faudrait-il pour payer les dettes suivantes : 15.687 fr., 8.978 fr., 12.671 fr. et 28.174 fr. ?

56. Une personne possède 1.465 fr. en or et 594 fr. en argent. Quel est son avoir ?

57. Trois champs d'avoine ont produit : le premier 147 gerbes, le deuxième 329 et le troisième 468. Combien de gerbes a fournies la récolte entière ?

58. Dans une caisse pesant 18 kilos, on met trois objets pesant 37 kilos, 48 kilos et 57 kilos. Quel est, après cela, le poids de la caisse ?

59. Un banquier a reçu les sommes suivantes : 1.720 fr., 1.925 fr. et 37.980 fr. ; il avait déjà 18.690 fr. dans sa caisse. Combien a-t-il maintenant ?

60. La France possède 102 ports sur la Manche, 215 sur l'Océan et 83 sur la Méditerrannée. Quel est le nombre des ports français ?

61. Un marchand a acheté trois ballots de soie : le premier coûte 965 fr., le deuxième 1.287 fr. et le troisième 2.870 fr. Combien a-t-il payé le tout ?

62. Quelle somme faut-il pour payer une maison de 8.720 fr., un jardin de 875 fr., une vigne de 3.960 fr. et un verger de 2.686 fr. ?

63. Un vaisseau à vapeur porte 1.288 soldats, 42 officiers, 175 matelots et 186 passagers. Combien y a-t-il de personnes sur ce vaisseau ?

64. Un marchand a acheté 218 mètres de drap pour 3.785 fr., 175 mètres de toile pour 487 fr. et 126 mètres de cotonnade pour 618 fr. Combien de mètres d'étoffe a-t-il achetés, et combien a-t-il payé le tout ?

65. Je suis né en 1869. En quelle année aurai-je 87 ans ?

66. J'ai acquitté trois factures de 7.867 fr., 3.975 fr. et 1.028 fr. ? Quelle somme ai-je déboursée ?

67. Un rentier possède 87.560 fr. en or, une maison de 37.800 fr. et des biens-fonds pour 18.500 fr. Quel est son avoir ?

68. J'ai acheté 27 hectolitres de vin pour 1.120 fr. et 62 mètres de drap pour 975 fr. Combien ai-je dépensé ?

69. Dans une cuve de 1.700 litres, on a mis 1.470 litres de vin et 197 litres d'eau. Quel est le total du mélange ?

70. Une personne qui possédait 87.560 fr. a fait un héritage de 297.680 fr. Quelle est sa fortune ?

71. Une personne doit 835 fr. à un premier créancier, 479 fr. à un deuxième et 1.578 fr. à un troisième. Que doit-elle en tout ?

72. Un propriétaire a récolté 587 litres de blé dans un champ, 841 litres dans un deuxième et 458 litres dans un troisième. Combien a-t-il récolté de litres dans ces trois champs ?

73. Un ouvrier dépense chaque année 1.280 fr. et met de côté 940 fr. Combien gagne-t-il par an ?

74. Une caisse vide pèse 15 kilos ; on la remplit d'une marchandise qui pèse 275 kilos. Quel est alors son poids ?

75. Un marchand achète pour 15.280 fr. de vin. Combien doit-il revendre ce vin pour gagner 3.795 fr. ?

76. Un cheval a coûté 875 fr. Combien faut-il le revendre pour gagner 386 fr. ?

77. Un négociant a vendu pour 6.247 fr. de drap, pour 2.746 fr. de velours et pour 13.786 fr. d'autres étoffes. Pour combien a-t-il vendu ?

78. Un verger contient 39 cerisiers, 27 pommiers, 38 pêchers et 85 autres arbres divers. Combien d'arbres renferme-t-il ?

79. Un tonneau contenait déjà 187 litres de vin ; on y a ajouté 215 litres d'un autre vin et 25 litres d'eau pour le remplir. Combien ce tonneau contient-il de litres ?

80. Trois prés ont donné : le premier 1.345 quintaux de foin ; le deuxième 1.187 quintaux et le troisième 896 quintaux. Quel est le poids de la récolte entière ?

81. Un marchand perd 285 fr. en revendant 1.248 fr. une certaine quantité de surce. Combien avait-il payé ce sucre ?

82. On a payé 525 fr. pour 840 litres de vin. Combien doit-on revendre ce vin pour gagner 95 fr. ?

83. Une vigne a coûté 17.280 fr. Combien doit-on la revendre pour gagner 1.275 fr. ?

84. En revendant mon cheval 539 fr., j'ai perdu 271 fr. Combien m'avait-il coûté ?

85. Louis est né en 1880. En quelle année aura-t-il 68 ans ?

86. Une personne est morte âgée de 85 ans ; elle était née en 1798. Quelle est l'année de sa mort ?

87. Un négociant a gagné 17.589 fr. en cinq ans, et 12.827 fr. en quatre ans. Combien possède-t-il s'il avait déjà 837.100 fr. ?

88. Un tonneau vide pèse 45 kilos. Quel sera son poids si l'on y met 276 litres de vin, pesant 273 kilos ?

89. Pour la réparation d'une maison qui a coûté 12.920 fr. on a dépensé 1.865 fr. en maçonnerie, 296 fr. en menuiserie et 548 fr. en mobilier. Combien a-t-on dépensé en tout et combien doit-on revendre cette maison pour gagner 2.800 fr. ?

90. Quel est le nombre des pages d'un ouvrage composé de 6 volumes in-8°, ayant respectivement 425, 439, 418, 397, 465 et 464 pages ?

91. Une pièce de drap coûte 285 fr. et contient 35 mètres. Combien doit-on la revendre pour gagner 62 fr. ?

92. Un ouvrier a fait 25 mètres d'ouvrage en dix jours, 37 mètres en 14 jours, et 68 mètres en 32 jours. Combien a-t-il fait de mètres en tout et combien a-t-il travaillé de jours ?

93. On veut gagner 35 fr. sur 187 kilos de marchandise qui ont coûté 958 fr. Combien doit-on revendre cette marchandise ?

94. Combien y a-t-il d'hommes dans un régiment composé de quatre bataillons, si le premier en a 1.528, le deuxième 1.425, le troisième 1.170, et le quatrième 967 ?

95. Un marchand a vendu 370 litres de vin pour 158 fr., 862 litres pour 356 fr., et 1.500 litres pour 741 fr. Combien a-t-il vendu de litres et combien a-t-il reçu ?

II

De la Soustraction

52. La SOUSTRACTION est une opération qui a pour but de retrancher un nombre d'un autre nombre, exprimant des unités de même nature, pour savoir de combien le plus grand surpasse le plus petit.

Le résultat s'appelle RESTE, EXCÈS ou DIFFÉRENCE.

53. Quand le petit nombre n'a qu'un chiffre, et que le plus grand est inférieur à 20, on trouve la différence en cherchant mentalement ce qu'il faut ajouter au plus petit pour avoir le plus grand. Ainsi, comme 9 et 7 font 16, on dira : 9 ôté de 16 reste 7. On peut aussi s'aider de la table de soustraction qui se trouve dans les *Exercices de calcul*, page 14, et dès qu'on la saura par cœur, il sera facile de faire une soustraction quelconque au moyen de la règle suivante :

54. Règle de la soustraction. — *Pour faire la soustraction on écrit le plus petit nombre sous le plus grand, de manière que les unités de même ordre se correspondent, et l'on souligne le plus petit nombre, pour le séparer du résultat qui s'écrit au-dessous.*

On opère ensuite de droite à gauche, en retranchant, successivement, chaque chiffre inférieur du chiffre supérieur correspondant.

Si le chiffre inférieur est plus petit que son correspondant supérieur, on écrit le reste au-dessous ; et, s'il lui est égal, on écrit 0.

Si le chiffre inférieur est plus grand que son correspondant supérieur, on augmente ce dernier de 10 unités, et, par compensation, on augmente de la même quantité le nombre inférieur, en ajoutant une unité au chiffre suivant à gauche.

55. Ier **Exemple.** Soit à soustraire 3.745 de 4.768.

Opération. 4.768
3.745

Différence. 1.023

On écrit les deux nombres comme il vient d'être expliqué ; puis, commençant par la droite, on dit : 5 ôté de 8 reste 3, qu'on écrit au-dessous de 5 ; 4 ôté de 6 reste 2 ; 7 ôté de 7 reste 0 ; 3 ôté de 4 reste 1. Le reste ou la différence cherchée est 1.023.

56. IIe **Exemple.** Soit à soustraire 35.768 de 80.693.

Opération. 80.693
35.768

Différence. 44.925

Comme on ne peut pas ôter 8 de 3, on augmente 3 de 10 unités, ce qui donne 13, et l'on dit : 8 ôté de 13 reste 5, qu'on écrit au-dessous de 8. Puis, ajoutant, 1, c'est-à-dire une dizaine, au chiffre 6 qui suit, à gauche, dans le nombre inférieur, on dit : 7 ôté de 9 reste 2. De même 7 ôté de 6 n'est pas possible ; mais 7 ôté de 16 reste 9. On ajoute 1 à 5, et l'on dit : 6 ôté de 0, ou plutôt, en ajoutant 10 à 0, 6 ôté de 10 reste 4. Enfin ajoutant 1 à 3, on dit : 4 ôté de 8 reste 4. Le reste ou la différence est donc 44.925.

57. Dans la pratique on dit simplement : 8 ôté de 13 reste 5, et je retiens 1 ; 1 de retenue et 6 font 7; ôté de 9 reste 2 ; 7 ôté de 16 reste 9, et je retiens 1 ; 1 de retenue et 5 font 6, ôté de 10 reste 4, et je retiens 1 ; 1 de retenue et 3 font 4, ôté de 8 reste 4.

58. Dans les deux exemples ci-dessus, on a retranché du plus grand nombre toutes les parties du plus petit ; on a donc, évidemment, au résultat la différence de ces deux nombres.

59. L'artifice employé, lorsque le chiffre inférieur est plus grand que son correspondant supérieur, revient à ajouter une même quantité aux deux nombres, *ce qui ne change pas la différence.*

60. Preuve. — Pour faire la preuve de la soustraction, *on ajoute le reste au plus petit nombre,* et l'on doit retrouver le plus grand. On peut aussi retrancher le reste du grand nombre et l'on doit retrouver le petit nombre.

61. Usage de la soustraction. — On fait usage de la soustraction, quand on veut trouver la différence de deux nombres ; quand on veut diminuer un nombre donné d'un autre nombre donné ; quand on connaît la somme de deux nombres et l'un de ces nombres et qu'on veut trouver l'autre, etc.

Problèmes résolus

I. Une caisse de savon pèse 358 kilos, une autre caisse en pèse 234. Quelle est la différence du poids de ces deux caisses?

Solution. En retranchant le poids de la seconde caisse de celui de la première, on a la différence. Or,
$$358 - 234 = 124.$$

Opération.
358
234
———
124

Réponse. La première caisse pèse 124 kilos de plus que la seconde.

II. Une personne reçoit 2.485 fr., à la charge de payer 1.458 fr. Combien lui restera-t-il?

Solution. Il faut retrancher ce que la personne paye de ce qu'elle a reçu ; il doit lui rester la différence des deux nombres, c'est-à-dire $2.485 - 1.458 = 1.027$

Opération.
2.485
1.458
———
1.027

Réponse. Il restera à cette personne 1.027 fr.

III. La somme de deux nombres est 24.653, et l'un de ces nombres est 15.389. Quel est l'autre nombre?

Solution. 24.653 étant une somme et 15.389 une des parties de cette somme, l'autre partie est la différence de ces deux nombres : $24.653 - 15.389 = 9.264.$

Opération.
24.653
15.389
———
9.264

Réponse. Le nombre cherché est 9.264.

PROBLÈMES

96. Auguste était né en 1854, il est mort en 1866. Combien a-t-il vécu?

97. Mon père et moi, nous avons 64 ans ; mon père seul a 53 ans. Quel est mon âge?

98. Après avoir gagné 23 billes, Jules trouve qu'il en a 46. Combien en avait-il avant de jouer?

99. La somme de deux nombres est 37, et le plus grand est 19. Quel est l'autre?

100. Que faut-il ajouter à 28 pour avoir 73?

101. Un meunier avait 218 sacs de farine à transporter ; il en a transporté 173. Combien lui en reste-t-il?

102. L'avoir d'un propriétaire est évalué à 42.580 fr., et ses dettes sont de 10.945. Que lui restera-t-il après avoir payé ses dettes?

103. Avant de jouer, Henri avait 135 billes : il ne lui en reste plus que 79. Combien en a-t-il perdu?

104. La tour de Strasbourg a 142 mètres d'élévation, et le clocher de Saint-Etienne, à Vienne, en a 132. Trouvez la différence de hauteur de ces deux monuments.

105. Que reste-t-il de 2.645 fr., après en avoir pris 1.796?

106. Un boulanger a acheté 9.645 fagots ; on lui en a déjà livré 3.831. Combien doit-il encore en recevoir?

107. Quel est le nombre qui a 347 de moins que 864 ?

108. L'avoir de deux associés est de 356.484 fr. ; la part du premier étant de 189.875 fr., quelle est celle du second ?

109. Pierre a 45 fr. et Paul 67. Quel est celui qui possède le plus et combien de plus ?

110. J'ai 75 fr. Combien me manque-t-il pour avoir 120 fr. ?

111. Une fruitière avait 375 pommes ; elle en a vendu 206. Combien lui en reste-t-il ?

112. Sur une somme de 480 fr., on dépense 318 fr. Combien reste-t-il ?

113. Il y avait 240 moutons dans une bergerie ; la maladie en a fait périr 59. Combien en reste-t-il ?

114. Si l'on prenait 307 fr. dans une bourse qui contient 903 fr., combien y aurait-il encore ?

115. On a pris 725 fr. dans une bourse qui en contenait 912. Combien y reste-t-il ?

116. Un fermier avait récolté 9.124 mesures de froment ; il en a vendu 7.246. Combien lui en reste-t-il ?

117. Une pension composée de 152 élèves en a 127 dans les cinq premières classes. Combien y a-t-il d'élèves dans la sixième classe ?

118. Un élève avait 25 problèmes à résoudre ; il a mis six heures pour en faire 16. Combien lui en reste-t-il à faire ?

119. La somme de deux nombres est 87.114 ; l'un d'eux est 38.458. Quel est l'autre nombre ?

120. Un mur doit avoir 215 mètres de long. Combien aura-t-il de mètres de moins qu'un autre qui a 318 mètres ?

121. Un marchand a vendu 36 bœufs 50.850 fr. Combien a-t-il gagné si les bœufs lui avaient coûté 17.964 fr. ?

122. Quel nombre faut-il ajouter à 975 pour avoir 1.000 ?

123. Quel nombre faut-il retrancher de 8.725 pour avoir 5.278 ?

124. Un tonneau contenait 475 litres de vin ; on en a retiré 279 litres. Combien en reste-t-il ?

125. Une personne doit payer 13.520 fr. ; elle n'a que 5.290 fr. Que lui manque-t-il ?

126. Un fermier devait 12.500 fr., il paye 10.614 fr. Combien doit-il encore ?

127. Une maison a coûté 24.975 fr., on l'a revendue 27.110 fr. Combien a-t-on gagné ?

128. Combien faut-il ajouter à 1.579 fr. pour avoir 10.000 fr. ?

129. On achète un pré pour 12.600 fr., et l'on donne 7.875 fr. comptant. Que reste-t-il à payer ?

130. Que faut-il retrancher de 54.231 pour avoir 12.345 ?

131. Un homme est mort en 1881, âgé de 98 ans. Quelle est l'année de sa naissance ?

132. Paul est né en 1850. Quel était son âge en 1883 ?

133. Mon père avait 65 ans en 1879. Quel âge avait-il en 1825 ?

134. Mon oncle, né en 1798, est mort en 1876. Quel était son âge ?

135. A quel âge est mort Richelieu, né en 1585 et mort en 1642 ?

136. Sur une dette de 37.615 fr., on paye 19.548 fr. Que reste-t-il à payer?

137. Une personne qui possède 371.250 fr. doit 78.645 fr. Quelle est sa fortune réelle?

138. Un marchand a vendu 875 fr. ce qui lui a coûté 798 fr. Combien a-t-il gagné?

139. Une vigne a coûté 3.825 fr. et on l'a revendue 4.218 fr. Quel est le bénéfice?

140. La différence de deux nombres est 925, le plus grand est 1.560. Quel est le plus petit?

141. Je devais 1.528 fr., j'ai payé 1.389 fr. Combien dois-je encore?

142. J'ai revendu 18.745 fr. une propriété qui m'avait coûté 16.467 fr. Combien ai-je gagné?

143. Que manque-t-il à 15.814 pour égaler 41.851?

144. Si j'avais 985 fr. de plus, je pourrais acquitter une dette de 2.872 fr. Combien ai-je?

145. En vendant 35 pièces de vin 2.760 fr., j'ai gagné 875 fr. Combien les avais-je payées?

146. Un courrier devait faire 871 kilomètres; il a déjà parcouru 589 kilomètres. Combien lui en reste-t-il à parcourir?

147. Un jardin a coûté 1.925 fr.; on l'a revendu 2.430. Combien a-t-on gagné?

148. Une caserne compte 3.275 hommes; si l'on en fait sortir 1887, combien en restera-t-il?

149. Combien perd-on en revendant 1.587 fr. une voiture qui a coûté 1.825 fr.?

150. Une propriété coûte 37.810 fr.; on donne un acompte de 18.548 fr. Que reste-t-il à payer?

151. En revendant une maison 18.715 fr., on gagne 2.948 fr. Combien avait-elle coûté?

152. Deux communes payent ensemble 275.725 fr. de contributions; la première paye 189.119 fr. Combien paye-t-elle de plus que la deuxième?

153. Un marchand a vendu 67.245 fr. le sucre qui lui avait coûté 52.796 fr. Quel est son bénéfice?

154. Napoléon Ier est mort en 1821, âgé de 52 ans. Quelle est l'année de sa naissance?

155. Mon grand-père était né en 1809, et il est mort en 1876. Quel était son âge?

156. Le percement d'une route exige le transport de 17.327 mètres cubes de terre; on a déjà enlevé 12.748 mètres. Combien en reste-t-il?

157. Quel est le nombre qui deviendrait 27.586, si on l'augmentait de 18.679?

158. Louis XIV est mort en 1715, âgé de 77 ans. Quelle est l'année de sa naissance?

159. J'avais 125 hectolitres de vin et 612 mesures de froment. J'ai vendu 178 mesures de froment et 79 hectolitres de vin. Combien me reste-t-il de vin et de froment?

160. Deux associés ont fait un bénéfice de 37.815 fr. ; le premier a reçu 19.625 fr. Combien le second a-t-il reçu de moins que le premier ?

161. Mon frère et moi nous avons acheté une propriété pour 62.715 fr. Mon frère a payé 39.718 fr. Combien a-t-il payé de plus que moi ?

162. Mon frère et mon cousin ont ensemble 38 ans. Combien mon cousin a-t-il de plus que mon frère qui a 9 ans ?

163. La différence de deux nombres est 1.998, et le plus grand est 3.881. Quel est le plus petit ?

164. La somme de deux nombres est 1.890, et le plus petit, 684. Quelle est la différence des deux nombres ?

165. Deux ouvriers ont gagné ensemble 958 fr. ; le premier a gagné 450 fr. Combien le second a-t-il gagné, et combien de plus que le premier ?

166. Deux tonneaux contiennent ensemble 470 litres. Combien le premier contient-il de plus que le second qui contient 225 litres ?

167. Deux ouvriers ont fait ensemble 1.525 mètres d'ouvrage ; le premier a fait 866 mètres. Combien le second a-t-il fait de mètres de moins que le premier ?

168. Une personne qui doit 2.540 fr. donne un billet de 2.000 fr. sur lequel on lui rend 258 fr. Combien doit-elle encore ?

169. Deux veaux pèsent ensemble 175 kilos ; l'un d'eux pèse 98 kg. Combien l'autre pèse-t-il de moins ?

170. Une corde qui a 85 mètres coûte 4 fr. Combien lui manque-t-il pour avoir 100 mètres ?

Récapitulation sur les deux premières règles.

171. On a soutiré 132 litres de vin d'un tonneau qui contenait 215 litres. Combien en reste-t-il ?

172. Un vase vide pèse 2.385 grammes. Combien pèsera-t-il si l'on y met 9.848 grammes d'eau ?

173. J'ai reçu 1.357 fr. d'un de mes débiteurs, et 3.489 fr. d'un autre. Combien ai-je reçu en tout ?

174. Je devais à mon propriétaire 2.580 fr. ; je lui ai remis 945 fr. Combien lui dois-je encore ?

175. François Ier est monté sur le trône en 1515, et il est mort en 1547. Combien a-t-il régné ?

176. Un père a 37 ans de plus que son fils, et 28 ans de plus que sa fille, qui est âgée de 23 ans. Quels sont les âges du père et du fils ?

177. Quelqu'un achète une maison 36.720 fr. Combien doit-il la revendre pour gagner 1.345 fr. ?

178. Un marchand de biens achète une propriété 56.780 fr., et la revend 60.500 fr. Combien a-t-il gagné ?

179. Il m'était dû 3.785 fr. ; sur cette somme j'ai reçu 1.947 fr. Combien me doit-on encore ?

180. Que doit-on à un menuisier qui a fait une table de 45 fr., une armoire de 119 fr. et un lit de 64 fr. ?

181. Pour payer une dette de 3.736 fr., il me manque 1.048 fr. Combien ai-je ?

182. J'avais 5.463 fr. ; j'ai reçu 2.530 fr. et payé 3.725 fr. Combien me reste-t-il ?

183. Paris avait en 1880 2.447.969 habitants ; Lyon, 437.930. Combien Paris en avait-il de plus que Lyon ?

184. Charlemagne est né en 742, il est mort en 814. Combien a-t-il vécu ?

185. Henri IV est né en 1553 ; il a vécu 57 ans. En quelle année est-il mort ?

186. Un particulier achète une maison 23.360 fr. ; il y fait pour 7.582 fr. de réparations et il la revend 40.000 fr. Combien a-t-il gagné ?

187. Une maison a coûté 43.720 fr. d'achat et 12.430 fr. de réparations. Que faut-il la revendre pour gagner 7.985 fr. ?

188. Un domestique va au marché avec 53 fr. ; il dépense d'abord 27 fr., puis 18. Combien lui reste-t-il ?

189. J'ai en caisse 2.450 fr. ; je paie 725 fr. à un créancier et 678 fr. à un autre. Combien me reste-t-il ?

190. Un ouvrage de 2.000 pages est en 4 volumes ; le premier a 450 pages, le second 504 et le troisième 576. Combien en a le quatrième ?

191. Un marchand revend 3.215 fr. une marchandise qui lui coûtait 2.978 fr. Quel est son bénéfice ?

192. Sur les 25.728 électeurs d'une circonscription, 12.969 ont pris part au vote. Combien se sont abstenus ?

193. Que manque-t-il à 6.194 fr. pour égaler 10.000 fr. ?

194. Quel est le nombre qui deviendrait 15.729 si on le diminuait de 7.896 ?

195. Trois champs de blé ont donné : le premier 285 hectolitres de blé, le deuxième 176 hectolitres et le troisième 397 hectolitres. Combien en tout ?

196. Une bibliothèque se composait de 780 volumes. On achète 125 et 248 volumes nouveaux. Combien de livres contient-elle ?

197. Quelle est la contenance totale de quatre pièces de vin, si la première contient 245 litres, la deuxième 275, la troisième 287 et la quatrième 328 ?

198. Quel est le poids de trois ballots dont le premier pèse 528 kg., le second 375 kilos et le troisième 297 kilos ?

199. Dans un marché on a vendu 1.857 moutons, 257 chevaux, 539 vaches et 175 bœufs. Combien a-t-on vendu d'animaux en tout ?

200. Une pièce de drap contenait 127 mètres. On en a vendu une première fois 49 mètres et une autre fois 58 mètres. Combien reste-t-il de mètres ?

201. On a retiré 175 litres d'un tonneau qui contenait 312 litres. Combien en reste-t-il ?

202. Sur 18.725 exemplaires d'un ouvrage de librairie, il en a été vendu 9.257. Combien en reste-t-il ?

203. Un vigneron a récolté 31.800 litres de vin. Il en a vendu 19.825 litres. Combien lui en reste-t-il ?

204. Je devais 3.745 fr. + 2.687 fr. ; j'ai payé 1.948 fr. + 3.946 fr. Combien dois-je encore ?

205. En quelle année est née une personne qui avait 67 ans en 1878 ?

206. Il me manque 186 fr. pour payer les 1.568 fr. que je dois. Combien ai-je ?

207. Si l'on me donnait 328 fr., j'aurais 1.890 fr. Combien ai-je ?

208. Si j'avais 46 ans de moins, j'aurais le même âge que mon cousin qui a 18 ans. Quel est mon âge ?

209. Le plus grand de deux nombres est 1.127, le plus petit est 759. Quelle est leur somme ?

210. Il s'en faut de 37 ans que je sois aussi âgé que mon oncle, qui a 65 ans. Quel est mon âge ?

211. La somme de trois nombres est 15.291 ; le premier est 5.764, le deuxième a 325 de moins que le premier. Quels sont les deux derniers nombres ?

212. Newton est né en 1642 et il est mort en 1727. A quel âge est-il mort ?

213. Une personne avait 35 ans en 1839. Quel âge avait-elle en 1882 ?

214. Un fermier qui n'a que 18.762 fr. veut acheter une propriété de 21.000 fr. Combien doit-il emprunter ?

215. Sur une somme de 7.865 fr. que l'on devait, on a payé 2.627 fr. et 4.215 fr. Que reste-t-il à payer ?

216. Une personne est morte en 1881, âgée de 87 ans. Quelle est l'année de sa naissance ?

217. Un père a 48 ans et son fils 14. Quel sera l'âge du père lorsque son fils aura 37 ans ?

218. Auguste a eu 8 ans en 1878. Quel âge avait-il en 1895 ?

219. Jules est né en 1869. Quel âge avait-il en 1898 ?

220. J'ai acheté une propriété 47.480 fr. ; j'y ai fait pour 7.425 fr. de réparations, et je l'ai revendue 58.900 fr. Combien ai-je gagné ?

221. On a mis 1.889 litres de vin dans trois tonneaux ; le premier contient 785 litres et le deuxième 694 litres. Combien de litres contient le troisième ?

222. Une personne a eu 85 ans en 1878. Quelle est l'année de sa naissance ?

223. Mon frère est né en 1868. En quelle année aura-t-il 58 ans ?

224. Une maison a coûté 18.560 fr. ; on y a fait pour 1.527 fr. de réparations, et on l'a revendue 21.976 fr. Combien a-t-on gagné ?

225. De Paris à Lyon, il y a 512 kilomètres, et de Lyon à Marseille 352 kilomètres. Quelle est la distance de Paris à Marseille ?

226. On a gagné 17.975 fr. sur une propriété qu'on a vendue 114.944 fr. Combien avait-elle coûté ?

227. Un père a 36 ans de plus que son fils, qui en a 17. Quel sera l'âge du père quand le fils aura 40 ans ?

228. Que faut-il ajouter à 25.978 fr. pour avoir 27.865 fr. ?

229. Une personne possède 269.710 fr., mais elle doit 20.925 fr. Quelle est sa fortune réelle ?

230. J'ai acheté 1.228 kilos de farine pour 614 fr. ; on m'en a livré

946 kilos pour 473 fr. Combien doit-on m'en livrer encore et pour quelle somme?

231. Benoît a perdu 118 fr. en vendant son cheval 457 fr. Combien le cheval avait-il coûté?

232. Un cheval tout harnaché coûte 1.085 fr. ; sans le harnais, il n'aurait coûté que 698 fr. Combien le cheval vaut-il de plus que le harnais?

233. Une somme est telle qu'en y ajoutant 8.525 fr., le total est 14.210 fr. Quelle est cette somme?

234. Une maison coûte 12.728 fr. ; on y fait pour 2.769 fr. de réparations. Combien doit-on la revendre pour gagner 3.250 fr.?

235. Combien doit encore une personne qui devait 7.621 fr. et qui a payé 3.275 fr. + 1.889 fr.?

236. En 1867, la recette totale de l'Exposition de Paris a été de 9.830.369 fr. En 1878, elle a été de 12.623.847 fr. Quelle a été la différence?

237. Un père a 49 ans et son fils 15. Quel âge aura le père quand le fils aura 38 ans?

238. Rome a été fondée 753 ans avant l'ère chrétienne. Combien d'années d'existence avait cette ville en 1833?

239. Le poids brut d'une marchandise est de 275 kilos, la caisse pèse 15 kilos. Quel est le poids de la marchandise?

240. Sur une somme de 2.722 fr. que je dois, je donne un acompte de 1.895 fr. et pour 739 fr. de vin. Combien me reste-t-il à payer?

421. Un cheval a coûté 875 fr. Combien l'a-t-on revendu si l'on a perdu 189 fr.?

242. Un général est entré en campagne avec 25.000 hommes ; il en a laissé 2.525 sur le champ de bataille et 1.576 dans les hôpitaux. Combien lui en reste-t-il?

243. Un fonds de magasin est estimé 68.780 fr. ; mais il est cédé pour 59.895 fr. Combien payera-t-on?

244. Que manque-t-il à 31.769 pour égaler 50.000?

245. Ninive fut détruite 625 ans avant l'ère chrétienne, après une existence de 2.065 ans. Combien y avait-il de temps en 1880 que cette ville avait été fondée?

246. Noé est mort à l'âge de 950 ans et Mathusalem, âgé de 969 ans. Dites la somme et la différence de leurs âges?

247. Napoléon Ier, né en 1769, est mort en 1821 dans l'île de Sainte-Hélène. Quel était son âge?

248. Combien faut-il ajouter à 3.751 fr. pour avoir 10.000 fr.?

249. Pour construire une maison, il faut 24.210 briques, 2.158 pierres de taille et 5.720 carreaux. On a déjà 17.421 briques, 272 pierres de taille et 3.834 carreaux. Combien manque-t-il de chaque espèce de matériaux?

250. J'avais 3.860 fr., j'ai reçu 5.275 fr. et dépensé 6.986 fr. Combien me reste-t-il?

251. Dans un verger de 413 arbres, il y a 138 pommiers, 115 poiriers, 49 pruniers. Combien y a-t-il de cerisiers?

252. Dans une école de 140 élèves, il y en a 18 dans la première classe, 23 dans la deuxième, et 42 dans la troisième. Combien dans la quatrième ?

253. Je devais 1.891 fr., j'ai payé 1.587 fr. + 215 fr. Combien dois-je encore ?

254. Un cheval coûtait 597 fr., il a été revendu 975 fr. Quel est le bénéfice net, si les frais d'entretien s'élèvent à 185 fr. ?

255. Une pièce de drap contenait 57 mètres. On a vendu d'abord 18 mètres, puis 25 mètres. Combien reste-t-il de mètres ?

256. J'ai deux factures à acquitter, l'une de 3.182 fr. et l'autre de 5.725 fr. Combien dois-je emprunter si je n'ai que 6.968 fr. ?

257. Joseph devait 1.270 fr., il donne un billet de 1.000 fr. sur lequel on lui rend 175 fr. Combien doit-il encore ?

258. Deux associés ont fait un fonds de 35.870 fr. ; le premier a mis 18.960 fr. Combien a-t-il mis de plus que le second ?

259. Si je vendais 15 moutons 198 fr., je pourrais payer une dette de 845 fr. et avoir 25 fr. de reste. Combien ai-je ?

260. Un père laisse 87.110 fr. à ses deux enfants ; l'aîné a 47.815 fr. Combien a-t-il de plus que son frère ?

261. Un cultivateur a vendu pour 950 fr. de blé, 218 fr. d'avoine et 152 fr. de fourrage. Combien a-t-il gagné s'il a dépensé 786 fr. ?

262. La somme de trois nombres est 13.130 ; le premier est 7.126 et le deuxième 4.118. Quel est le troisième ?

263. Un marchand a deux débiteurs qui lui doivent ensemble 15.712 fr., le deuxième doit 6.187 fr. Quelle sera la dette du premier s'il donne un acompte de 7.638 fr. ?

264. Un maître maçon dépense 35.860 fr. pour la construction d'une maison ; il reçoit d'abord 11.750 fr., puis 15.940 fr., et enfin 13.800 fr. Quel est son bénéfice ?

265. Si on me prêtait 15.720 fr., je pourrais acheter une maison de 10.860 fr. et une vigne de 4.875 fr. Combien ai-je ?—

266. Un commis dont les appointements sont de 3.840 fr. par an, a reçu 875 fr., puis 1.260 fr., et enfin 1.180 fr. Combien doit-il encore recevoir ?

267. Un négociant a reçu dans la journée 1.850 fr., 2.175 fr. et 812 fr. Il a payé 967 fr. et 1.228 fr. Combien a-t-il dans sa caisse si le matin il y avait 5.800 fr. ?

268. Un cheval harnaché coûte 1.285 fr. ; le harnais vaut 348 fr. Combien le cheval vaut-il de plus ?

269. J'ai acheté 175 mètres de drap pour 3.500 fr., on m'en a livré 98 mètres pour 1.960 fr. Combien dois-je encore en recevoir et pour quelle somme ?

270. Une personne possède 35.875 fr. en or, 1.597 fr. en argent, 1.800 fr. en billets de banque et 15 fr. en monnaie de bronze. Quelle est sa fortune ?

271. Une pièce de toile de 65 mètres a coûté 138 fr. ; on en a vendu 29 mètres pour 62 fr. et 35 mètres pour 95 fr. Combien en reste-t-il à vendre et combien a-t-on gagné ?

272. Un rentier laisse 235.800 fr. à ses trois neveux ; l'aîné a 87.528 fr., le cadet 8.640 fr. de moins que l'aîné. Quelle est la part du plus jeune ?

273. Je dois au boulanger 185 fr., au boucher 48 fr., au tailleur 87 fr. et au cordonnier 19 fr. Combien dois-je en tout et combien me manque-t-il pour les payer tous si je n'ai que 275 fr. ?

274. La somme de deux nombres est 16.665 ; le petit nombre est 6.789. Quelle est leur différence ?

275. La différence de deux nombres est 41.976, le petit nombre est 54.321. Quelle est leur somme ?

276. La différence de deux nombres est 198, le petit nombre est 426. Quelle est leur somme ?

277. En ajoutant 198 à la somme de deux nombres, dont le plus grand est 567, on obtient mille. Quelle est leur différence ?

278. Le plus petit de deux nombres est 186 ; en ajoutant 45 à l'un et 54 à l'autre, leur somme est 545. Quel est le plus grand ?

279. Le plus grand de deux nombres est 946 ; si l'on retranche 372 de l'un et 237 de l'autre, il reste 806. Quel est le plus petit ?

280. La différence de deux nombres est égale au petit qui est 321. Quel est le plus grand ?

281. Deux nombres sont tels qu'en ôtant 125 de l'un et 96 de l'autre, il reste 309. Quelle est leur somme ?

282. De trois nombres, le premier est 375, le deuxième a 186 de plus que le troisième qui a 225 de moins que le premier. On demande les deux derniers nombres ?

III

De la Multiplication

62. La MULTIPLICATION est une opération dans laquelle, étant donnés deux nombres, on en compose un troisième qui soit à l'égard du premier ce que le deuxième est à l'égard de l'unité.

Par exemple, multiplier 8 par 7, c'est former un troisième nombre, 56, qui se compose avec 8 comme 7 se compose avec l'unité ; c'est-à-dire que 56 doit contenir autant de fois 8 que 7 contient de fois 1.

D'où il suit que *la multiplication revient à répéter le multiplicande autant de fois que l'indique le multiplicateur.*

63. Le premier nombre s'appelle MULTIPLICANDE ; le second, MULTIPLICATEUR, et le troisième PRODUIT.

Dans l'exemple ci-dessus, 8 est le multiplicande ; 7, le multiplicateur ; 56, le produit.

64. Le multiplicande et le multiplicateur s'appellent encore *facteurs* du produit, parce qu'ils concourent à le former.

65. Quand les facteurs n'ont qu'un seul chiffre, les commençants en obtiennent le produit, en additionnant autant de nombres égaux au multiplicande qu'il y a d'unités dans le multiplicateur. Ainsi ils arrivent, par exemple, à trouver que 4 fois 5 font 20, en additionnant 4 nombres égaux à 5 ; en cette manière : 5 et 5 font 10, et 5 font 15, et 5 font 20 ; mais, insensiblement, les résultats de ces additions successives se gravent dans la mémoire, et on les obtient directement. On peut s'aider d'ailleurs de la table suivante :

TABLE DE MULTIPLICATION

2 fois 1 font 2	4 — 7 — 28	
2 — 2 — 4	4 — 8 — 32	
2 — 3 — 6	4 — 9 — 36	
2 — 4 — 8		
2 — 5 — 10	5 fois 5 font 25	
2 — 6 — 12	5 — 6 — 30	
2 — 7 — 14	5 — 7 — 35	
2 — 8 — 16	5 — 8 — 40	
2 — 9 — 18	5 — 9 — 45	
3 fois 3 font 9	6 fois 6 font 36	
3 — 4 — 12	6 — 7 — 42	
3 — 5 — 15	6 — 8 — 48	
3 — 6 — 18	6 — 9 — 54	
3 — 7 — 21		
3 — 8 — 24	7 fois 7 font 49	
3 — 9 — 27	7 — 8 — 56	
	7 — 9 — 63	
4 fois 4 font 16	8 fois 8 font 64	
4 — 5 — 20	8 — 9 — 72	
4 — 6 — 24	9 — 9 — 81	

66. Quand on sait faire ces multiplications élémentaires, on peut faire une multiplication quelconque au moyen de la règle suivante :

67. Règle de la multiplication. — Pour faire la multiplication, il faut :

1º *Écrire le multiplicateur sous le multiplicande, et le souligner ;*

2º *Multiplier successivement tous les chiffres du multiplicande, à partir de la droite, par le premier chiffre de droite du multiplicateur, et écrire les unités de chaque produit, en retenant les dizaines pour les réunir au produit suivant ;*

3º *Opérer de même pour chacun des chiffres significatifs du multiplicateur, et placer les divers produits partiels les uns sous les autres, de manière que chacun d'eux exprime des unités de même ordre que le chiffre par lequel on multiplie.*

4°. Souligner les produits partiels et les additionner, pour avoir le produit total.

68. Iᵉʳ Exemple. Soit à multiplier 8.769 par 5.

Opération.

8.769   *multiplicande.*

5   *multiplicateur.*

———

43.845   *produit.*

On écrit les deux nombres selon la règle, et l'on dit : 5 fois 9, 45 (4 *dizaines et* 5 *unités*) : on écrit 5, et l'on retient 4 ; 5 fois 6, 30, et 4 de retenue, 34 ; on écrit 4, et l'on retient 3 ; 5 fois 7, 35, et 3 de retenue, 38 ; on écrit 8, et l'on retient 3 ; 5 fois 8, 40, et 3 de retenue, 43, qu'on écrit sans faire de retenue.

Le produit demandé est donc 43.845, car ce nombre renferme 5 fois toutes les parties du multiplicande qu'on a réunies, absolument comme si l'on avait additionné 5 nombres égaux au multiplicande 8.769.

69. IIᵉ Exemple. Multiplier un nombre entier par 10, par 100, etc.

Pour multiplier un nombre entier par 10, il suffit d'écrire un zéro à sa droite ; pour le multiplier par 100, on écrit deux zéros ; en général, on écrit autant de zéros à la droite du multiplicande qu'il y en a dans le multiplicateur.

Ainsi, $63 \times 10 = 630$; $63 \times 100 = 6.300$; $63 \times 1.000 = 63.000$, etc. Dans ces exemples, chacun des chiffres 6 et 3 représente des unités 10, 100, 1000 fois plus grandes ; par conséquent le nombre est devenu 10, 100, 1000 fois plus grand.

70. IIIᵉ Exemple. Soit à multiplier 20.687 par 3.054.

Opération.

20.687   *multiplicande.*

3.054   *multiplicateur.*

———

82.748   1ᵉʳ *produit partiel.*

1.034.35   2ᵉ *produit partiel.*

62.061   3ᵉ *produit partiel.*

———

63.178.098   *produit total.*

On écrit les deux nombres selon la règle, et l'on multiplie d'abord le multiplicande par le chiffre des unités du multiplicateur, ce qui donne 82.748 pour le premier produit partiel.

On multiplie ensuite de la même manière tout le multiplicande par le chiffre 5 du multiplicateur ; mais, comme ce chiffre représente des dizaines, il donne un produit de dizaines qu'il faut avancer d'un rang vers la gauche.

Le troisième chiffre, étant un zéro, ne peut donner aucun produit ; c'est pour cela que l'on passe tout de suite au chiffre suivant.

Enfin, on multiplie par le chiffre 3, et le produit devant représenter des mille comme le chiffre par lequel on multiplie, doit se placer de manière que son premier chiffre à droite se trouve sous les mille.

On souligne le tout, et la somme des trois produits partiels donne le produit total.

En effet, le premier produit contient 4 fois le multiplicande ; le second le contient 50 fois, car étant au rang des dizaines, c'est comme si l'on avait 5 fois 10 fois le multiplicande ; de même le troisième produit partiel égale 3.000 fois le multiplicande. Donc, en additionnant ces produits, on a 3.000 + 50 + 4 ou 3.054 fois le multiplicande.

71. Si l'on avait à multiplier 54.000 par 6.800, on opérerait comme si l'on n'avait que 54 à multiplier par 68 ; mais, à la droite du produit, on écrirait 5 zéros, autant qu'il y en a dans les facteurs.

72. Preuve. — Pour faire la PREUVE de la multiplication, *on recommence l'opération en intervertissant l'ordre des facteurs, c'est-à-dire en multipliant le multiplicateur par le multiplicande.* Si l'opération est bien faite, on doit retrouver le même produit ; car *le produit de deux facteurs ne change pas, dans quelque ordre que s'effectue leur multiplication.*

73. Usage de la multiplication. — On emploie la multiplication pour trouver le prix de plusieurs unités connaissant celui d'une seule ; pour rendre un nombre donné un certain nombre de fois plus grand, ou pour en prendre un certain nombre de parties ; pour réduire des unités principales en leurs parties comme des jours en heures et autres cas que l'usage fera connaître.

Problèmes résolus

I. Un mètre de drap coûte 9 fr. Combien coûteront 328 mètres ?

Solution. 328 mètres coûteront 328 fois plus qu'un seul mètre ; il faut donc multiplier 9 par 328, et l'on a
$$9 \times 328 = 2.952 \ (1).$$

Réponse. Les 328 mètres de drap coûteront 2.952 fr.

Opération.
9
328

2.952

II. Quel est le nombre qui est 24 fois plus grand que 62 ?

Solution. Le nombre cherché doit se composer d'autant de fois 62 qu'il y a d'unités dans 24, c'est-à-dire de
$$62 \times 24 = 1.488$$

Réponse. Le nombre qui est 24 fois plus grand que 62 est 1.488.

Opération.
62
24

248
1.24

1.488

(1) Il vaut mieux multiplier 328 par 9 : mais il faut conserver ces nombres à leurs places.

III. Dans une main de papier il y a 25 feuilles. Combien y a-t-il de feuilles dans 347 mains?

Solution. Dans 347 mains, il y a 347 fois 25 feuilles, ou

$$25 \times 347 = 8.675$$

Réponse. Dans 347 mains, il y a 8.675 feuilles de papier.

Opération.
```
     25
    347
  ------
  1.735
  6.94
  ------
  8.675
```

PROBLÈMES

283. Quel nombre est 5 fois plus grand que 140 ?

284. Si l'on multiplie 20 par 75, combien le produit sera-t-il de fois plus grand que 20, — que 75 ?

285. Triplez les nombres suivants : 15, 36, 877.

286. Le multiplicande d'une multiplication est 108, le produit est également 108. Quel est le multiplicateur ?

287. Si l'on multiplie un nombre par 2, 3, 4, 5, 6, 7, 8, 9, combien de fois est-il contenu dans chaque produit ?

288. Si l'on multiplie 8 par 4, combien le produit sera-t-il de fois plus grand que 8, — que 4 ?

289. Il y a 360 pommes dans un panier. Combien 13 paniers semblables en contiendraient-ils ?

290. Emile a gagné 5 bons points pour son devoir et 4 fois plus pour son catéchisme. Combien en a-t-il gagné pour cette dernière leçon ?

291. Un élève achète pour six sous de billes à 12 pour 1 sou. Combien en reçoit-il ?

292. Un enfant apprend 3 pages de grammaire par jour. Combien en pourra-t-il apprendre en 25 jours ?

293. Combien y a-t-il de crayons dans une grosse de 12 douzaines ?

294. Simon met 35 minutes pour faire une page de devoir. Combien lui faudra-t-il de temps pour en faire 185 ?

295. Dans une rame de papier il y a 20 mains de 25 feuilles. Combien de feuilles dans 68 rames ?

296. Un ouvrier met un jour pour faire 5 mètres de ruban. Combien en fera-t-il en 18 jours ?

297. Un ouvrier bat 48 gerbes de blé par jour. Combien 16 ouvriers en battront-ils ?

298. Un omnibus mène 18 personnes par voyage. Combien en mènera-t-il en 14 jours de 5 voyages chacun ?

299. Un postillon fait 5 lieues par jour. Combien en fera-t-il en 3 mois de 30 jours ?

300. Une laitière fournit à une pension pour 23 fr. de lait par mois. Pour quelle somme en fournira-t-elle en un an ?

301. Quel est le prix de 45 mètres de toile à 2 fr. le mètre ?

302. Que faut-il payer pour 24 pièces de vin à 47 fr. la pièce ?

303. Quel est le nombre de litres contenus dans 38 tonneaux de 225 litres chacun ?

304. Quel est le prix de 68 mètres de drap à 17 fr. le mètre ?

305. Combien coûtent 182 moutons à 18 fr. l'un ?

306. Un ouvrier travaille 13 heures par jour. Combien aura-t-il travaillé d'heures après 75 jours ?

307. Quel est le prix de 106 hectolitres de blé à 25 fr. l'hectolitre ?

308. Combien coûtent 62 hectolitres de vin à 43 fr. l'hectolitre ?

309. Quel est le prix de 28 stères de bois à 15 fr. le stère ?

310. Quel est le prix de 215 quintaux de foin à 9 fr. le quintal ?

311. Quelle est la valeur d'un pré de 56 ares à 28 fr. l'are ?

312. Combien coûte un jardin de 15 ares à 28 fr. l'are ?

313. Dans un atelier on dépense 1.895 litres de gaz par jour. Quelle est la dépense par mois de 30 jours ?

314. Quelle est la charge d'une voiture qui porte 15 sacs de pommes de terre pesant chacun 72 kilos ?

315. Quel est le prix de 25 mille tuiles à 42 fr. le mille ?

316. Quelle est la longueur totale de 278 paquets de corde, si chaque paquet a 84 mètres ?

317. Un commis gagne 228 fr. par mois ; que gagne-t-il par an ?

318. Quel est le prix de 275 kilos de chocolat à 2 fr. le kilo ?

319. Une caisse contient 185 oranges. Combien en contiendraient 62 caisses semblables ?

320. A 39 fr. l'hectolitre de vin, quel est le prix de 48 hectolitres ?

321. Quel est le prix de 36 chaises à 13 fr. l'une ?

322. Quel est le prix de 17 veaux à 45 fr. la pièce ?

323. Que faut-il payer pour 142 hectolitres de vin à 45 fr. l'hectolitre ?

324. Un vagon transporte 86 quintaux de pierre. Quelle est la charge de 24 vagons semblables ?

325. Quel est le prix de 308 hectolitres de vin à 47 fr. l'hectolitre ?

326. Quel est le poids de 68 pièces de vin pesant chacune 248 kilos ?

327. Si l'on additionnait 158 fois le nombre 587, quelle serait la somme ?

328. A 35 fr. l'hectolitre de vin, quel sera le prix de 15 hectolitres ?

329. Huit héritiers se partagent une succession et reçoivent chacun 17.965 fr. Quelle est la valeur de cette succession ?

330. Un kilo de charbon produit environ 235 litres de gaz. Combien 758 kilos de charbon en produisent-ils ?

331. Quel est le prix de 75 douzaines de mouchoirs à 13 fr. la douzaine ?

332. Quel est le poids de 168 sacs de farine pesant chacun 115 kilos ?

333. Combien valent 385 chevaux à 846 fr. l'un ?

334. Quel est le poids de 75 pièces de vin contenant chacune 236 litres, si la pièce pèse 248 kilos ?

335. Un enfant est mort âgé de 48 jours. Combien a-t-il vécu d'heures et de minutes ? (*Arith.*, n° 211.)

336. Combien un ouvrier mettrait-il d'heures pour faire un travail que 13 ouvriers feraient en 12 jours de onze heures de travail ?

337. Quel est le poids de la marchandise contenue dans 15 vagons chargés chacun de 3.784 kilos?

338. A 25 fr. le mètre de velours, quel est le prix de 7 pièces de chacune 48 mètres?

339. Un sac de blé pesant 115 kilos, dites le poids de 327 sacs?

340. Combien de jours faut-il à un ouvrier pour faucher un pré de 15 hectares, que 12 ouvriers ont fauché en 6 jours l'année précédente?

341. Un sac de farine de 140 kilos vaut 59 fr. Combien valent 275 sacs du même poids?

342. Quelle est la valeur de 75 bœufs charolais à 589 fr. pièce?

343. Une entreprise a rapporté pour chacun de ses 1.528 actionnaires un bénéfice de 37.215 fr. Quel est le bénéfice total?

344. Quelle est la valeur de 18 vagons de charbon si chacun en contient 36 quintaux à 2 fr. le quintal?

345. Un cheval consomme par jour 11 kilos de foin. Combien de kilos consomment 725 chevaux en 190 jours?

346. Une famille paye 62 fr. de loyer par trimestre. Combien par an?

347. Pour acquitter une dette de 575 fr., je donne 6 billets de 100 fr. Combien doit-on me rendre?

348. Combien y a-t-il de lettres dans un livre de 785 pages, si chaque page contient 45 lignes et chaque ligne 47 lettres?

349. Un cordonnier a vendu 69 paires de souliers à 13 fr. la paire. Combien a-t-il reçu?

350. Sept ouvriers ont mis quinze jours pour faire un travail. Combien un seul ouvrier aurait-il mis de jours pour faire le même travail?

351. Dans un verger, on a planté 39 rangées d'arbres distants de 5 mètres les uns des autres : chaque rangée contient 26 arbres. Combien le verger en contient-il?

352. Tous les trois mois, une famille paye 185 fr. de loyer. Combien paye-t-elle par an?

353. On a vendu 17 mètres de drap à 13 fr. le mètre. Combien a-t-on reçu?

354. Un employé reçoit 215 fr. par mois. Combien par an?

355. Une source fournit 125 litres d'eau par minute. Combien en fournit-elle par an? (*Arith.*, n° 211.)

356. Quel est le prix de 12.000 tuiles à 30 fr. le mille?

Récapitulation sur les trois premières règles.

357. Il me manque 13 fr. pour acquérir une petite voiture qui coûte 25 fr. Quelle est la somme que je possède?

358. Un élève a perdu 5 heures le lundi et 4 le mardi. Combien de pages aurait-il apprises à 5 par heure?

359. Vingt-cinq élèves sont assis sur trois tables et sur un banc, chaque table en a 7. Combien y en a-t-il sur le banc?

360. Une voiture mène 13 voyageurs : 6 payent 3 fr. chacun ; 4 payent chacun 4 fr. ; les autres payent 5 fr. Quelle somme recevra le conducteur ?

361. Quel est le prix de 15 tonneaux de vin à 75 fr. la pièce ?

362. Un cheval a coûté 975 fr. Combien faut-il le revendre pour gagner 150 fr. ?

363. On a employé 15 ouvriers pendant 18 jours à 3 fr. par jour. Combien chacun recevra-t-il ?

364. Dans 28 ans, j'aurai 40 ans. Quel âge ai-je aujourd'hui ?

365. Il y a 7 ans que j'avais 5 ans. Quel âge aurai-je dans 18 ans ?

366. Une personne née en 1856 est décédée en 1881. Quel était son âge ?

367. Dans 25 ans, Henri aura 38 ans. Quel âge a-t-il aujourd'hui ?

368. Il y a 35 ans qu'une personne est morte âgée de 94 ans. Quel âge aurait-elle si elle vivait encore ?

369. Louis avait 32 ans en 1862. En quelle année a-t-il eu 65 ans ?

370. Quel est le nombre de pages, de lignes et de lettres contenues dans un ouvrage de 15 volumes, si chaque volume a 620 pages, chaque page 48 lignes et chaque ligne 45 lettres ?

371. Un ouvrier gagne par mois 185 fr. ; il dépense 65 fr. pour sa nourriture, 12 fr. pour son logement et 25 fr. pour son entretien. Quelle est son économie annuelle ?

372. Après avoir payé 847 fr., plus 586 fr., je dois encore 975 fr. Combien devais-je ?

373. Une marchande avait 1.580 oranges ; elle en a vendu 127 douzaines. Combien lui en reste-t-il ?

374. Combien doit-on à un ouvrier pour 19 journées de travail à 4 fr. ?

375. Quel est le prix de 49 vaches à 375 fr. l'une ?

376. Combien y a-t-il de minutes dans un mois de 30 jours ? (*Arith.*, n° 211.)

377. Un homme a 12.725 fr. Que lui manque-t-il pour avoir 20.000 fr ?

378. Une machine a coûté 9.715 fr. ; on l'a revendue 7.986 fr. Combien a-t-on perdu ?

379. Un père a 76 ans et son fils 39. Quel âge avait le père à la naissance de son fils ?

380. Louis IX est mort en 1270 à l'âge de 56 ans. Quelle est l'année de sa naissance ?

381. Un négociant a vendu 15.810 fr. du sucre qui lui avait coûté 12.925 fr. Quel est son bénéfice ?

382. Une machine file 14 kilos de laine par heure. Combien en file-t-elle en 7 heures et demie ?

383. Un épicier revend 782 fr. du savon qu'il avait payé 870 fr. Combien perd-il ?

384. Quel est le revenu d'une personne qui dépense 8.760 fr. et fait 1.895 fr. d'économies par an ?

385. On a vendu 35 mètres d'une pièce de toile qui en contenait 83. Combien en reste-t-il ?

386. Un ouvrier qui gagne 5 fr. par jour, ne fait rien le lundi, mais dépense 7 fr. Que perd-il en faisant ainsi pendant 25 ans de 52 semaines ?

387. Dans un troupeau il y a 128 brebis, 39 chèvres, 48 moutons, 62 agneaux et 36 chevreaux. Combien de bêtes contient le troupeau ?

388. On a chargé une voiture de 240 kilos de sucre, 125 kilos de riz, 35 kilos de café et 225 kilos de fer. Quel est le poids total de ce chargement ?

389. Louis dépense chaque année 1.895 fr. et met de côté 978 fr. Combien gagne-t-il par an ?

390. Un jardinier a vendu 248 choux, 2.780 oignons et 675 salades ; il lui reste 137 choux, 1.895 oignons et 298 salades. Combien avait-il de légumes de chaque sorte ?

391. J'ai récolté 3.275 litres de blé, 3.415 litres d'avoine et 1.820 litres d'orge ; j'ai vendu 2.946 litres de blé, 1.878 litres d'avoine, 1.576 litres d'orge. Combien me reste-t-il de chaque espèce de grains ?

392. Quel nombre faut-il retrancher de 15.120 pour avoir 12.765 ?

393. Sur une dette de 2.958 fr., on paie 1.955 fr., plus 1.476 fr. Que reste-t-il à payer ?

394. J'ai 36 ans de moins que mon père, qui a 62 ans. Quel sera mon âge quand mon père aura 75 ans ?

395. Un rentier peut dépenser 17 fr. par jour. Combien peut-il dépenser dans une année de 365 jours ?

396. Louis est né en 1875. En quelle année aura-t-il 82 ans ?

397. On a vendu 35 mètres d'une pièce de toile qui en contenait 84. Combien en reste-t-il ?

398. Mon oncle est né en 1850 et il est mort âgé de 32 ans. En quelle année est-il mort ?

399. J'avais 375 fr. ; j'ai donné 168 fr. au boulanger, 56 fr. au boucher, 82 fr. à l'épicier. Combien ai-je payé et que me reste-t-il ?

400. Un ouvrier a fait, en 15 jours, 76 mètres d'ouvrage et a reçu 152 fr. ; en 9 jours, il a fait 48 mètres et a reçu 118 fr., et en 27 jours, il a fait 98 mètres et a reçu 196 fr. Combien de jours a-t-il travaillé ? Combien a-t-il fait de mètres ? Quelle somme a-t-il reçue ?

401. Un nombre est tel qu'après en avoir retranché 154, il reste 1.735. Quel est-il ?

402. En quelle année aura 65 ans celui qui est né en 1876 ?

403. De quatre nombres, le premier est 6.871, les trois autres augmentent successivement de 167, 379 et 598. On demande ces nombres et leur somme totale ?

404. De quatre nombres, le plus grand est 3.892 ; les trois autres diminuent successivement de 793, 678 et 596. On demande ces nombres et leur somme totale ?

405. Quel est le nombre qui devient 15.769 quand on y ajoute 5.893 ?

406. Une personne a payé 37.250 fr., elle doit encore 13.697 fr. Combien devait-elle ?

407. Pour aller en classe et en revenir, Joseph fait 1.975 mètres par jour. Combien a-t-il parcouru de mètres dans une année scolaire composée de 270 jours de classe ?

408. Le siège d'une ville a duré 85 jours. Combien les assiégés ont-ils reçu de bombes à raison de 278 par jour ?

409. Quel est le poids d'une caisse qui contient 19 pains de sucre pesant chacun 7 kilos, si la caisse vide pèse 15 kilos ?

410. Une caisse de savon pèse 107 kilos ; la caisse vide pèse 18 kilos. Quel est le poids net du savon ?

411. Je revends 3.500 fr. un jardin de 80 ares acheté 40 fr. l'are. Quel est mon bénéfice ?

412. Un propriétaire a 4 locataires qui lui payent chacun 135 fr. par trimestre. Combien reçoit-il par an ?

413. Une personne est née en 1865. En quelle année a-t-elle eu 35 ans ?

414. En vendant une propriété 25.760 fr., on a gagné 6.875 fr. Combien avait-elle coûté ?

415. Une pièce de toile coûte 378 fr. Combien faut-il la revendre pour gagner 95 fr. ?

416. Si j'avais 158 fr. de plus, après avoir acquitté une facture de 1.158 fr., il me resterait 885 fr. Quelle somme ai-je ?

417. Une boîte contenait 150 plumes ; on en a pris 7 douzaines et demie. Combien en reste-t-il ?

418. Combien coûte une propriété que l'on a payée avec 4.838 pièces de 20 fr. ?

419. Combien faut-il ajouter à 3.546 pour avoir 5.432 ?

420. Combien faut-il retrancher de 12.725 pour avoir 10.838 ?

421. Quelle somme doit-on ajouter à 65.842 fr. pour payer une somme de cent mille francs ?

422. Deux tonneaux de vin contiennent chacun 125 litres. Je mets 96 litres dans le premier et je tire 58 litres du second. Combien de litres chaque tonneau contient-il ?

423. Quel est le prix de 148 hectolitres de blé à 21 fr. l'hectolitre ?

424. Un ouvrier fait par semaine 187 mètres d'ouvrage. Combien en fait-il en un an de 52 semaines ?

425. Une cuve peut contenir 3.645 litres ; on y a versé 1.170 litres, plus 1.345 litres. Combien faut-il de litres pour la remplir ?

426. J'avais 2.645 noix ; j'en donne 524 à Pierre, 235 à Jean et 911 à Louis. Combien m'en reste-t-il ?

427. Un cultivateur a vendu, en un an, du blé pour 3.215 fr. ; de l'orge pour 675 fr. ; des betteraves pour 1.645 fr. ; et il a dépensé 4.275 fr. Quel est son bénéfice ?

428. Combien faut-il ajouter à 2.745 fr. pour avoir 7.252 fr. ?

429. Un charcutier a acheté 8 porcs à 145 fr. pièce et il a payé comptant 965 fr. Combien doit-il encore ?

430. D'une cuve de vin, on a tiré 8 tonneaux de 235 litres chacun, puis 12 tonneaux de 218 litres l'un. Que contenait la cuve ?

431. Mon cousin est mort en 1871, âgé de 17 ans. Quelle est la date de sa naissance?

432. Une vache donne 13 litres de lait par jour. Combien en donne-t-elle en 98 jours?

433. Un ballot pèse brut 282 kilos ; l'emballage pèse 13 kilos. Quel est le poids de la marchandise ?

434. Quel est le nombre de lettres contenues dans un volume de 548 pages, la page étant de 45 lignes et la ligne de 42 lettres?

435. Un voyageur part le 7 du mois et ne revient que le 31. Combien de jours a duré son voyage ?

436. Combien y a-t-il de mois en 75 ans?

437. Combien y a-t-il de jours et d'heures dans 3 ans, 7 mois 16 jours. (*Arith.*, n° 211.)

438. Ma caisse contenait 1.612 fr. ; on vient de me payer 1.280 fr. puis j'ai soldé deux factures de chacune 975 fr. Que me reste-t-il?

439. On a fait un gerbier composé de 8 voitures de chacune 132 gerbes et de 7 chars chacun de 184 gerbes. Quel est le total des gerbes?

440. Combien redoit-on sur un mémoire de 6.975 fr. dont on a payé 3.864 fr., plus 3.050 fr.?

441. Quelle est la valeur d'une propriété qui a coûté 13.850 fr. et dans laquelle on a fait pour 2.785 fr. d'améliorations?

442. Une personne s'est acquittée d'une dette en 15 paiements de chacun 1.896 fr. Combien devait-elle?

443. Un employé paye à l'hôtel 65 fr. par mois. Combien lui reste-t-il sur un traitement annuel de 1.525 fr. ?

444. Quel est le nombre de sacs de farine contenus dans 12 voitures qui en transportent 25 chacune?

445. Quelle est la valeur d'une somme en argent qui se compose de 325 pièces de 5 fr., et 128 pièces de 2 fr. ?

446. Quel est l'âge total des cinq personnes d'une famille dont la 1re a 76 ans, la 2e 68, la 3e 39, la 4e 31 et la 5e 27 ?

447. Quelle est la charge d'une voiture qui porte 24 sacs d'avoine pesant chacun 127 kilos?

448. Quelle est la valeur d'une somme en or composée de 87 pièces de 20 fr., 65 pièces de 10 fr. et 48 pièces de 5 fr. ?

449. Que reste-t-il à payer pour 68 pièces de vin à 65 fr. la pièce, si l'on a donné 2.533 fr. ?

450. En 4 minutes un laboureur trace un sillon. Combien mettra-t-il de minutes pour en tracer 52?

451. La pièce de 5 fr. pèse 25 grammes. Quel est le poids de 450 pièces de 5 fr.?

452. Quelle est la valeur d'une somme en or composée de 60 pièces de 20 fr. et 68 pièces de 10 fr. ?

453. Quelle est la longueur totale de 38 paquets de ficelle ayant chacun 86 mètres de longueur ?

454. Charles est né en 1875. En quelle année aura-t-il 79 ans?

455. Quel est le prix de 35 mesures de blé à 18 fr. la mesure?

456. Quel est le nombre de lettres contenues dans un ouvrage de 576 pages, la page étant de 51 lignes et la ligne de 46 lettres?

457. Mon voisin me devait 62 fr. ; il m'a donné 25 fr. et 3 sacs de pommes de terre à 12 fr. le sac. Combien me doit-il encore?

458. J'ai acheté un porc 16 fr. ; après 11 mois, je l'ai revendu 110 fr. Combien ai-je gagné, si j'ai dépensé pour 25 fr. de pommes de terre, 12 fr. de son et 8 fr. de paille?

459. Si j'avais 345 fr. de plus, j'aurais 1.280 fr. Que me manque-t-il pour avoir 1.000 fr.?

460. Quel est le poids de 8 sacs contenant ensemble 19 hectolitres de blé, si l'hectolitre pèse 76 kilos?

461. Quelle est la valeur d'un pré de 15 hectares à 3.850 fr. l'hectare?

462. A 4 fr. le mètre courant, quel est le prix d'un treillage qui entoure une vigne de 46 mètres de long sur 32 de large?

463. Sur une somme de 1.520 fr. on a payé 328 fr. au boulanger, 125 fr. au boucher et 89 fr. au taillleur. Combien reste-t-il?

464. Une vigne qui avait coûté 12.720 fr. a été revendue 13.825 fr. Combien a-t-on gagné ou perdu, si l'on avait dépensé 1.160 fr. pour améliorer cette vigne?

465. Une personne achète pour 1.815 fr. de marchandise et donne deux billets de 1.000 fr. Combien doit-on lui rendre?

466. Trois ouvriers ont à partager 815 fr. ; le premier doit avoir 318 fr., le deuxième 239 fr. Quelle sera la part du troisième?

467. Quel est le prix de 38 pièces de vin à 65 fr. la pièce? Si l'on revend la pièce 76 fr., combien gagnera-t-on?

468. Quelle est la valeur nette d'une succession qui comprend 37.800 fr. de propriétés, 13.956 fr. de maison, 2.859 fr. de créances et 9.760 fr. de dettes?

469. Je possède 845 fr., mais je dois 148 fr. + 65 fr. + 45 fr. + 270 fr. + 86 fr. Quelle somme me restera-t-il quand je me serai acquitté?

470. D'un tonneau qui contenait 226 litres de vin on a tiré 24 fois 6 litres. Combien y reste-t-il de litres?

471. D'une planche de salades qui en contenait 6 rangées de chacune 125, on a enlevé 4 douzaines et demie de salades. Combien en reste-t-il?

472. Quel est le nombre qui est 38 fois plus grand que 65?

473. Un ouvrier gagne 4 fr. par jour et dépense 2 fr. Combien met-il de côté par semaine?

474. J'avais 420 fr., j'ai acheté 4 pièces de vin à 98 fr. la pièce. Que me reste-t-il?

475. Lorsque le mètre de drap coûte 16 fr., quel est le prix de 145 mètres?

476. Que manque-t-il à 38.249 fr. pour valoir 81.240 fr.?

477. Combien doit-on à un ouvrier qui a travaillé pendant trois semaines et demie, à raison de 4 fr. par jour?

478. Quel est le nombre de volumes contenus dans une bibliothèque composée de 46 rayons, si chaque rayon contient 125 volumes?

479. Deux marchands ont fait un fonds de 68.400 fr. ; le premier y a mis 25.600 fr. Combien y a-t-il mis de moins que le second ?

480. Quel est le nombre qui deviendrait 3.765 si on le diminuait de 1.884 ?

481. Trois ouvriers se partagent une somme : le premier a 148 fr. moins 15 fr.; le deuxième a 67 fr. de plus que le premier, et le troisième autant que les deux autres plus 25 fr. Dites la part de chacun et la somme partagée.

482. La dédicace du temple de Salomon a eu lieu 1.005 ans avant Jésus-Christ. Combien y avait-il d'années en 1884 ?

483. Quel nombre faut-il ajouter à 2.985 pour avoir 6.234 ?

484. Une caisse vide pèse 19 kilos. Quelle quantité de marchandise contient-elle si elle pèse 102 kilos quand elle est pleine ?

485. Une maison a coûté 18.540 fr. ; si l'on y fait pour 1.627 fr. de réparations, à combien s'élèvera le prix de cette maison ?

486. André devait 481 fr. ; il a payé d'abord 147 fr., ensuite 187 fr., enfin 142 fr. Combien doit-il encore ?

487. Louis dépose chaque mois 17 fr. à la caisse d'épargne. Combien y aura-t-il déposé au bout de 5 ans et demi ?

488. Il faut 26 litres de blé pour ensemencer un are. Combien en faut-il pour 648 ares ?

489. Un pré avait coûté 3.740 fr. Combien l'a-t-on revendu, si l'on a gagné 975 fr. ?

490. J'ai acheté une propriété 25.680 fr., je l'ai payée en donnant 8 billets de 1.000 fr., 125 billets de 100 fr. et 250 pièces de 20 fr. Quelle remise ai-je obtenue ?

491. Quel est le prix de 165 tonneaux de vin contenant ensemble 260 hectolitres, à 42 fr. l'hectolitre ?

492. Quelle est la capacité d'une citerne qui se vide en 8 heures et demie par un robinet donnant 75 litres par minute ?

493. Un homme et son fils ont ensemble 125 ans ; le père a 87 ans. Quel est l'âge du fils ?

494. J'avais 318 fr. ; j'ai payé une facture de 86 fr. et une autre de 153 fr. Combien me reste-t-il ?

495. On vend un cheval 875 fr. avec une perte de 198 fr. Combien avait-il coûté ?

496. Un ouvrier place chaque mois 18 fr. à la caisse d'épargne. Quel sera son capital au bout de 3 ans et demi ?

497. Dans un héritage, chacun des 7 héritiers reçoit 17.850 fr. Quel est le montant de l'héritage ?

498. Quelle est la longueur totale de 86 pièces de toile ayant chacune 48 mètres de longueur ?

499. Un marchand a acheté 46 bœufs à 386 fr. l'un ; il les a revendus 415 fr. Combien a-t-il gagné s'il a eu 218 fr. de frais ?

500. La pièce de 5 fr. en argent pèse 25 grammes. Quel est le poids de 175 pièces de 5 fr. ?

501. Un verger contenait 1.587 arbres ; on en a arraché 258. Combien en reste-t-il ?

502. Quel est le prix de 87 pièces de drap de 68 mètres chacune, à 18 fr. le mètre ?

503. Bernard a emprunté 968 fr. ; il a rendu 347 fr. plus 275 fr. Combien doit-il encore ?

504. Marseille a été fondée 600 ans avant Jésus-Christ. Combien y avait-il d'années en 1883 ?

505. Une pièce de vin coûte 98 fr. Combien faut-il la revendre pour gagner 27 fr. ?

506. On compte dans une vigne 187 rangées de 132 ceps. Combien y a-t-il de ceps dans cette vigne ?

507. Une pièce de vin coûte 118 fr. Combien faut-il la revendre pour gagner 43 fr. ?

508. J'ai 12.815 fr. Que me manque-t-il pour avoir 20.000 fr. ?

509. Si un couvert d'argent coûte 32 fr., quel est le montant de trois achats de 13 couverts, de 29 couverts et de 48 couverts ?

510. Combien a-t-on gagné en vendant 875 fr. une pièce d'alcool qui avait coûté 780 fr. ?

511. Un kilogramme de graines de chou renferme 248.650 graines. Combien y a-t-il de graines dans 62 kilos ?

512. Une personne est morte en 1881, âgée de 89 ans. En quelle année avait-elle 25 ans ?

513. Un sac de blé pesant 148 kilos, quel est le poids de 45 sacs ?

514. Quelle est la valeur d'un pré de 568 ares, à 85 fr. l'are ?

515. La bataille de Waterloo a eu lieu en juin 1815. Combien y avait-il d'années en 1880 ?

516. Trois associés se partagent une somme de 39.850 fr. Le premier reçoit 14.480 fr. et le deuxième 2.396 fr. de moins que le premier. Combien le troisième a-t-il de plus ou de moins que chacun des deux autres ?

517. Quelle est la valeur d'un terrain dont on a acquitté le prix en payant 1.250 fr. par mois pendant 17 mois ?

518. Un hanneton produit 80 vers blancs. Combien 1.285 hannetons en produisent-ils ?

519. Pour payer une propriété, j'ai donné 65 billets de 100 fr., 52 pièces de 20 fr. et 38 pièces de 10 fr. Combien coûte cette propriété ?

520. Sur une propriété payée 78.150 fr., on a gagné 10.738 fr. Combien a-t-on revendu cette propriété ?

521. Joseph a 38 ans de plus que son neveu qui a 13 ans. Quel sera l'âge du neveu lorsque Joseph aura 80 ans ?

522. Pour remplir une cuve, on y a mis 980 litres d'eau, puis 1.240 litres, enfin 590 litres. Quelle est la capacité de cette cuve ?

523. Une pièce de drap avait 36 mètres ; on en a vendu 28 pour 420 fr. Combien en reste-t-il ?

524. Un général est entré en campagne avec 45.000 hommes ; il en a laissé 2.500 sur le champ de bataille, 1.280 sont prisonniers. Combien lui en reste-t-il ?

525. Une propriété est estimée 27.800 fr., mais on me l'a vendue 26.500 fr. Combien ai-je gagné ?

526. Un voyageur fait 100 mètres par minute. Combien en fera-t-il en 18 jours de 7 heures ?

527. En vendant une marchandise qui m'a coûté 1.760 fr., je gagne mon déboursé moins 1.182 fr. Quel est le prix de vente ?

528. Une personne me devait 1.360 fr. ; elle m'a donné 862 fr., plus 378 fr. Que lui reste-t-il à payer ?

529. On a vendu 68.780 fr. une propriété de 342 ares. Si on l'avait vendue 5.840 fr. de plus, on aurait gagné 10.750 fr. Combien la propriété avait-elle coûté ?

530. Quel est le prix de 168 kilos de soie à raison de 56 fr. le kilo ?

531. Sur une charrette on a chargé 16 sacs de 2 hectolitres de blé chacun. Quel est le poids du chargement si l'hectolitre pèse 76 kilos ?

532. Un fermier a acheté 28 moutons à 25 fr., 7 vaches à 285 fr. et 4 bœufs à 420 fr. Combien a-t-il payé ?

533. Un magasin contenait 8.775 mètres de drap ; on en a vendu en trois fois, 1.896 mètres, 2.958 mètres et 2.031 mètres. Combien en reste-t-il ?

534. J'ai acheté 65 hectolitres de vin à 45 fr. l'hectolitre. J'ai donné en payement 117 hectolitres de froment à 25 fr. l'hectolitre. Combien dois-je encore ?

535. Une personne a dépensé 875 fr. Combien lui reste-t-il, si elle avait 1.210 fr. ?

536. Il me manque 318 fr. pour acheter 45 hectolitres de blé à 24 fr. l'hectolitre. Combien ai-je ?

537. Une maison a coûté 8.740 fr. ; on y fait pour 1.569 fr. de réparations. Combien faut-il la revendre pour gagner 1.225 fr. ?

538. Il faut 4 litres de crème pour faire 1 kilo de beurre. Combien faut-il de litres de crème pour obtenir 780 kilos de beurre ?

539. Une hirondelle détruit environ 280 insectes par jour. Combien 12.568.625 hirondelles en détruisent-elles ?

540. Quel est le poids de 128 hectolitres de blé, si l'hectolitre pèse 78 kilos ?

541. Un homme respire 19 fois par minute. Combien de fois a respiré celui qui meurt âgé de 87 ans dont 21 ont été de 366 jours ? (*Arith.*, n° 211.)

542. La somme de deux nombres est 1.525 ; le plus petit est 687. Quelle est leur différence ?

543. La différence de deux nombres est 187 ; le plus grand est 2.073. Quelle est leur somme ?

544. La différence de deux nombres est le double du petit qui est 540. Quel est le plus grand nombre ?

545. Un fermier avait 145 moutons. Il en a vendu 50 à 32 fr., 75 à 30 fr. et le reste à 25 fr. Combien a-t-il reçu ?

546. Trois vaches ont coûté ensemble 965 fr. On les revend 387 fr. chacune. Quel est le bénéfice ?

547. Combien faut-il de litres d'avoine pour nourrir 25 chevaux pendant un an, à raison de 6 litres par jour pour chaque cheval ?

548. Je devais 975 fr. ; j'ai payé 314 fr., plus 275 fr. et 287 fr. Combien me reste-t-il à payer ?

549. Un marchand a acheté 119 quintaux de blé à 21 fr. Combien a-t-il payé ?

550. Une bourse contient 52 pièces de 20 fr., 75 pièces de 10 fr., 31 pièces de 5 fr. et 68 pièces de 2 fr. Dites le nombre de pièces et la somme contenue dans cette bourse ?

551. Un marchand a acheté 80 hectolitres de vin pour 3.600 fr. ; il a vendu 25 hectolitres à 56 fr., 35 hectolitres à 52 fr. et le reste à 50 fr. Combien a-t-il gagné ?

552. Un cheval consomme par jour 14 kilos de foin. Combien 18 chevaux, en 45 jours, consommeront-ils ?

553. Une vigne de 58 ares coûte 1.640 fr. Quel bénéfice fera-t-on en la revendant 36 fr. l'are ?

554. Je devais 1.575 fr. ; j'ai donné en payement 26 hectolitres de vin à 45 fr. l'hectolitre et 395 fr. Combien dois-je encore ?

555. Les dépenses d'un priseur sont de 3 fr. par mois. Que seront-elles au bout de dix ans ?

556. La somme de deux nombres est 736, l'un de ces nombres est 617. Quel est l'autre ?

557. La somme des trois nombres est 788 ; la somme des deux premiers est 479. Quel est le troisième nombre ?

558. Luc fait 8 problèmes par jour. Combien par an ?

559. Le clocher de Rouen a 141 mètres de hauteur ; celui de Chartres, 122 mètres. De combien le plus haut surpasse-t-il l'autre ?

560. Combien doit-il être rendu sur un billet de 2.340 fr. avec lequel on paye deux factures, l'une de 860 fr. et l'autre de 1.188 fr. ?

561. Une personne reçoit chaque année 3.850 fr. ; elle dépense 1.245 fr. pour ses besoins personnels, 689 fr. pour l'éducation d'un neveu et 150 fr. en aumônes. Quelle somme lui reste-t-il ?

562. Quelle somme a rapportée un cerisier sur lequel on a ramassé chaque jour d'une semaine, 9 paniers de cerises qui ont été vendus 2 fr. l'un ?

563. Une page d'écriture a 23 lignes de 47 lettres. Combien a-t-elle de lettres en tout ?

564. Une maison a 4 façades ; chaque façade a 14 croisées ; chaque croisée a 8 carreaux. Combien a-t-on payé au vitrier, qui a demandé 1 fr. par carreau ?

565. Emile a 9 ans. Combien a-t-il de mois, de jours, d'heures et de minutes ? (*Arith.*, n° 211.)

566. Un marchand achète 6 vaches à 385 fr. l'une et 83 brebis à 12 fr. l'une. Combien a-t-il eu de reste, s'il avait 3.600 fr. ?

567. Combien faut-il de litres de gaz pour éclairer une fabrique pendant 30 jours et 5 heures et demie par jour au moyen de 68 becs, si chaque bec dépense 156 litres de gaz à l'heure ?

568. Un ouvrier gagne 2.500 fr. par an, sa femme 50 fr. par mois et son fils 4 fr. par semaine. La dépense totale est de 1.474 fr. Quelle est l'économie annuelle de la famille ?

569. Un propriétaire vend un bœuf 560 fr., une vache 360 fr. et 36 moutons à 35 fr. Quelle somme touchera-t-il ?

570. Un panier contient 540 châtaignes. Combien en restera-t-il après que les 16 élèves d'une classe en auront pris chacun une douzaine ?

571. Un particulier paye 356 fr. d'impositions pour un domaine qu'il loue 3.725 fr. Quel sera, dans 35 ans, le bénéfice qu'il aura fait ?

572. Un négociant qui vend pour 860 fr. de marchandise par jour, fait un bénéfice de 60 fr. Combien aura-t-il mis de côté après 238 jours ?

573. Un marchand reçoit 3 caisses qui lui reviennent à 50 fr. l'une, et 2 barriques de 39 fr. pièce. Dites quel sera le montant de sa facture ?

574. On a cueilli 13 paniers de cerises, qui ont été vendus, 3 à 4 fr., 5 à 3 fr., et le reste à 2 fr. pièce. Combien le vendeur a-t-il dû recevoir ?

575. Une personne a dans son portemonnaie 25 pièces de 20 fr., 14 pièces de 10 fr., et 6 pièces de 5 fr. Combien a-t-elle de francs en tout ?

576. Combien recevrai-je pour la vente de 160 douzaines de planches, à raison de 18 fr. la douzaine, et combien me restera-t-il après avoir payé 29 fr. de transport et 36 fr. d'autres frais ?

577. Un propriétaire veut faire abattre 15.648 pieds d'arbres ; 22 ouvriers en abattent 42 par jour. Combien en restera-t-il debout après 14 jours ?

578. Un marchand achète 426 moutons à 13 fr. pièce ; il en perd 6 et revend les autres 17 fr. l'un. Quel est son bénéfice ?

579. Un marchand achète 27 douzaines de planches à 16 fr. la douzaine ; il en revend 9 douzaines à 17 fr. et le reste à 18 fr. la douzaine. Quel est son bénéfice ?

580. Un particulier achète 2 paires de bœufs à 560 fr. l'un, un cheval 918 fr., 39 moutons à 14 fr. l'un. Combien faut-il qu'il emprunte s'il n'a que 2.890 fr. ?

581. Que revient-il à un ouvrier pour 47 journées de 3 fr., s'il a reçu un acompte de 58 fr. ?

582. Un propriétaire fournit à son voisin 3 stères de bois à 18 fr. et celui-ci donne 400 fagots à 13 fr. le cent. Quel est celui qui est redevable à l'autre et de combien ?

583. On a vendu 8 fr. un objet qui n'en coûtait que 6. Quel gain ferait-on sur 37 objets vendus ainsi ?

IV

De la Division

74. La DIVISION est une opération qui a pour but, étant donnés un produit et l'un de ses facteurs, de trouver l'autre facteur.

Ainsi, diviser 20 par 5, c'est chercher le second facteur de 20, le premier facteur 5 étant connu ; ce second facteur serait 4.

75. Le produit donné s'appelle DIVIDENDE ; le facteur connu s'appelle DIVISEUR, et le facteur cherché s'appelle QUOTIENT.

Dans l'exemple ci-dessus, 20 est le dividende, 5 est le diviseur, et 4 est le quotient.

76. Les trois nombres et l'opération elle-même sont ainsi appelés, parce que, dans les nombres entiers, *la division revient à chercher combien de fois le dividende contient le diviseur*, ou encore *à partager le dividende en autant de parties égales qu'il y a d'unités dans le diviseur.*

77. Lorsque le diviseur n'a qu'un chiffre et qu'il se trouve contenu moins de dix fois dans le dividende, l'opération se fait de mémoire parce qu'alors on voit tout de suite par quel nombre il faut multiplier le diviseur pour avoir le dividende.

Ainsi, 35 divisé par 7, donne pour quotient 5, parce que 5 fois 7 font 35. On peut d'ailleurs se servir de la table de multiplication, ou de la table de division qui est dans les *Exercices de calcul*, page 25.

Si l'on avait à diviser 68 par 9, comme 7 fois 9, ou 63, est plus petit que 68, et que 8 fois 9, ou 72, est plus grand que 68, il s'ensuivrait que 68 divisé par 9 donne un quotient compris entre 7 et 8. C'est ce qu'on exprime en disant : le neuvième de 68 est 7 et il reste 5.

78. Lorsque la division ne donne pas de reste, on dit que le quotient est *complet ;* dans le cas contraire, il est *approximatif*, et se compose d'un nombre entier plus une fraction.

79. Règle de la division. — Pour diviser deux nombres entiers l'un par l'autre, il faut :

1º *Écrire le diviseur à la droite du dividende, les séparer par un trait vertical et souligner le diviseur, pour le séparer du quotient qui s'écrit au-dessous ;*

2º *Prendre sur la gauche du dividende autant de chiffres qu'il en faut pour contenir le diviseur au moins une fois et moins de dix fois ;*

3º *Chercher combien de fois ce premier dividende partiel contient le diviseur, et écrire ce nombre de fois sous le diviseur ;*

4º *Multiplier le diviseur par le chiffre obtenu, et retrancher le produit du premier dividende partiel ;*

5º *Abaisser, à la droite du reste, le chiffre suivant du dividende, pour former le second dividende partiel, sur lequel on opère comme sur le premier ;*

6º *Continuer cette série d'opérations jusqu'à ce qu'on ait abaissé tous les chiffres du dividende, n'oubliant pas, à chaque division partielle, d'écrire le quotient obtenu à la droite du précédent ;*

7º *S'il arrive qu'après avoir abaissé un chiffre, on obtienne un dividende partiel moindre que le diviseur, on écrit zéro au quotient, et l'on abaisse un nouveau chiffre pour former un nouveau dividende partiel, sur lequel on opère comme il a été dit.*

80. Iᵉʳ Exemple. Soit à diviser 952 par 7.

Opération.

```
        Dividende.   952 | 7     diviseur.
                       7 |_____
                         | 136   quotient
2ᵉ dividende partiel.   25
                        21
3ᵉ dividende partiel.  042
                        42
                       ____
                        00
```

Après avoir disposé les nombres selon la règle, on observe que l'opération revient à partager 952 en 7 parties égales, c'est-à-dire à en prendre le 7ᵉ.

On prend d'abord le 7ᵉ de 9 centaines, qui est une centaine ; on écrit 1 au quotient et l'on retranche 7 de 9, ce qui donne pour reste 2 centaines.

Ces 2 centaines valent 20 dizaines auxquelles on joint les 5 du dividende, ce qui donne 25 dizaines pour le second dividende partiel. Le 7ᵉ de 25 est 3, que l'on écrit à la droite du chiffre déjà trouvé au quotient, et l'on retranche trois fois 7, ou 21, du dividende 25, ce qui donne 4 dizaines pour reste.

Ces 4 dizaines jointes aux 2 unités du dividende, font le troisième dividende partiel, dont le 7ᵉ est 6 exactement, puisque 6 fois 7, ou 42, retranché de ce dividende, donne 0 pour reste.

Ainsi, 136 est le 7ᵉ de 952, puisqu'on a pris le 7ᵉ de toutes les parties de ce dernier nombre, et qu'en effet 136 × 7 = 952.

81. Toutes les fois que le diviseur n'a qu'un chiffre, il est bon de faire l'opération de la manière suivante :

```
Dividende.   952 | 7 diviseur.
Quotient.    136 |
```

Après avoir écrit le dividende et le diviseur comme ci-dessus, on dit : le 7ᵉ de 9 est 1, et il reste 2. On écrit 1 sous le 9 et le reste 2, exprimant des dizaines de l'ordre suivant se place *mentalement* à gauche du chiffre 5, qui vient après, ce qui donne 25 ; le 7ᵉ de 25 est 3 et il reste 4 ; on écrit 3 sous le 5, et l'on continue en disant : le 7ᵉ de 42 est 6 exactement.

82. IIᵉ Exemple. Soit à diviser 19.758 par 2.842.

```
Dividende.   19.758 | 2.842   diviseur.
             17.052 |_______
             _______| 6       quotient.
Reste.        2.706 |
```

Dans cet exemple, le diviseur multiplié par 10 donne 28.240, nombre plus grand que le dividende ; donc, le quotient est moindre que 10 et n'a qu'un chiffre.

Pour trouver combien de fois le dividende contient le diviseur, on remarque que les mille du diviseur multipliés par le quotient, donnent un nombre de mille nécessairement compris dans les 19.000 du dividende : il suffit donc de diviser 19 par 2. En 19 combien de fois 2, il y est 9 fois ; mais à cause des retenues, venant de la multiplication des 8 centaines du diviseur, 9 est évidemment un quotient trop fort ; de plus, comme 2.842 est plus près de 3.000 que de 2.000, il vaut mieux dire : en 19 combien de fois 3, il y est 6 fois ; on écrit 6 au quotient, et, après avoir multiplié tout le diviseur par ce chiffre, on retranche le produit du dividende, et l'on a un reste, 2.706, moindre que le diviseur.

83. IIIᵉ Exemple. Soit à diviser 218.520 par 36.

Les deux premiers chiffres à gauche du dividende ne contenant pas le diviseur, on en prend trois et l'on dit : en 218 combien de fois 36, ou mieux, en 21 combien de fois 3 ? Il y est 7 fois ; mais à cause des retenues venant de la multiplication du chiffre 6 du diviseur par le quotient, on écrit seulement 6. On multiplie le diviseur par ce chiffre, et le produit 216, retranché du premier dividende partiel 218, donne pour reste 2.

Opération.

```
218520 | 36
816      | ──────
         | 6.070
 252 |
 252 |
 ──────
   0
```

En abaissant, à droite de ce reste, le chiffre suivant du dividende, on obtient 25 pour second dividende partiel, et comme ce nombre est plus petit que le diviseur, on en conclut que le quotient n'a point d'unités de cet ordre. On écrit alors un zéro à la droite du chiffre déjà trouvé, et l'on abaisse le chiffre suivant, ce qui donne 252 pour nouveau dividende partiel.

On dit : en 25 combien de fois 3 ? Il y est 7 fois seulement, à cause des retenues. On écrit 7 au quotient, on multiplie le diviseur par ce chiffre, et l'on retranche le produit du dividende 252. Comme la soustraction ne donne pas de reste, et qu'il n'y a plus au dividende de chiffres significatifs à abaisser, on met au quotient le zéro qui reste au dividende, afin de faire exprimer aux chiffres trouvés des unités de même ordre que celles du dernier dividende partiel. On obtient ainsi 6.070 pour le quotient exact de 218.520 divisé par 36.

84. On abrège ordinairement la division en retranchant du dividende partiel le produit du diviseur, à mesure qu'on le forme sans l'écrire sous ce dividende.

Exemple. Soit à diviser 298.074 par 658.

On dit, comme à l'ordinaire, le 6ᵉ de 29 est 4, qu'on écrit au quotient ; puis on dit : 4 fois 8, 32, ôté de 0, ne se peut ; mais, ajoutant par la pensée 4 dizaines à 0, on a : 32 ôté de 40 reste 8, qu'on écrit sous le premier chiffre à droite du dividende partiel ; et, par compensation, on retient 4 pour les soustraire avec

Opération.

```
298074 | 658
3487     | ──────
1974     | 453
 000 |
```

le produit suivant. On dit donc : 4 fois 5, 20, et 4 de retenue, 24, ôté de 28, reste 4 ; puis : 4 fois 6, 24, et 2 de retenue, 26, ôté de 29, reste 3. A côté du reste 348, on abaisse le chiffre suivant, et l'on continue ainsi l'opération.

85. Quand le dividende et le diviseur sont terminés par des zéros, on peut encore simplifier l'opération en supprimant de part et d'autre le même nombre de zéros, et en opérant comme à l'ordinaire sur les chiffres qui restent. Si la division donne un reste, on ajoute à sa droite le nombre de zéros supprimés au dividende.

Soit par exemple, à diviser 427.000 par 29.000.

Opération.

On opère comme si l'on avait 427 à diviser par 29 ; mais le vrai reste est 21.000.

$$\begin{array}{r|l} 427 & 29 \\ 137 & \overline{14} \\ 21 & \end{array}$$

La raison de cela est que la suppression des 3 zéros revient à diviser le dividende et le diviseur par 1.000. Or, *le quotient d'une division ne change pas quand on multiplie ou qu'on divise le dividende et le diviseur par un même nombre ; mais le reste, s'il y en a un, est multiplié ou divisé par ce nombre.*

86. Dans chaque division partielle, le chiffre du quotient ne peut jamais surpasser 9, car si l'on avait 10 à mettre au quotient, on aurait une unité de l'ordre immédiatement supérieur, ce qui indiquerait que le chiffre précédent est trop faible.

87. On est certain de n'avoir pas écrit au quotient un chiffre trop fort, lorsque le produit du diviseur par ce chiffre n'est pas plus grand que le dividende partiel sur lequel on opère ; et on est certain que ce chiffre n'est pas trop faible, lorsque le reste est moindre que le diviseur.

88. Preuve de la division. — Pour faire la PREUVE de la division, *il faut multiplier le diviseur par le quotient*, et, si l'opération est bien faite, on doit retrouver le dividende. Quand l'opération a donné un reste, *on l'ajoute au produit* du diviseur par le quotient.

89. Preuve de la multiplication par la division. — Réciproquement, dans une multiplication, *le produit peut être considéré comme un dividende, dont les deux facteurs sont, l'un, le diviseur, et l'autre le quotient.* Donc, en divisant le produit par l'un de ses facteurs, on doit retrouver l'autre, si l'opération est bien faite.

90. Autre preuve de la multiplication. — On peut encore multiplier le double ou le triple du multiplicande par la moitié ou le tiers du multiplicateur ; et, si l'opération a été bien faite, on doit retrouver le même produit : parce que *le produit ne change pas quand* *on multiplie l'un des facteurs par un nombre et qu'on divise l'autre facteur par ce même nombre.*

91. Usage de la division. — Il faut faire usage de la division :

1º Lorsqu'on veut partager un nombre en parties égales ou le rendre un certain nombre de fois plus petit ;

2º Lorsqu'on veut savoir combien de fois un nombre en contient un autre, ou combien de fois il y est contenu ;

3º Lorsqu'on demande par quel nombre il faut multiplier un autre pour obtenir un nombre donné ;

4º Quand on veut trouver le prix d'une seule unité ou partie d'unité, connaissant celui de plusieurs ; ou le nombre d'unités connaissant le prix de plusieurs et celui d'une seule ;

5º Pour ramener des parties à leur tout respectif, comme réduire les jours en mois, des mois en années.

Problèmes résolus.

I. On veut distribuer 928 bons points à 8 élèves. Quelle sera la part de chacun?

Solution. Chaque part sera la 8e partie de 928 ; donc il faut diviser 928 par 8, ce qui donne :
$$928 : 8 = 116.$$
Réponse. Chaque élève aura 116 bons points.

Opération.
928|8
116|

II. Le mètre d'une certaine étoffe coûte 24 fr. Combien en aura-t-on de mètres pour 936 fr. ?

Solution. On aura autant de mètres qu'il y a de fois 24 dans 936, c'est-à-dire :
$$936 : 24 = 39.$$
Réponse. Pour 936 fr., on aura 39 mètres d'étoffe.

Opération.
936 | 24
216 | 39
00 |

III. Par quel nombre faut-il multiplier 564 pour avoir 77.832?

Solution. Le nombre 77.832 est un produit dont 564 est l'un des facteurs ; donc on aura l'autre facteur en divisant 77.832 par 564, ce qui donne 77.832 : 564 = 138
Réponse. Pour avoir 77.832, il faut multiplier 564 par 138.

Opération.
77.832 | 564
2.143 | 138
4.512 |
000 |

PROBLÈMES

584. Dans une division, le dividende est 36 et le diviseur est 9. Quel est le quotient?

585. Quel est le diviseur d'une division dont le dividende est 84 et le quotient 4?

586. Le produit de deux facteurs est 120, et l'un des facteurs est 20. Quel est l'autre facteur ?

587. Par quel nombre doit-on multiplier 15 pour avoir 135 ?

588. Dites le nombre qui est 8 fois plus petit que 600 ?

589. Par quel nombre faut-il diviser 45 pour en avoir le tiers ?

590. Quel est le nombre dont le triple est 60 ?

591. Jules a gagné 285 bons points en 15 jours. Combien en a-t-il gagné par jour ?

592. A 60 fr. la douzaine de chaises, combien une ?

593. Paul écrit 90 lignes en 6 heures. Combien par heure ?

594. Un ouvrier reçoit 392 fr. pour 98 journées de travail. Quel est le prix d'une journée ?

595. Les revenus annuels d'un rentier sont de 2.800 fr. Combien peut-il dépenser par jour ?

596. Une propriété rapporte annuellement 3.484 fr. Que rapporte-t-elle par semaine ? (*Arith.*, n° 211.)

597. Une vigne a rapporté pour 6.750 fr. de vin. Combien de pièces à 54 fr. ?

598. En revendant 215 pièces de drap, un marchand a gagné 9.120 fr. Combien a-t-il gagné par pièce ?

599. Partagez 891 en 27 parties égales ?

600. Combien de fois 36 est-il contenu dans 8.604 ?

601. On doit partager 177.448 fr. entre 328 familles victimes d'un incendie. Combien auront-elles chacune ?

602. Combien y a-t-il d'années dans 202.575 jours ?

603. Un marchand achète pour 37.422 fr. de drap à 27 fr. le mètre. Combien prend-il de mètres ?

604. Combien aura-t-on de mètres de toile pour 76 fr. à 4 fr. le mètre.

605. Divisez 9.432 en 12 parties égales ?

606. Combien faut-il de pièces de 5 fr. pour faire 7.860 fr. ?

607. Quel est le prix d'un litre d'huile lorsque 76 litres coûtent 152 fr. ?

608. Une personne dépense 84 fr. par semaine. Combien dépense-t-elle par jour ?

609. Si le mètre de drap coûte 9 fr., combien de mètres aura-t-on pour 396 fr. ?

610. Dix-huit caisses égales de savon pèsent 6.966 kilos. Quel est le poids d'une caisse ?

611. Combien faut-il de pièces de 20 fr. pour payer une somme de 3.980 fr. ?

612. Quarante-cinq personnes se partagent une somme de 2.430 fr. Quelle est la part de chacune ?

613. Trente-huit pièces de vin ont coûté 3.230 fr. Quel est le prix d'une pièce ?

614. Une source donne 589 litres d'eau en une heure. Combien d'heures lui faut-il pour remplir un bassin qui peut contenir 15.314 litres ?

615. A 17 fr. le mètre de drap, combien de mètres aurait-on pour 765 fr.?

616. Un banquier a payé 96.760 fr. en pièces de 20 fr. Combien a-t-il donné de pièces?

617. Un train express met 48 heures pour parcourir 1.872 kilomètres. Combien fait-il de kilomètres à l'heure?

618. Combien y a-t-il d'heures dans 113.400 minutes?

619. Combien fera-t-on de voyages pour transporter 66.325 kilos de charbon, si l'on en transporte 1.895 kilos à chaque voyage?

620. Si 185 hectolitres de vin coûtent 3.330 fr., quel est le prix de l'hectolitre?

621. Combien faut-il de tonneaux de 240 litres pour recevoir le vin de trois cuves qui contiennent ensemble 10.872 litres?

622. Une personne veut acquitter une somme de 3.420 fr. en payant 190 fr. chaque mois. Combien fera-t-elle de payements?

623. Combien peut dépenser chaque jour une personne qui a 5.475 fr. de rente annuelle?

624. Une somme de 25.350 fr. doit être partagée entre 78 familles pauvres. Quelle sera la part de chacune?

625. Combien y a-t-il d'années dans 4.380 jours? Dans 324 mois?

626. Combien faut-il de billets de 100 fr. pour payer 25.000 fr.?

627. Combien faut-il travailler de jours à 4 fr. par jour pour gagner 984 fr.?

628. Un courrier a parcouru 850 kilomètres en 25 jours. Combien a-t-il fait de kilomètres par jour?

629. Quel est le prix d'un mouton, lorsque 47 coûtent 846 fr.?

630. Une personne dépense 2.352 fr. par an. Combien dépense-t-elle par mois?

631. Un ouvrier a gagné 148 fr. en 37 jours. Combien a-t-il gagné par jour?

622. Un courrier doit faire 518 kilomètres en 14 jours. Combien doit-il en faire par jour?

633. Si 19 mètres de drap coûtent 342 fr. quel est le prix du mètre?

634. Quel est le prix de l'hectolitre de blé lorsque 27 coûtent 702 fr.?

635. Un ouvrier gagne 45 fr. par semaine. Combien lui faut-il de semaines pour gagner 855 fr.?

636. Une famille dépense 2.616 fr. par an. Combien est-ce par mois?

637. Un commis gagne 1.140 fr. par an. Combien gagne-t-il par mois?

638. Quel est le nombre qui est 25 fois plus petit que 47.200?

639. Combien faut-il de tonneaux de 228 litres pour recevoir le vin de trois cuves qui contiennent ensemble 34.200 litres?

640. Trente-cinq sacs de farine pèsent ensemble 4.165 kilos. Quel est le poids d'un sac?

641. Combien faut-il de mois pour payer une somme de 10.620 fr., si l'on paye 236 fr. par mois?

642. Lorsque le vin vaut 46 fr. l'hectolitre, combien aurait-on d'hectolitres pour 5.014 fr.?

643. Partagez 172.080 en 48 parties égales?

644. J'ai payé 765 fr. pour 17 sacs de farine. A combien revient le sac?

645. Un train de marchandises parcourt 386 mètres par minute. Combien mettra-t-il de temps pour parcourir 9.650 mètres?

646. Trente-six personnes se partagent une somme de 67.932 fr. Quelle est la part de chacune?

647. Quelle est l'étendue d'une propriété qui, à raison de 65 fr. l'are, a coûté 122.590 fr.?

648. Un terrain de 45 hectares s'est vendu 84.960 fr. Quel est le prix de l'hectare?

649. A combien revient le mètre de velours, si 65 mètres coûtent 780 fr.?

650. Une bibliothèque composée de 280 rayons renferme 26.880 volumes. Combien chaque rayon en contient-il?

651. En 35 jours un courrier a parcouru 2.275 kilomètres. Combien de kilomètres a-t-il parcourus dans un jour?

652. On a payé 10.472 fr. une prairie de 187 ares. A combien revient l'are?

653. Pour 52.152 fr. un négociant a acheté 164 paires de drap. A combien revient la pièce?

654. J'ai acheté 78 hectolitres de blé pour 1.872 fr. Combien coûte l'hectolitre?

655. Un ouvrier reçoit 748 fr. pour 187 jours de travail. Combien a-t-il gagné par jour?

656. Partagez 19.575 fr. entre 27 familles pauvres?

657. Quinze sacs de farine pèsent ensemble 1.035 kilos. Quel est le poids d'un sac?

658. Un boulanger a acheté 1.675 kilos de farine. Combien a-t-il acheté de sacs de 67 kilos?

659. Une cuve contient 3.876 litres de vin. Combien faut-il de tonneaux de 228 litres pour la soutirer?

660. Il faut 25 tonneaux pour contenir le vin d'une cuve de 4.750 litres. Combien de litres contient chaque tonneau?

661. Si 25 tonneaux de vin se vendent 1.525 fr., combien coûte le tonneau?

662. Lorsque la pièce de 228 litres de vin coûte 58 fr., combien de pièces semblables aura-t-on pour 2.146 fr.?

663. Un marchand de vin en a acheté pour 10.620 fr. Combien a-t-il acheté de tonneaux de 225 litres à 45 fr. pièce?

664. Un boucher a acheté 86 moutons qu'il a payés 2.064 fr. Combien coûte un mouton?

665. Combien faut-il de mois pour payer 8.550 fr., si l'on donne 225 fr. par mois?

666. Combien faut-il de vagons, chargés chacun de 8.560 kilos, pour transporter 530.920 kilos de houille?

667. Chaque année on extrait d'une mine 896.440 hectolitres de charbon. Combien cette mine fournit-elle d'hectolitres par jour?

668. Un ouvrier reçoit 784 fr. pour 196 journées de travail. Quel est le prix d'une journée ?

669. Une propriété rapporte annuellement 6.968 fr. Que rapporte-t-elle par semaine ?

670. Combien y a-t-il d'années dans 868.025 jours ?

671. Une source fournit 1.965 litres d'eau par heure. Combien mettra-t-elle d'heures pour remplir un bassin qui contient 35.370 litres ?

672. Combien y a-t-il d'heures dans 113.040 minutes ?

673. J'ai payé 2.852 fr. pour 62 pièces de vin. Quel est le prix d'une pièce ?

674. Combien de fois le nombre 2.516 est-il contenu dans 465.460 ?

675. Quel est le nombre qui, étant multiplié par 365, donne pour produit 9.125 ?

676. Quel est le nombre qui est 45 fois plus petit que 26.460 ?

677. Par quel nombre faut-il multiplier 158 pour avoir 92.746 ?

678. Un marchand de vin a payé 29.495 fr. pour 347 pièces de vin. A combien revient la pièce ?

679. Combien de fois peut-on soustraire 240 de 10.800 ?

680. J'ai payé 456 fr. pour 19 hectolitres de blé. A combien revient l'hectolitre ?

681. Un mur de 68 mètres cubes a coûté 1.272 fr. Combien coûte le mètre cube ?

Récapitulation sur les quatre règles.

682. Une personne qui a 3.640 fr. emprunte 2.790 fr. Combien aura-t-elle en tout ?

683. Que faut-il ajouter à 1.750 pour avoir 3.985 ?

684. Quelle est la somme qui deviendrait 9.786 fr. par l'addition de 3.755 ?

685. Quel est le produit de 6.578 par 359 ?

686. Quel est le quotient de 50.000 par 25 ?

687. Après une perte de 138.000 fr., une personne possède encore 25.000 fr. Combien avait-elle ?

688. Un particulier vend tout ce qu'il possède et, après avoir payé ses dettes, montant à 345.800 fr., il lui reste 45.960 fr. A quelle somme s'élevait ce qu'il a vendu ?

689. Combien peut-on transporter de voyageurs dans un train de 15 vagons de 40 places ?

690. Un voyageur part le 3 du mois et ne revient que le 27. Combien de jours a duré son voyage ?

691. Un ouvrier dont la journée est de 10 heures, désire savoir combien il aura travaillé d'heures en 358 jours ?

692. On a transporté 3.672 quintaux en 136 voyages. Combien par voyage ?

693. Combien y a-t-il de jours dans 38 ans ?

694. Une personne peut dépenser 3.690 fr. par mois. Combien par jour ?

695. A 26 fr. le mètre de drap, combien coûtent les 749 mètres?

696. Un domestique qui gagne 38 fr. par mois a reçu 750 fr. Combien lui a-t-on payé de mois?

697. On distribue 3.850 fr. à 25 pauvres. Combien à chacun?

698. Combien y a-t-il de minutes dans 75 jours et 6 heures?

699. Je gagne 3.692 fr. par an. Combien par semaine?

700. Une maison coûte 4.800 fr. ; on y fait pour 3.600 fr. de réparations. Combien faut-il la revendre pour gagner 2.400 fr. ?

701. Une personne devait 2.280 fr. plus 3.750 fr., plus 855 fr.; elle paye 4.974. Que lui reste-t-il à payer?

702. Une armée de 250.000 hommes n'en compte plus que 102.816 après une défaite. Combien en a-t-elle perdu?

703. Louis est né en 1839 ; combien d'années après 1841 a-t-il eu 25 ans?

704. Je donne 4.560 fr. à un créancier et je lui dois encore 5.840 fr. Combien lui devais-je?

705. En quelle année est mort un homme qui a vécu 47 ans et qui est né en 1812?

706. J'achète pour 263 fr. de marchandises et je donne 14 pièces de 20 fr. Combien doit-on me rendre?

707. Une fermière porte 384 œufs au marché et en vend 32 douzaines. Combien lui en reste-t-il?

708. Combien y aura-t-il de litres de blé dans 86 tas de 28 gerbes, si chaque tas donne 134 litres?

709. Quand le stère de bois coûte 17 fr., combien en aura-t-on pour 578 fr.?

710. Paul gagne 1.825 fr. par an. Combien par jour?

711. Un employé gagne 2.450 fr. par an et met 990 fr. de côté. Combien dépense-t-il par jour?

712. Un particulier reçoit 2.109 fr. par an et en dépense 1.085. Quel sera son avoir dans 35 ans?

713. Un enfant avait 137 billes; il perd 15 parties de suite et se retire. L'enjeu étant de 3 billes, on demande combien il en a perdu et combien il lui en reste?

714. Le Volga a un cours de 3.233.060 mètres. Combien faudrait-il de temps pour le parcourir à un homme qui en ferait 55.000 mètres par jour?

715. Dans une caisse qui contenait 740 oranges, on en ajoute 11 douzaines. Combien en contient-elle?

716. Un jardinier a 1.536 choux à planter en 64 lignes. Combien en mettra-t-il par ligne?

717. Un fermier achète 15 moutons à 17 fr. ; 4 bœufs à 550 fr. ; 6 vaches à 360 fr. ; 2 chevaux à 870 fr. Quelle est sa dépense totale?

718. Quel serait le prix de 28 pièces de drap de 35 mètres à 17 fr. le mètre?

719. Un épicier reçoit 3 caisses de pruneaux à 25 fr., 5 cabas de figues à 18 fr., et 3 sacs de riz à 45 fr. ; il a payé 255 fr. d'avance. Combien doit-il encore?

720. Un père laisse 48.540 fr. à ses trois enfants : le premier a 15.000 fr., et le deuxième 18.500. Quelle est la part du troisième ?

721. Si j'avais 800 fr. de plus, je payerais une dette de 1.560 fr. et il me resterait 345 fr. Quelle somme ai-je ?

722. En 27 jours, un ouvrier a travaillé 243 heures. Combien a-t-il travaillé d'heures par jour ?

▸ **723**. Un berger perd 5 de ses moutons estimés 18 fr. l'un ; le maître en retient le prix sur son gage qui est de 180 fr. Que lui reste-t-il à recevoir ?

724. Quelle somme doit recevoir un cordonnier qui vend 47 paires de souliers à 13 fr. ?

725. Un tisserand donne 45 mètres de drap, estimé 9 fr. le mètre à un cultivateur qui lui remet en échange 140 mesures de froment à 6 fr. la mesure. Quel est celui qui doit à l'autre et combien ?

726. Quel nombre obtiendrait-on si l'on divisait par 63 le produit de 72 par 56 ?

727. Un fermier paye sa ferme comme suit : en argent, il fait 4 payements de 620 fr. ; en nature, il donne 12 pièces de vin à 54 fr. et 150 mesures de froment à 7 fr. Quel est le prix de cette ferme ?

728. Une marchandise coûte 1.867 fr. Combien faut-il la revendre pour gagner 469 fr. ?

729. Combien faut-il de pièces de 20 fr. pour payer une somme de 18.760 fr. ?

730. Une personne qui doit 1.088 fr., paye 68 fr. par mois. Dans combien de temps aura-t-elle acquitté sa dette ?

731. Quel est le nombre qui, étant diminué de 297, devient 1.592 ?

722. La différence de deux nombres est 275, le plus petit est 1.890. Quel est le plus grand ?

733. Je donne 1.628 fr. à un créancier et je lui dois encore 1.749 fr. Combien lui devais-je ?

734. Si j'avais 528 fr. de plus, je payerais une dette de 1.780 fr. et il me resterait 215 fr. Combien ai-je ?

735. Un oncle laisse 67.240 fr. à ses trois neveux : le 1er a 24.118 fr. et le 2e, 22.745 fr. Quelle est la part du troisième ?

736. Un commis gagne 1.810 fr. par an et dépense 986 fr. Quel sera son bénéfice dans 12 ans ?

737. Quel serait le prix de 35 pièces de drap de chacune 42 mètres à 18 fr. le mètre ?

738. Henri gagne 65 fr. par semaine. Combien par an ?

739. Quel est le prix de 875 centaines d'œufs à 7 fr. le cent ?

740. Quel est le prix de 185 hectolitres de blé à 18 fr. l'hectolitre ?

741. En revendant un cheval 685 fr., j'ai perdu 398 fr. Combien m'avait-il coûté ?

742. Que faut-il ajouter à 118.643 pour avoir un million ?

743. Que faut-il retrancher de cent mille francs pour avoir 39.647 fr. ?

744. Quinze pains de sucre pèsent ensemble 195 kilos. Quel est le poids d'un de ces pains ?

745. Une personne doit 680 fr., plus 275 fr. à un premier créancier et 187 fr., plus 419 fr. à un second. Combien doit-elle en tout ?

746. Une maison coûte 12.780 fr. Combien faut-il la revendre pour gagner 2.850 fr. après y avoir fait pour 1.275 fr. de réparations ?

747. Que manque-t-il à 19.145 pour avoir 54.191 ?

748. Que doit-on ajouter à 27.169 fr. pour acquitter une dette de 96.172 fr. ?

749. Combien faut-il de tonneaux de 250 litres pour soutirer le vin de cinq cuves contenant ensemble 21.250 litres ?

750. Que coûte le mètre de drap si 98 mètres coûtent 1.176 fr. ?

751. Une paire de bœufs a coûté 875 fr. Combien faut-il la revendre pour gagner 160 fr. ?

752. Combien a-t-on gagné en revendant 12.725 fr. une maison qui coûtait 14.611 fr. ?

753. Une personne a eu 70 ans en 1869 et elle est morte en 1883. On demande l'âge de cette personne et la date de sa naissance ?

754. Trouver l'âge et la date de la naissance d'une personne décédée en 1856 et qui avait 38 ans en 1840.

755. Un père et son fils ont ensemble 100 ans ; la différence de leurs âges est de 42 ans. Quel est l'âge de chacun ?

756. Un homme qui devait 1.895 fr., paye 869 fr., plus 938 fr. Combien doit-il encore ?

757. Douze personnes se partagent une somme de 1.185.180 fr. Quelle est la part de chacune ?

758. Quel est le poids de 48 tonneaux pleins de vin, si chacun pèse 275 kilos ?

759. Un employé reçoit 78 fr. par mois. Quel est son traitement annuel ?

760. Si une montre coûte 52 fr., combien en aurait-on pour 2.028 fr. ?

761. Louis économise 28 fr. par mois. Combien lui faut-il de temps pour économiser 1.260 fr. ?

762. Quel est le prix de 75 moutons à 19 fr. l'un ?

763. Un marchand a acheté 285 mètres de drap à 24 fr. le mètre. Combien doit-il ?

764. Partager entre 64 personnes le prix de 16 bœufs vendus 620 fr. chacun.

765. Combien y a-t-il d'heures dans 113.160 minutes ?

766. Combien de fois le nombre 995 est-il contenu dans 283.575 ?

767. De quel nombre faut-il retrancher 1.519 pour avoir 9.151 ?

768. Quel nombre faut-il ajouter à 3.725 pour avoir 5.273 ?

769. Louis a prêté 287 fr., il a dépensé 519 fr., il a perdu 18 fr. et il lui reste 225 fr. Combien avait-il ?

770. J'ai dépensé 47.816 fr. dans une entreprise qui m'a rapporté 49.711 fr. Quel est mon bénéfice ?

771. Paul a 3.250 fr. Que lui manque-t-il pour acheter une vigne de 86 ares à 38 fr. l'are ?

772. Un ouvrier a mis 35 jours pour faire un ouvrage. Combien 7 ouvriers auraient-ils mis de jours ?

773. Combien faut-il ajouter à 1.765 fr. pour avoir 3.652 fr. ?

774. Une vigne coûte 13.800 fr. Combien faut-il la revendre pour gagner 1.795 fr. ?

775. A 24 fr. l'hectolitre de blé, combien coûteraient 125 hectolitres ?

776. Je dois 385 fr., plus 539 fr. ; je paye avec un billet de mille fr. Combien doit-on me rendre ?

777. Un propriétaire a 15 locataires qui lui payent chacun 25 fr. par mois. Combien reçoit-il par an ?

778. La pièce de 5 fr. en argent pèse 25 grammes. Combien pèsent 876 pièces de 5 fr. ?

779. Au partage d'une somme entre 35 personnes, chacune a reçu 870 fr. Quelle était cette somme ?

780. Un rentier a laissé 65.000 fr. à chacun de ses 12 héritiers. Quelle était sa fortune ?

781. Un ouvrage de 4.480 mètres doit être fait par 35 ouvriers. Combien de mètres chaque ouvrier fera-t-il ?

782. En 8 jours, quatre personnes ont dépensé 192 fr. à l'hôtel. Quelle est, par jour, la dépense moyenne d'une personne ?

783. Combien faut-il de tonneaux de 228 litres pour soutirer le vin d'une cuve qui contient 2.736 litres ?.

784. Un ouvrier, en 18 jours, a travaillé 216 heures. Combien travaillait-il d'heures par jour ?

785. L'Amérique a été découverte en 1492. Combien y avait-il d'années en 1881 ?

786. Un homme qui devait 6.725 fr. a payé 5.276 fr. Que lui reste-t-il à payer ?

787. Une fontaine fournit 115 litres d'eau par minute. Combien en fournit-elle en 25 jours ?

788. On veut acquitter une dette de 1.895 fr. en trois payements : le premier sera de 547 fr., le second de 769 fr. Quel sera le troisième ?

789. Quel est le prix d'une pièce de vin, si 28 pièces ont coûté 1.568 fr. ?

790. Combien y a-t-il de ceps dans une vigne qui a 165 rangées de 86 ceps chacune ?

791. Un troupeau de 125 moutons a coûté 2.125 fr. Combien coûte chaque mouton ?

792. En 46 heures une fontaine remplit un bassin de 1.334 mètres cubes. Combien donne-t-elle de mètres cubes d'eau par heure ?

793. Quel est le revenu annuel d'une personne qui dépense 2.840 fr. et économise 956 fr. par an ?

794. Partager 52.700 fr. en 620 parties égales ?

795. On veut entourer de murs un jardin qui a 58 mètres de long et 47 mètres de large ; si l'on paye 17 fr. le mètre courant, quelle sera la dépense ?

796. Combien y a-t-il d'oranges dans 5 corbeilles qui en contiennent chacune 15 douzaines ?

797. Un homme qui devait 426 fr. donne 17 hectolitres de blé à 25 fr. l'hectolitre. Combien redoit-il ?

798. Deux joueurs ont perdu 1.252 fr. ; l'un a perdu 198 fr. de plus que l'autre. Combien chacun a-t-il perdu ?

799. Quel est le prix de 328 mètres de drap à 25 fr. le mètre ?

800. Une cuve contient 7.560 litres de vin. Combien peut-elle remplir de tonneaux de 315 litres ?

801. Une propriété qui a coûté 27.685 fr. a été revendue 32.170 fr. Quel est le bénéfice ?

802. Si l'on partage 3.570 fr. entre 238 personnes, quelle sera la part de chacune ?

803. Trente-quatre couverts d'argent coûtent 918 fr. Quel est le prix d'un couvert ?

804. Une source donne 128 litres d'eau par heure. Combien lui faut-il d'heures pour remplir un bassin de 4.480 litres ?

805. Un voyageur qui a séjourné 19 jours dans une ville, y a dépensé 209 fr. Combien a-t-il dépensé chaque jour ?

806. Paul a eu 31 ans en 1867. Quel âge avait-il en 1854 ?

807. Un tailleur pose 24 boutons à un habit. Combien en posera-t-il à 98 habits semblables ?

808. Pour une somme de 3.045 fr., combien aurait-on de pièces de vin à 87 fr. la pièce ?

809. Une prairie de 35 hectares coûte 66.220 fr. Quel est le prix de l'hectare ?

810. Un champ de 820 mètres carrés a été défriché en 20 jours. Combien de mètres a-t-on faits chaque jour ?

811. J'ai acheté une propriété 18.720 fr. ; j'y ai fait pour 1.895 fr. d'améliorations, après quoi je l'ai revendue 22.500 fr. Combien ai-je gagné ?

812. On veut distribuer 9.180 fr. à 34 familles pauvres. Combien chacune aura-t-elle ?

713. Une propriété estimée 27.500 fr. est cédée pour 24.980 fr. Combien payera-t-on ?

814. Quels sont les deux nombres dont la somme est 2.886 et la différence 888 ?

815. Je dois 1.158 fr. ; je donne en acompte un billet de 1.000 fr. sur lequel on me rend 295 fr. Que me reste-t-il à payer ?

716. Combien faut-il revendre une maison qui coûte 15.260 fr. pour gagner 2.800 fr. ?

817. Un tonneau plein de vin pèse 284 kilos, le vin pèse 248 kilos. Quel est le poids du tonneau vide ?

818. Combien faut-il de tonneaux de 238 litres pour recevoir le vin de trois cuves contenant chacune 3.570 litres ?

819. On a acheté 27 hectolitres de vin pour 1.215 fr. Combien coûte l'hectolitre ?

820. Si j'avais 12.728 fr. de plus, je pourrais acheter une vigne de 720 ares dont on demande 56 fr. l'are. Combien ai-je ?

821. Si j'avais 7.285 fr. de plus, j'achèterais une propriété de 72.960 francs et il me resterait 875 fr. Combien ai-je ?

822. En vendant 56 moutons 1.400 fr., j'ai gagné 616 fr. Combien avais-je payé le mouton?

823. Un ouvrier gagne 95 fr. par mois. Combien gagne-t-il par an?

824. Combien faut-il de vaisseaux pour embarquer 10.120 hommes, si l'on met 1.265 hommes par vaisseau?

825. Une propriété coûte 78.126 fr. Combien faut-il la revendre pour gagner 5.960 fr.?

826. On a vendu 37 mètres de velours d'une pièce qui en contenait 65 mètres. Combien en reste-t-il?

827. Trente-cinq personnes ont 66.220 fr. à se partager. Quelle sera la part de chacune?

828. Un marchand avait acheté 85 pièces de vin à 66 fr. la pièce; il a revendu tout ce vin 7.326 fr. Quel est son bénéfice?

829. Deux chevaux coûtent 2.846 fr., l'un coûte 960 fr. Combien coûte-t-il de moins que l'autre?

830. Combien faudrait-il de mesures de pommes de terre à 1 fr. pour payer 85 quintaux de foin à 4 fr.?

831. Je donne 225 mesures de blé valant 5 fr. la mesure pour avoir du vin qui vaut 75 fr. la pièce. Combien aurai-je de pièces?

832. Dans une distribution d'argent, 5 personnes ont eu chacune 217 fr.; 3 autres ont eu chacune 415 fr., et 817 fr. ont été donnés aux pauvres. Quelle est la somme qui a été partagée?

833. Sur une somme de 258.000 fr., 4 familles ont eu chacune 1.800 fr., 6 ont eu 1.500 fr. et le reste a été partagé également entre 12 autres familles. Quelle est la part de ces dernières?

834. Lorsque le blé vaut 43 fr. le quintal, combien aura-t-on de quintaux pour 8.557 fr.?

835. Si j'avais 175 fr. de plus, j'acquitterais une dette de 2.000 fr. et il me resterait 64 fr. Combien ai-je?

836. J'ai revendu 2.618 fr. un terrain de 86 ares, que j'avais payé 25 fr. l'are. Combien ai-je gagné?

837. A combien revient l'hectolitre de blé, si l'on a payé 1.800 fr. pour 75 hectolitres?

838. Une personne peut dépenser 38.325 fr. par an. Combien par jour?

839. Je gagne 1.300 fr. par an. Combien par semaine?

840. Lorsque le mètre de drap coûte 18 fr., combien en aurait-on de mètres pour 4.320 fr.?

841. Quinze personnes doivent se partager 20.250 fr. Quelle sera la part de chacune?

842. Un charpentier achète 85 pieds d'arbres à 64 fr. le pied. Combien doit-il?

843. Une personne qui jouit d'une rente annuelle de 4.805 fr. dépense 8 fr. par jour. Combien économise-t-elle chaque année?

844. Louis avait 867 fr. avant d'emprunter 375 fr. Combien lui restera-t-il après avoir acquitté une dette de 956 fr.?

845. Combien coûtent 7 douzaines de chapeaux à 5 fr. l'un?

846. Combien 80 ouvriers ont-ils gagné en 5 jours, à 4 fr.?

847. Combien de sacs de farine achèterait-on pour 11.470 fr., si le sac coûte 62 fr. ?

848. Un marchand achète 35 chevaux pour 23.800 fr. Quel sera son bénéfice s'il les revend 875 fr. pièce, et s'il a eu 325 fr. de frais ?

849. Combien faut-il de litres de vin à 62 fr. l'hectolitre pour remplir 45 tonneaux contenant chacun 227 litres ?

850. Une pompe donne 36 mètres cubes d'eau à l'heure. Combien d'heures lui faut-il pour vider un bassin de 252 mètres cubes ?

851. Un père et son fils ont ensemble 136 ans, le fils a 38 ans de moins que son père. Quel est l'âge de chacun ?

852. De quel nombre faut-il retrancher 375 pour avoir 625 ?

853. Un voyageur parcourt en moyenne 50 kilomètres par jour. Combien de jours mettrait-il pour faire le tour de la terre, qui est de 40.000 kilomètres ?

854. Un marchand a acheté 60 mètres de drap à 28 fr. le mètre. Combien a-t-il payé et combien doit-il vendre le mètre pour gagner 180 fr. ?

855. Un ivrogne dépense en moyenne 15 fr. par semaine au cabaret. Quelle sera sa dépense après 25 ans ?

856. Un gramme d'œufs de vers à soie en contient 986. Quel est le poids de 246.500 œufs ?

857. Un courrier fait 2.944 kilomètres en 64 jours. Quel chemin a-t-il fait chaque jour ?

858. Dans 67 ans j'aurai 80 ans. Quel âge ai-je aujourd'hui ?

859. Henri IV est mort en 1610, après 21 ans de règne. Quelle est la date de son avènement au trône ?

860. Quel est le poids de 185 hectolitres de blé si l'hectolitre pèse 76 kilos ?

861. Une personne possède 247.160 fr. Que lui manque-t-il pour avoir un million ?

862. Quel est le prix de 26 bœufs à 845 fr. la paire ?

863. Lorsque la soie vaut 115 fr. le kilo, combien en aura-t-on de kilos pour 103.385 fr. ?

864. J'ai payé 193 fr. pour un âne et une chèvre ; la chèvre coûte 16 fr. Combien l'âne coûte-t-il de plus ?

865. Une machine a confectionné 1.185 mètres de tuyaux en 15 h. Combien à l'heure ?

866. Un terrain a rapporté 168 hectolitres de blé. Quel est le poids total de ce blé si l'hectolitre pèse 75 kilos ?

867. En 5 mois de 24 jours de travail, une fabrique a produit 57.360 mètres d'étoffe. Combien a-t-elle produit de mètres par jour ?

868. Dans un magasin, les dépenses d'une année ont été de 16.930 fr. et les recettes de 26.380 fr. Combien revient-il de bénéfice à chacun des 5 associés ?

869. Une propriété de 175 ares coûte 6.650 fr. Combien coûte l'are ?

870. Trois voituriers ont transporté 586 mètres cubes d'engrais ; le premier en a transporté 140 mètres cubes ; le second 75 mètres cubes de plus que le premier. Combien le troisième en a-t-il transporté ?

871. Quel est le prix de 15 mètres cubes de bois de chêne équarri à 95 fr. le mètre cube ?

872. Une marchandise coûte 1.587 fr. Combien faut-il la revendre pour gagner 269 fr. en payant 35 fr. de commission ?

873. La recette d'une maison de commerce pendant l'année a été de 725.110 fr. et sa dépense de 489.815 fr. Quel a été le bénéfice net de l'année ?

874. Je veux payer 472 fr. avec un nombre égal de pièces de 5 fr., de 2 fr. et de 1 fr. Combien dois-je donner de pièces de chaque valeur ?

875. Une machine fabrique 168 mètres d'étoffe par jour de 12 heures. Combien donne-t-elle de mètres par heure ?

876. Une pièce de 5 fr. en argent pèse 25 grammes. Quel est le poids de 3.780 fr. en argent.

877. Un troupeau de 275 moutons a donné 825 kilos de laine. Quel est le poids d'une toison ?

878. Un mur de 45 mètres de long et 3 mètres de haut a coûté 810 fr. Quel est le prix du mètre linéaire ?

879. Deux porcs pèsent ensemble 227 kilos. L'un pèse 11 kilos de moins que l'autre. Quel est le poids de chacun ?

880. Six tonneaux de deux grandeurs contiennent ensemble 1.770 litres de vin ; les trois plus grands contiennent chacun 365 litres. Combien chacun des trois autres en contient-il ?

881. J'ai acheté une pièce de drap pour 784 fr. ; si elle avait eu deux mètres de plus, je l'aurai payée 812 fr. Combien avait-elle de mètres ?

882. Combien a vécu d'années une personne née en 1829 et qui est morte en 1883 ?

883. En revendant 25.780 fr. une prairie de 745 ares, j'ai gagné 3.325 fr. Combien l'avais-je payée ?

884. Un troupeau de 128 moutons a coûté 3.200 fr. Combien doit-on revendre chaque mouton pour faire un bénéfice total de 768 fr. ?

885. La première croisade a eu lieu en 1095. Combien y avait-il d'années en 1880 ?

886. Un négociant a pour 20.500 fr. de marchandises ; il doit 3.245 fr. et on lui doit 6.400 fr. Quel est son avoir ?

887. Une propriété coûte 125.600 fr. ; on y fait pour 46.930 fr. de dépense et on la revend en trois lots de 65.320 fr., 85.600 fr. et 78.920 fr. Quel est le bénéfice ?

888. Un ouvrier a placé à la caisse d'épargne 45 fr., 78 fr., 245 fr. et 86 fr. ; il en a retiré 125 fr. et 48 fr. Quel est son capital placé ?

889. A 76 fr. la pièce de vin de 225 litres, combien aurait-on de pièces pour 1.368 fr. ?

890. Pour payer 14 ouvriers, il a fallu 1.050 fr. Combien chaque ouvrier a-t-il reçu ?

891. Un voyageur doit faire 527 kilomètres. Combien lui en reste-t-il à faire après 8 jours de marche, s'il a parcouru 38 kilomètres par jour ?

892. Je dois 1.482 fr. à mon boulanger. Combien dois-je lui fournir de sacs de blé à 39 fr. pour le payer ?

893. Quel est le prix de 318 stères de bois à 16 fr. le stère?

894. Quelle est la valeur d'un pré de 157 ares à 29 fr. l'are?

895. Une personne morte en 1884 a vécu 86 ans. Quelle est l'année de sa naissance?

896. Un négociant possède 528.600 fr.; mais il doit 25.680 fr. à un créancier et 18.625 fr. à un autre. Quelle est sa fortune réelle?

897. Une propriété qui coûte 25.600 fr. a été revendue 36.180 fr. Combien a-t-on gagné?

898. J'avais 18 pièces de 20 fr. et 15 pièces de 5 fr. J'ai payé 268 fr. et 67 fr. Que me reste-t-il?

899. Quel est le prix de 8 douzaines de montres à 48 fr. la montre?

900. Une boîte contenait 288 plumes; on en a pris 9 douzaines et demie. Combien en reste-t-il?

901. Un tonneau contenait 350 litres de vin. On en a tiré 125 litres, puis 218. Combien en reste-t-il?

902. J'ai gagné 152 fr. sur la vente d'un cheval acheté 467 fr. Combien l'ai-je vendu?

903. Sur une dette de 1.580 fr., on a donné deux acomptes l'un de 786 fr. et l'autre de 794 fr. Combien doit-on encore?

904. Sur une dette de 3.520 fr. on a payé 20 fois 150 fr. Combien doit-on encore?

905. Une société orphéonique de 35 membres déjeune à 2 fr. par tête et dîne pour 5 fr. Quelle est la dépense totale?

906. Combien pour 1.200 fr. peut-on acheter de chapeaux de paille à 25 fr. la douzaine?

907. Quel est le prix de 15 paires de souliers à 15 fr. la paire?

908. Un père et son fils ont ensemble 118 ans, le père a 75 ans. Combien a-t-il de plus que son fils?

909. Un cheval et un âne coûtent ensemble 1.256 fr., l'âne coûte 146 fr. Combien le cheval coûte-t-il de plus que l'âne?

910. La somme de deux nombres est 969, leur différence est 99. Quels sont ces nombres?

911. Quel est le prix d'un pré de 68 ares à 86 fr. l'are?

912. Un homme gagne 15 fr. par semaine et sa femme 10 fr. Combien doivent-ils travailler de jours pour acquitter une dette de 875 fr.?

913. Un ouvrier gagne 68 fr. par mois. Combien doit-il travailler de mois pour acheter une propriété de 136 ares à 25 fr. l'are?

914. Trente-six pièces de vin coûtent 3.096 fr. Quel est le prix d'une pièce?

915. Un marchand achète 38 moutons pour 798 fr. Quel sera son bénéfice s'il les revend 25 fr. pièce?

916. A 18 fr. le mouton, combien coûtent 95?

917. Combien faut-il de pièces de 10 fr. pour payer 180 stères de bois à 12 fr. le stère?

918. Combien faut-il ajouter de litres à 286 litres de vin pour remplir un tonneau de 325 litres?

919. La différence de deux nombres est 71; le plus grand est 186. Quelle est leur somme?

920. En revendant 68 moutons 1.768 fr., j'ai gagné 612 fr. Combien avais-je payé le mouton ?

921. Il me manque 274 fr. pour payer 48 hectolitres d'un vin que j'ai acheté à 45 fr. l'hectolire. Combien ai-je ?

922. Un marchand achète 28 pièces de toile qu'il paye 1.895 fr. Quel sera son bénéfice s'il les revend 2.110 fr. ?

923. Une propriété rapporte 8.760 fr. par an. Que rapporte-t-elle par mois et par jour ?

924. On distribue 2.296 fr. à 28 pauvres. Combien chacun reçoit-il ?

925. Douze bœufs ont coûté 6.960 fr. Combien coûte la paire ?

926. Un menuisier a reçu 102 fr. pour 18 journées de travail. Combien gagnait-il par semaine ?

927. Huit ouvriers ont mis 5 jours pour faire un ouvrage. Combien un ouvrier mettrait-il de jours pour faire le même ouvrage ?

928. Lorsque 7 ouvriers emploient 13 jours de 9 heures pour faire un travail, combien un seul ouvrier emploierait-il d'heures pour faire le même travail ?

929. Un voyageur a fait 4.480 kilomètres en 128 jours. Combien de kilomètres a-t-il parcourus par jour ?

930. Quelle est la valeur de 30 tonneaux de vin contenant ensemble 6.580 litres à 85 fr. la pièce ?

931. Un boucher a payé 3.135 fr. pour 165 moutons. Quel est le prix d'un mouton ?

932. Quel est le nombre qui contient 165 unités de plus que la moitié de 718 ?

933. Quel est le nombre 15 fois plus grand que le quart de 1884 ?

934. Que manque-t-il au triple de 525 pour égaler la moitié de 3.154 ?

935. Sur la vente de 186 mètres de drap à 15 fr. le mètre, on a gagné 372 fr. Combien avait-on déboursé ?

936. J'ai payé 910 fr. pour 65 douzaines de mouchoirs que j'ai revendus 16 fr. la douzaine. Quel est mon bénéfice ?

937. Un ménage a dépensé 4.380 fr. dans une année de 365 jours. Combien a-t-il dépensé par jour ?

938. Un marchand de vin achète 275 pièces de 228 litres pour une somme de 16.225 fr. Combien coûte la pièce et combien doit-il revendre tout ce vin pour gagner 15 fr. par pièce, s'il a payé 118 fr. de droits ou de transport ?

939. Une personne qui devait 845 fr., a donné en payement 15 hectolitres de vin à 24 fr. Combien redoit-elle ?

940. Un boulanger achète 2.964 kilos de farine à 65 fr. le sac de 76 kilos. Combien a-t-il acheté de sacs et combien a-t-il payé ?

941. Un boucher va au marché avec 1.800 fr. ; il achète 13 veaux à 58 fr. pièce, 25 moutons à 18 fr. et 2 vaches à 584 fr. les deux. Combien a-t-il dépensé et combien lui reste-t-il s'il a eu 12 fr. de frais.

942. Combien faut-il vendre d'hectolitres de vin à 48 fr. pour payer 68 hectolitres de blé à 24 fr. ?

943. Avec le prix de 48 stères de bois à 15 fr. le stère, combien aura-t-on d'hectolitres de vin à 45 fr. ?

944. Avec la douzième partie d'une somme de 2.856 fr., combien aura-t-on de mètres de drap à 14 fr. le mètre ?

945. Partager entre 64 personnes le prix de 16 bœufs valant chacun 620 fr. ?

946. Quel est l'excédent de 5.316 sur 2.968 ?

947. Combien de fois le nombre 328 est-il contenu dans 31.160 ?

948. Trois bateaux de bois contenant ensemble 524 stères, ont coûté 9.432 fr. Quel est le prix du stère ?

949. Combien de jours faut-il à un ouvrier pour faire autant d'ouvrage que 11 en feraient en 6 jours ?

950. La somme de deux nombres est 8.767, leur différence est 4.995. Quels sont ces nombres ?

951. Si 15 tonneaux de vin coûtent 1.125 fr., combien coûtent 12 tonneaux ?

952. En 26 jours un ouvrier a fait 832 mètres d'ouvrage. Combien de mètres a-t-il faits chaque jour ?

953. Pour 8 journées de 7 heures de travail chacune, un ouvrier a reçu 112 fr. Combien a-t-il gagné par heure ?

954. Un employé gagne par an 5.000 fr. et dépense par mois 390 fr. Quelle est son économie après dix ans ?

955. Un tapissier devait à son boucher 125 fr., il lui fournit en payement une armoire plus 30 fr. Quel est le prix de ce meuble ?

956. Une personne a eu 45 ans en 1878. A quelle époque aura-t-elle 80 ans ?

957. La différence de deux nombres est 4.658 ; leur somme est 8.428. Quels sont ces nombres ?

958. Un voyageur a fait 2.688 kilomètres en 56 jours. Combien de kilomètres a-t-il parcourus en un jour ?

959. On a mis 315 litres de vin et 18 litres d'eau dans un tonneau qui contenait déjà 35 litres. Quelle est la contenance de ce tonneau ?

960. Une propriété coûte 182.740 fr. Combien doit-on la revendre pour gagner 12.760 fr. si les frais se sont élevés à 6.380 fr. ?

961. Si 38 hectolitres de froment coûtent 1.064 fr., combien coûte l'hectolitre ?

962. Un négociant avait 27.800 fr. ; il a reçu 8.740 fr., plus 5.368 fr. ; il a payé une traite de 6.750 fr. et une autre de 3.945 fr. Combien a-t-il dans sa caisse ?

963. Une pompe peut monter 2.850 litres d'eau par heure. Combien mettra-t-elle de temps pour vider un réservoir qui contient 14.250 litres d'eau ?

964. Une personne qui a un revenu de 4.745 fr. veut mettre de côté 5 fr. par jour. Combien peut-elle dépenser par jour ?

965. Un marchand de vin a acheté 46 pièces à 62 fr. et 37 pièces à 54 fr. Combien a-t-il acheté de pièces ? Combien a-t-il payé ? Quel est son bénéfice s'il les a revendues 68 fr. la pièce ?

966. Combien de fois peut-on retrancher 832 de 206.336 ?

967. Quelle est la somme de 225 nombres égaux à 1.384 ?

968. Par quel nombre faut-il diviser 16.225 pour avoir 275 au quotient ?

969. Un facteur fait chaque jour 12.850 mètres pour le service de la poste. Combien de mètres fait-il en une année de 365 jours ?

970. Un négociant avait dans sa caisse 25.800 fr. ; il y a mis 5 billets de 1.000 fr., 12 billets de 100 fr. et 85 pièces de 20 fr. Combien y a-t-il de plus ?

971. Combien peut dépenser par jour une personne qui possède une rente annuelle de 13.140 fr. ?

972. Un homme laisse en mourant 52.720 fr. à chacun de ses six enfants et 1.890 fr. à chacun de ses trois neveux. Quelle était sa fortune ?

973. Une batterie a tiré 3.950 coups en 25 heures. Combien de coups a-t-elle tirés par heure ?

974. Combien y a-t-il d'arbres sur une esplanade qui contient 28 rangées de 136 arbres ?

975. Je dois 3.445 fr. ; si je paye 265 fr. par mois, dans combien de mois aurai-je acquitté ma dette ?

976. Un boulanger a fourni à une pension, pendant 85 jours, 96 kilos de pain par jour. Combien a-t-il fourni de kilos ?

977. Pour obtenir un kilo de beurre, il faut environ 26 litres de lait. Combien faut-il de lait pour produire 45 kilos de beurre ?

978. Lorsque le sac de blé vaut 25 fr., combien de sacs aurait-on pour une somme de 875 fr. ?

979. Un marchand a acheté 15 bœufs pour 4.800 fr. ; il les a revendus 387 fr. la pièce. Quel est son bénéfice s'il a eu pour 86 fr. de frais ?

980. Combien faudrait-il de billets de 1.000 fr. pour payer 5 milliards ?

981. Dans un ménage il faut 12 litres de vin tous les 4 jours. Combien de jours durera une pièce de vin qui contient 312 litres ?

982. Un porc a coûté 24 fr. Il a mangé pour 21 fr. de son, 19 fr. de pommes de terre et 15 fr. de maïs. Combien faut-il le revendre pour faire un bénéfice de 25 fr. ?

983. Deux héritiers se sont partagés une somme de 75.800 fr. ; le premier a reçu 39.650 fr. Combien le second a-t-il reçu de moins que le premier ?

984. Combien faudrait-il de temps pour gagner 2.592 fr. en économisant 18 fr. par mois ?

985. Un marchand a acheté 68 bœufs pour 28.560 fr. ; il les a revendus 490 fr. pièce. Combien a-t-il gagné s'il a eu 985 fr. de frais ?

986. J'ai acheté 64 quintaux de blé à 21 fr. le quintal. Combien ai-je payé ?

987. Je devais 430 fr. Je me suis acquitté en donnant 86 hectolitres de pommes de terre. Quel est le prix de l'hectolitre ?

988. Combien faut-il de tonneaux de 238 litres pour recevoir le vin de 7 cuves contenant 2.856 litres chacune ?

989. Pour 43.043 fr. j'ai acheté 845 pièces de vin dont 386 coûtent 58 fr. Quel est le prix de chacune des autres?

990. La somme de deux nombres est de 2.133 ; le quart de l'un d'eux est 62. Quels sont ces nombres ?

991. Dans une année un homme a gagné 1.140 fr., sa femme 816 fr. et son fils 504 fr. Quel est le gain de chacun par mois?

992. Que faut-il ajouter à 975 fr. pour acquitter une dette de 1.210 fr.?

993. En revendant 75 ares de terrain 2.420 fr., j'ai gagné 975 fr. Combien m'avaient-ils coûté?

994. Deux amis voyageant ensemble ont dépensé 120 fr. ; le premier a dépensé 68 fr. Combien a-t-il dépensé de plus que l'autre?

995. Que doit-on vendre une paire de bœufs qui a coûté 910 fr. et qui a occasionné une dépense de 67 fr., si l'on veut gagner 180 fr.?

996. J'avais 1.680 fr., j'ai reçu 976 fr., puis 328 fr. et j'ai payé 529 fr., plus 1.296 fr. Que me reste-t-il?

997. Pour payer 125 ares de terrain à 38 fr. l'are, il me faut emprunter 2.860 fr. Combien ai-je?

998. Le produit de deux nombres est de 10.710, le petit nombre est 85. Quel est le plus grand?

999. La somme de deux nombres est 132 ; leur différence est 36. Quels sont ces nombres?

1000. La différence de deux nombres est 18 et leur somme est 110. Quel est leur produit?

1001. Quel est le nombre qui a 968 de plus que 675?

1002. Donner un nombre 75 fois plus petit que 4.275?

1003. Si l'on additionnait 128 nombres égaux à 325, quelle serait la somme?

1004. Combien de fois le nombre 75 est-il contenu dans 1.125 ?

1005. La somme de deux nombres est 1.890 et le plus petit est 645. Combien le grand nombre a-t-il de plus?

1006. La différence de deux nombres est 128 ; le plus grand est 821. Quelle est leur somme?

1007. On a payé 409 fr. à compte sur le prix de 27 pièces de vin à 85 la pièce. Combien redoit-on?

1008. Un marchand a acheté 86 moutons à 28 fr. pièce ; il en revend 58 à 32 fr. et le reste à 35 fr. Combien gagne-t-il?

1009. Un pré de 215 ares a coûté 5.375 fr. Combien coûte l'are?

1010. Douze pièces de drap de chacune 48 mètres ont coûté ensemble 8.640 fr. Quel est le prix du mètre?

1011. Un marchand achète 15 pièces de toile qu'il paye 637 fr. Quel sera son bénéfice s'il les revend 729 fr.?

1012. Quel nombre faut-il ajouter à 975 pour que le total surpasse 1.310 de 196 unités?

1013. Quel nombre faut-il retrancher de 6.125 pour que le reste surpasse 5.216 de 278 ?

1014. Si l'on retranche 2.495 fr. de six fois ce que je possède, il reste 3.865 fr. Combien ai-je?

1015. Par quel nombre faut-il multiplier 846 pour avoir 105.750?

1016. Par quel nombre faut-il diviser 10.178.784 pour avoir 324?

1017. Lorsque la soie vaut 109 fr. le kilo, combien de kilos de soie aurait-on pour 18.421 fr.?

1018. Lorsque 148 hectolitres de vin coûtent 6.660 fr., quel est le prix de l'hectolitre?

1019. J'ai récolté 87 hectolitres de vin ; j'en réserve 28 hectolitres pour mon usage et je vends le reste 48 fr. l'hectolitre. Combien recevrai-je?

1020. Un canal d'irrigation a élevé de 65.310 fr. à 95.280 fr. la valeur d'une prairie. Quelle plus-value a donnée l'arrosage?

1021. Si un kilo de houille produit 235 litres de gaz, combien 759 kilos de houille produiront-ils?

1022. Combien de fois le nombre 1.535.616 contient-il le nombre 86?

1023. Par quel nombre faut-il multiplier 17.575 pour avoir 615.125?

1024. Un marchand achète 25 bœufs à 475 fr. l'un et les revend 518 fr. Que gagne-t-il net s'il a eu 95 fr. de frais?

1025. Quel est le nombre des vitres d'une maison qui a 58 croisées de chacune 8 carreaux?

1026. Pour construire 15 fourneaux on a employé 4.290 briques. Combien en a-t-il fallu pour chacun?

1027. Un rentier a 4.380 fr. de revenu. Combien peut-il dépenser par jour?

1028. On a partagé une certaine somme entre 178 personnes dont 95 ont eu chacune 867 fr. et les autres chacune 745 fr. Quelle était cette somme?

1029. Au partage d'une certaine somme entre 65 personnes, chacune a reçu 1.890 fr. Quelle était cette somme?

1030. Si l'on partage 61.835 fr. entre 83 personnes, quelle sera la part de chacune?

1031. Un fermier paye 1.892 fr. de fermage et 358 fr. d'impôts pour une ferme de 18 hectares. Combien paye-t-il par hectare?

1032. En supposant qu'un livre de 680 pages ait 42 lignes par page, et 45 lettres par ligne, combien renferme-t-il de lettres?

1033. La roue d'un moulin fait 26 tours en une minute. Combien en fait-elle en 5 jours? (*Arith.*, n° 211.)

1034. Combien de fois pourrait-on soustraire le nombre 308 de 14.476?

1035. Combien de fois le nombre 185 est-il contenu dans 11.470?

1036. Si l'on additionnait 68 fois le nombre 248, quelle serait la somme obtenue?

1037. Dans un verger de 286 ares, il y a 2.736 arbres disposés en 36 rangées égales. Combien y a-t-il d'arbres dans une ligne?

1038. Combien y a-t-il de pièces de 20 fr., de 10 fr. et de 5 fr. dans 28280 fr. en or, s'il y a le même nombre de chaque pièce?

1039. Un ouvrier gagne par mois 98 fr., mais il dépense 48 fr. pour sa nourriture, 15 fr. pour son logement et 12 fr. pour son entretien. Que lui restera-t-il à la fin de l'année?

1040. Lorsque l'hectolitre d'huile vaut 115 fr., combien en aura-t-on pour 6.900 fr. ?

1041. On veut partager 49.580 fr. entre 185 personnes. Quelle sera la part de chacune ?

1042. Après avoir payé 15 sacs de farine à 68 fr. le sac, il me reste 175 fr. Combien avais-je ?

1043. On veut acquitter une dette de 25.800 fr. avec un nombre égal de billets de 100 fr. et de 50 fr. Quel est ce nombre de billets ?

1044. Une vigne a rapporté 45 pièces de 225 litres de vin. A combien revient la pièce, si l'on a payé 860 fr. au vigneron, 115 fr. pour l'engrais et 375 fr. pour impositions et fabrication du vin ?

1045. Un ouvrier dépense inutilement 936 fr. par an. Combien perd-il ainsi par semaine ?

1046. Je dois recevoir 12.845 fr. en 4 payements : le premier sera de 2.748 fr. ; le deuxième de 4.893 fr., et le troisième de 3.126 fr. Quel sera le montant du quatrième ?

1047. J'ai acheté un veau 42 fr. ; après 5 mois je l'ai vendu 152 fr. Quel est mon bénéfice si les frais s'élèvent à 58 fr. ?

1048. Mon oncle, né en 1835, est mort en 1883. Quel âge avait-il ? En quelle année aurait-il eu 80 ans ?

1049. Un hectolitre de blé pèse 76 kilos et un hectolitre d'orge 65 kilos. Quelle est la charge d'une voiture qui transporte 18 hectolitres de blé et 28 hectolitres d'orge ?

1050. Je paye 125 fr. au tailleur, 68 fr. au boucher, 85 fr. à l'épicier et 12 fr. au médecin. Combien me reste-t-il, si j'avais 3 billets de 100 fr.

1051. On a payé 8.588 fr. pour 76 pièces de 230 litres de vin. Quel est le prix d'une pièce ?

1052. Un marchand achète 85 bœufs à 428 fr. pièce et 35 vaches à 316 fr. chacune. Quel sera son bénéfice, s'il revend les bœufs 485 fr. et les vaches 347 fr. ?

1053. Quel est le prix de 15.000 bouteilles à 135 fr. le mille ?

1054. Dans une famille, le père gagne 25 fr. par semaine, la mère 48 fr. par mois et les enfants 540 fr. par an. Quel est le gain total d'une année ?

1055. Combien a-t-on gagné en revendant 7.862 fr. un pré de 186 ares qui coûtait 37 fr. l'are ?

1056. Un tas de bois de 182 stères coûte 3.276 fr. Quel est le prix du stère ?

1057. J'ai vendu 12 hectolitres de vin pour 504 fr. et 35 hectolitres de blé pour 840 fr. Quel est le prix de l'hectolitre de chaque marchandise ?

1058. La différence de deux nombres est 99 : leur somme est 949. Quels sont ces nombres ?

1059. Quarante-huit pièces de drap coûtent 18.336 fr. Quel est le prix d'une pièce ?

1060. Quinze ouvriers ont fait un ouvrage en 23 jours. Combien un seul ouvrier aurait-il mis de jours ?

1061. Une petite roue fait 24 tours pendant qu'une grande en fait un. Combien la petite roue aura-t-elle fait de tours quand la grande en aura fait 1.587 ?

1062. Une personne qui devait 7.325 fr. a payé 4.850 fr., plus 2.428 fr. Combien doit-elle encore ?

1063. Si un hectare coûte 7.765 fr., combien coûteront 138 hectares ?

1064. Un marchand de bois a acheté 328 sapins pour 8.528 fr. Quel est le prix d'un sapin ?

1065. Un kilomètre de chemin de fer coûte en moyenne 648.260 fr. Quelle est la dépense pour une ligne de 145 kilomètres ?

1066. La somme de deux nombres est 35 ; le plus grand surpasse de 10 leur différence. Quels sont ces nombres ?

1067. J'ai payé 1.900 fr. pour 36 hectolitres de vin à 53 fr. l'hectolitre. Quelle remise ai-je obtenue ?

1068. Deux associés ont mis en commun une somme de 67.240 fr. Le premier a mis 41.325 fr. Combien le second doit-il ajouter à sa mise pour qu'elle égale celle du premier ?

1069. J'achète 196 mètres de drap pour 2.352 fr. Combien dois-je vendre de mètres à 13 fr. pour gagner 144 fr. ?

1070. Il faut 9.036 fr. par semaine pour payer les 332 ouvriers d'un atelier dont 154 gagnent 4 fr. par jour. Quel est le prix de la journée de chacun des autres ?

1071. Quel est le nombre qui, étant multiplié par 12, donne le même produit que 846 multiplié par 36 ?

1072. Partager 865 en deux parties telles que la première surpasse la seconde de 87 ?

1073. On a payé 316 fr. pour 8 mètres de toile et 20 mètres de drap, et 496 fr. pour 32 mètres du même drap et 8 mètres de la même toile. On demande le prix du mètre de chaque étoffe ?

1074. Un ouvrier pour 12 jours, et son fils pour 18 jours, ont reçu ensemble 84 fr. Une autre fois, 15 jours de l'ouvrier et 18 jours de son fils ont été payés 96 fr. Combien chacun gagnait-il par jour ?

1075. On a acheté 25 mètres de drap et 18 mètres de soie pour 570 fr. Un mètre de soie coûte 3 fr. de plus qu'un mètre de drap. Trouvez le prix d'un mètre de drap et d'un mètre de soie ?

1076. Quelle quantité de fourrage faut-il pour nourrir 186 chevaux pendant 96 jours s'il faut 8 kilos par jour pour chaque cheval ?

1077. La rame de papier d'imprimerie vaut 10 fr. Elle se compose de 20 mains de 25 feuilles chacune. Quel est le prix du papier d'un ouvrage de 30 feuilles, publié à 15.000 exemplaires ?

1078. Je devais 3.762 fr. ; j'ai donné en paiement 15 pièces de vin à 85 fr. la pièce, 35 hectolitres de blé à 21 fr. et 45 ares de terrain à 32 fr. l'are. Combien dois-je encore, et combien de journées à 3 fr. dois-je faire pour m'acquitter ?

1079. Une propriété produit 25 hectolitres de blé à 16 fr. l'hectolitre, plus 25 hectolitres de vin à 48 fr. l'hectolitre. On a payé 158 journées à 3 fr. et 187 fr. d'impositions. Quel est le bénéfice ?

1080. En 5 mois de 25 jours de travail, un ouvrier a gagné 750 fr. Quel était le prix de sa journée ?

1081. Un marchand paye comptant 35 pièces de vin à 124 fr. l'une, et on lui fait une remise d'un vingtième. Combien paie-t-il en moins ?

1082. Mon traitement annuel est de 1.500 fr. ; je fais à ma mère une pension de 380 fr. ; mon loyer me coûte 120 fr. par an, ma nourriture 2 fr. par jour et mon entretien 2 fr. par semaine. Combien puis-je économiser par an ?

1083. Deux ouvriers ont fait ensemble 613 mètres d'ouvrage pour la somme de 1.839 fr. Le premier a fait 17 mètres de plus que le deuxième. Combien chacun a-t-il fait de mètres et combien doit-il recevoir ?

1084. On veut payer 26 fr. avec 10 pièces, les unes de 2 fr. et les autres de 5 fr. Combien faut-il donner de pièces de chaque valeur ?

1085. On désire payer 640 fr. avec 92 pièces en or, les unes de 5 fr. et les autres de 20 fr. Combien faut-il employer de pièces de chaque valeur ?

1086. Avec 100 pièces, les unes de 5 fr. et les autres de 1 fr., on veut payer 200 fr. Combien donnera-t-on de pièces de chaque valeur ?

1087. Un marchand achète du drap et de la toile, en tout 165 mètres, pour 1.119 fr. ; le drap coûte 11 fr. et la toile 3 fr. le mètre. Combien reçoit-il de mètres de chaque étoffe ?

1088. Vingt-cinq ouvriers, payés, les uns 3 fr. et les autres 4 fr. par jour, ont gagné ensemble 522 fr. dans une semaine de travail. Combien y avait-il d'ouvriers de chaque catégorie ?

1089. Une propriété qui coûte 25.200 fr. a été payée avec 99 billets, es uns de 200 fr. et les autres de 500 fr. Combien a-t-on donné de billets de chaque valeur ?

1090. Pour 11.385 fr. un boucher achète 100 bêtes : des bœufs à 450 fr. et des moutons à 35 fr. Combien en a-t-il de chaque espèce ?

1091. Pour acquitter une dette de 1.520 fr., je souscris deux billets dont l'un est le triple de l'autre. Quelle est la valeur de chacun ?

1092. Paul a 28 ans de moins que son père qui a 8 fois son âge. Quel est l'âge de chacun ?

1093. Quel nombre faut-il ajouter au quadruple de 128 pour avoir le cinquième de 3.425 ?

1094. Quel nombre faut-il retrancher du quart de 1.884 pour avoir le triple de 139 ?

1095. Quel nombre faut-il ajouter à 59 pour le tripler ?

1096. Quel nombre faut-il retrancher de 240 pour le diviser par 6 ?

1097. Le triple de la somme de deux nombres est 1.938 ; l'un de ces nombres est 125. Quel est l'autre ?

1098. Le double de la différence de deux nombres est 198 ; le petit nombre est 768. Quel est l'autre ?

1099. Le triple de la différence de deux nombres est 594 ; le grand nombre est 624. Quel est le petit ?

1100. Le quart de la somme de deux nombres est 268 ; le double du plus petit est 496. Quel est le grand ?

1101. Le tiers de la somme de deux nombres est 345 ; le triple de leur différence est 729. Quels sont ces nombres ?

1102. Deux pièces de vin ont coûté l'une 420 fr., et l'autre qui a 28 litres de plus, 476 fr. Quelle est la contenance de chacune ?

1103. Combien gagne-t-on en revendant à 9 fr. le mètre, 385 mètres de drap qui avaient coûté 3.310 fr. ?

CHAPITRE III

FRACTIONS DÉCIMALES

I

Numération

92. On appelle FRACTIONS DÉCIMALES les parties qui résultent de la subdivision de l'unité en *parties égales de dix en dix fois plus petites.*

93. L division de l'unité en dix parties égales donne des DIXIÈMES, ou des parties dix fois plus petites que l'unité ; chaque dixième divisé en dix parties égales donne des CENTIÈMES ou des parties dix fois plus petites que le dixième et cent fois plus petites que l'unité ; de même, le centième divisé en dix parties égales donne des MILLIÈMES ; le millième, des DIX-MILLIÈMES, et ainsi de suite pour les CENT-MILLIÈMES, les MILLIONIÈMES, etc.

94. On représente les fractions décimales de la même manière que les nombres entiers, c'est-à-dire qu'*on écrit d'abord les entiers que l'on fait suivre d'une virgule ; puis successivement, de gauche à droite, les dixièmes, les centièmes, les millièmes, etc.,* ayant soin de remplacer par le zéro les unités et les ordres de décimales qui manquent.

Ainsi, le nombre 3 *unités* 2 *dixièmes* et 5 *centièmes*, s'écrira : 3,25 ; et le nombre *trois cent cinq millièmes* s'écrira : 0,305.

95. Les chiffres qui représentent les fractions décimales s'appellent CHIFFRES DÉCIMAUX ou simplement DÉCIMALES, en sous-entendant *parties*, et le nombre entier accompagné de décimales s'appelle NOMBRE DÉCIMAL.

Manière de lire et d'écrire les décimales.

96. Il y a plusieurs manières de lire les décimales.
Soit, par exemple, à lire le nombre 12,345.678.

1° On peut lire la partie entière, puis chaque chiffre décimal en exprimant l'ordre qu'il représente : 12 *unités*, 3 *dixièmes*, 4 *centièmes*, 5 *millièmes*, 6 *dix-millièmes*, etc.

2° On peut énoncer séparément d'abord la partie entière, puis les décimales, en indiquant seulement l'ordre du dernier chiffre à droite : 12 *unités* 345678 *millionièmes*. C'est la manière généralement usitée.

3° On peut partager la partie décimale en tranches de trois chiffres, à partir de la virgule : 12 *unités* 345 *millièmes* 678 *millionièmes*.

4° Enfin, on peut réunir les entiers et les décimales sous le nom du dernier chiffre à droite : 12.345.678 *millionièmes*.

97. Il y a aussi plusieurs moyens d'écrire les nombres décimaux, suivant la manière dont ils sont dictés.

1° Quand le nombre est énoncé de la première manière ci-dessus, on observe ce qui est dit au n° 94.

2° Si le nombre est énoncé de la seconde ou de la troisième manière, on écrit d'abord la partie entière, ou le zéro qui en tient lieu ; puis on écrit la partie décimale comme si c'était un nombre entier, ayant soin que le dernier chiffre à droite soit au rang qui convient pour l'ordre de décimales demandé, c'est-à-dire : au premier rang après la virgule pour les dixièmes ; au deuxième pour les centièmes ; au troisième pour les millièmes ; au quatrième pour les dix-millièmes, et, s'il n'y a pas assez de chiffres pour placer convenablement la virgule, on met les zéros nécessaires à la gauche des chiffres décimaux donnés.

Par exemple, 26 unités 4509 dix-millièmes, s'écriront : 26,4509 ; 3 unités 49 dix-millièmes, s'écriront : 3,0049.

3° Enfin, si le nombre est énoncé de la quatrième manière, on l'écrit comme si c'était un nombre entier ; puis on place la virgule de manière que le dernier chiffre à droite exprime les unités décimales demandées.

Par exemple, 45.689 millièmes, s'écriront : 45,689.

98. Pour faciliter la lecture et l'écriture des décimales, on peut remarquer que les ordres et les tranches des chiffres placés à la droite des unités reçoivent le même nom que les ordres et les chiffres qui occupent le même rang à gauche. On y ajoute seulement la terminaison *ième*. C'est ce que montre le tableau suivant :

TABLEAU DE LA NUMÉRATION DÉCIMALE

PARTIE ENTIÈRE												PARTIE DÉCIMALE								
4 Billions			3 Millions			2 Mille.			1 UNITÉS			2 Millièmes			3 Millionièmes			4 Billionièmes		
12	11	10	9	8	7	6	5	4	3	2	1	2	3	4	5	6	7	8	9	10
Cent billions	Dix billions	BILLIONS	Cent millions	Dix millions	MILLIONS	Cent mille	Dix mille	MILLE	Cent	Dix	UNITÉS simples	Dixièmes	Centièmes	MILLIÈMES	Dix-millièmes	Cent millièmes	MILLIONIÈMES	Dix-millionièmes	Cent-millionièmes	BILLIONIÈMES
1	1	1	1	1	1	1	1	1	1	1	1	1	1	1	1	1	1	1	1	1
2	2	2	2	2	2	2	2	2	2	2	2	2	2	2	2	2	2	2	2	2
3	3	3	3	3	3	3	3	3	3	3	3	3	3	3	3	3	3	3	3	3
4	4	4	4	4	4	4	4	4	4	4	4	4	4	4	4	4	4	4	4	4
5	5	5	5	5	5	5	5	5	5	5	5	5	5	5	5	5	5	5	5	5
6	6	6	6	6	6	6	6	6	6	6	6	6	6	6	6	6	6	6	6	6
7	7	7	7	7	7	7	7	7	7	8	7	7	7	7	7	7	7	7	7	7
8	8	8	8	8	8	8	8	8	8	8	8	8	8	8	8	8	8	8	8	8
9	9	9	9	9	9	9	9	9	9	9	9	9	9	9	9	9	9	9	9	9
0	0	0	0	0	0	0	0	0	0	0	0	0	0	0	0	0	0	0	0	0

Propriétés des nombres décimaux.

99. *La valeur d'une fraction décimale ne change pas quand on ajoute ou qu'on retranche des zéros à sa droite.*

Ainsi, 0,3=0,30=0,300 : et réciproquement, 0,300=0,30=0,3. Dans tous les cas, le chiffre 3 reste au rang des dixièmes et n'exprime que des dixièmes.

100. Cette propriété fournit le moyen de réduire à la même espèce plusieurs fractions différentes :

Par exemple, les fractions :　0,25　0,3　0,4050, reviennent aux fractions :　0,250,　0,300,　0,405 qui expriment toutes des millièmes.

101. *Pour multiplier une fraction décimale par* 10, 100, 1.000, *etc., il suffit de transporter la virgule de* 1, 2, 3 *rangs, etc., vers la droite.*

Ainsi, le nombre 3,456 est rendu successivement, 10, 100, 1000, fois plus grand, si l'on écrit : 34,56, 345,6, 3.456, parce que chaque chiffre acquiert une valeur relative 10, 100, 1000 fois plus grande.

102. *Pour diviser une fraction décimale par* 10, 100, 1.000, *etc., il suffit de transporter la virgule de* 1, 2, 3, *rangs, etc., vers la gauche.*

Ainsi, le nombre 34,5 est rendu 10, 100, 1.000 fois plus petit, si l'on écrit : 3,45, 0,345, 0,0345, parce que chaque chiffre acquiert une valeur relative 10, 100, 1.000 fois plus petite.

103. Pour la même raison, on rendrait aussi un nombre entier 10, 100, 1.000 fois plus grand, si l'on écrivait à sa droite 1, 2, 3, zéros ; et on le rendrait 10, 100, 1.000 fois plus petit, si l'on séparait sur sa droite, par une virgule, 1, 2, 3 chiffres.

II

Opérations sur les nombres décimaux.

Addition et soustraction.

104. On fait l'ADDITION et la SOUSTRACTION des nombres décimaux comme celles les nombres entiers, ayant soin de disposer les décimales de même ordre dans une même colonne. On sépare ensuite, sur la droite du résultat, autant de chiffres décimaux qu'il y en a dans celui des nombres donnés qui en a le plus.

EXEMPLES

Addition.	Soustraction.
24,25	58,7
7,528	24,512
15,9	35,188
47,678	

105. On pourrait, surtout dans la soustraction, réduire les décimales à la même espèce ; mais il vaut mieux opérer mentalement, comme si l'on avait 58,700 et ne pas écrire les zéros.

Multiplication des nombres décimaux.

106. On fait la MULTIPLICATION des nombres décimaux comme celle des nombres entiers, sans avoir égard à la virgule ; puis on sépare, sur la droite du produit, autant de chiffres décimaux qu'il y en a dans les deux facteurs.

Soit à multiplier 47,56 par 9,3.

On opère comme si l'on avait 4756 à multiplier par 93, et, à la droite du produit, on sépare trois chiffres décimaux, parce qu'il y en a trois dans les deux facteurs.

En effet, multiplier 47,56 par 9,3 ou 93 dixièmes, c'est prendre 93 fois la dixième partie de 47,56. Or, la dixième partie de 47,36 est 4,756 et 93 fois cette fraction, c'est la somme de 93 nombres égaux à 4,756, donnant trois décimales au total ; donc, le produit doit les avoir aussi.

Opération.
```
  47,56
   9,3
 ──────
 14268
 42804
 ──────
442,308
```

107. S'il n'y avait pas assez de chiffres au produit pour placer convenablement la virgule, on y suppléerait par des zéros.

EXEMPLE : Multiplier 0,042 par 0,008.

On multiplie simplement 42 par 8, et comme le produit 336 n'a que trois chiffres et qu'il faut 6 décimales, on écrit trois zéros à gauche de 336, puis la virgule et 0 pour les entiers.

$$\begin{array}{r} \textit{Opération.} \\ 0,042 \\ 0,008 \\ \hline 0,000336 \end{array}$$

Division des nombres décimaux.

108. 1° *Pour diviser un nombre décimal par un nombre entier, on fait la division comme si le dividende était un nombre entier ; puis, à la droite du quotient, on sépare par une virgule autant de chiffres décimaux qu'il y en a au dividende.*

2° *Pour diviser deux nombres décimaux l'un par l'autre, on rend le diviseur entier en supprimant sa virgule, puis on déplace à droite celle du dividende d'autant de rangs qu'il y avait de décimales au diviseur et on est ainsi ramené au premier cas.*

1° Soit à diviser 4,73625 par 75.

On fait la division sans tenir compte de la virgule et l'on trouve pour quotient 6.315 ; mais le nombre 473,625, dont on a pris le 75e, représentait des cent-millièmes ; on a donc des cent-millièmes au quotient, et l'on sépare 5 décimales.

$$\begin{array}{r} \textit{Opération.} \\ 4,73625 \ | \ 75 \\ 236 \quad \overline{\quad 0,06315} \\ 112 \\ 375 \\ 0 \end{array}$$

2° Soit à diviser 21,78295 par 2,45.

Après avoir supprimé la virgule du diviseur, on déplace celle du dividende de deux rangs à droite et l'on opère comme ci-dessus.

$$\begin{array}{r} \textit{Opération.} \\ 2178,295 \ | \ 245 \\ 2182 \quad \overline{\quad 8,891} \\ 2229 \\ 245 \\ 0 \end{array}$$

3° Soit à diviser 2,15 par 0,078.

On supprime la virgule du diviseur, qui devient 78, puis on déplace celle du dividende de trois rangs à droite ; mais comme ce dernier n'a que deux chiffres décimaux, on y ajoute un 0.

$$\begin{array}{r} \textit{Opération.} \\ 2150 \ | \ 78 \\ 590 \quad \overline{\quad 27} \\ 44 \end{array}$$

109. La dernière opération ci-dessus donne pour quotient 27 et pour reste 44. Si l'on veut avoir en décimales la valeur de ce reste, *il faut mettre une virgule à la droite du quotient obtenu, convertir le reste en dixièmes, en écrivant un zéro à sa droite, et le nombre qui en résulte, étant divisé par le diviseur, donne le chiffre des* DIXIÈMES. *On opère de même sur chaque nouveau reste, et l'on obtient, successivement, les* CENTIÈMES, *les* MILLIÈMES, *etc.* On s'arrête quand on trouve un reste censé nul ou qu'on arrive à l'ordre des décimales que l'on désire obtenir.

Dans l'opération ci-dessous, on a évalué le quotient en centièmes.

$$\begin{array}{c|l} 2150 & 78 \\ 590 & \overline{27,56} \\ 440 & \\ 500 & \\ 32 & \end{array}$$

110. Dans cette opération, on dit que le quotient est évalué à *un centième près*. Cela signifie qu'il dffère du vrai quotient d'une quantité moindre qu'un centième. Ordinairement, quand on arrive au degré d'approximation voulu, on néglige le reste s'il ne dépasse pas la moitié du diviseur, et alors le quotient est approché *par défaut*, c'est-à-dire trop faible, à cause du reste négligé. Si le reste surpasse la moitié du diviseur, on augmente d'une unité le dernier chiffre du quotient, et alors le quotient est approché *par excès*, c'est-à-dire trop fort, parce que le reste est compté pour une fois le diviseur.

111. Lorsque le dividende est plus petit que le diviseur, on *place d'abord au quotient un zéro suivi d'une virgule, pour tenir lieu des entiers*, puis on opère sur le dividende comme sur un reste de division.

EXERCICES ORAUX ET PROBLÈMES

Numération.

1104. Combien l'un té vaut-elle de dixièmes, — de centièmes, — de millièmes, — de dix m llièmes?

1105. Combien faut-il de c ntièmes pour faire un dixième, — une unité, — une dizaine?

1106. Combien mille millièmes valent-ils de centièmes, — de dixièmes, — d'unités?

1107. Combien faut-il de chiffres décimaux pour représenter des centièmes, — des dix-millièmes?

1108. Dans un nombre décimal à quoi sert la virgule?

1109. A quel rang, après la virgule, faut-il placer les dixièmes, — les millièmes, — les dix-millièmes?

1110. Nommez les six premiers ordres de décimales?

1111. Quelles unités représente le chiffre 4 placé au quatrième rang à droite de la virgule?

1112. Quelles unités décimales représente un chiffre placé au troisième, — au cinquième rang à droite de la virgule?

1113. Quelle est la plus faible unité d'un nombre qui renferme 6 chiffres décimaux?

1114. Quelle est la plus forte et la plus faible unité d'un nombre qui a 4 chiffres à gauche et 2 chiffres à la droite de la virgule?

1115. Combien 4 unités simples valent-elles de centièmes, — de dix-millièmes?

1116. Quels ordres d'unités représente un chiffre placé au troisième rang à gauche, — à droite des unités simples ?

1117. A quel rang faudrait-il placer le chiffre 7, pour lui faire représenter des mille, — des millièmes ?

1118. Réduisez en centièmes les nombres suivants : 3,4 — 0,250 — 7,0300.

1119. Réduisez en dix-millièmes les nombres suivants : 0,7 — 8,025 — 13,547800 — 0,004.

Lire les nombres suivants en indiquant la signification de chaque chiffre décimal.

1120. 0,35. — 0,567. — 0,8965. — 0,40387. — 0,530067.

1121. 0,00348725. — 0,000468073. — 0,000000369531.

1122. 3,045. — 42,5073. — 37,60085. — 89,507080.

1123. 285,702. — 307,0807. — 800,5300000287.

1124. 4.560,5698. — 2,70098547. — 3.002,0700800067.

Lire les nombres suivants, en énonçant d'abord la partie entière, puis la partie décimale sous un seul nom.

1125. 0,738. — 3,4579. — 18,50721. — 7,00467. — 8,406.

1126. 39,56789004. — 15,000767812. — 4,0735. — 6,4000071.

1127. 705,008307. — 85,00008641. — 5.087,9876543212 3.

1128. 7,9045. — 33,00507. — 354,0805009. — 7.831,0080091.

1129. 97,00087. — 68,000056. — 135,6800000. — 7,7000000031.

Lire les nombres suivants, en énonçant d'abord les entiers, puis les décimales en tranches de trois chiffres.

1130. 0,864. — 3,9571. — 68,203405. — 564,04006624.

1131. 309,00054. — 67,90670732. — 9,8 5300047. — 9,0341.

1132. 1.910,370485. — 44,56915. — 0 30,000037. — 4,0900607.

1133. 0,7568432957. — 3.947,8007. — 5,765743. — 21,56745638.

1134. 15,0000680970041. — 464,15 , — 9,7063459873721.

Lire les nombres suivants en réunissant les entiers aux décimales.

1135. 41,362. — 15,2304. — 26,32005. — 739,1864. — 6,7892.

1136. 3,69421. — 7,8901035. — 91,003157. — 6.947,76894523.

1137. 5,0024. — 9,000068. — 17,800050. — 4,68. — 7,83478.

1138. 9,87678. — 19,568900. — 34,879654. — 9,0002701004.

1139. 9.681,000000039. — 484,0010080007. — 0,0008987153.

Ecrire en chiffres les nombres suivants.

1140. Quatre centièmes cinq millièmes. — Trois dixièmes sept millièmes. — Huit centièmes neuf millièmes.

1141. Cinq centièmes huit dix-millièmes. — Deux unités un centième deux millièmes. — Quatre millièmes.

1142. Neuf millièmes sept cent-millièmes. — Quatre centièmes cinq millionièmes. — Trois dixièmes six millièmes.

1143. Sept unités quatre dixièmes huit millièmes cinq dix-millionièmes. — Deux millièmes sept millionièmes.

1144. Six dix-millièmes trois cent-millionièmes quatre dix-billionièmes. — Sept dixièmes trois cents dix-millièmes.

1145. Trois unités sept cent quarante-trois millièmes. — Six unités trois cent quatre millièmes.

1146. Quatre cent cinquante millièmes. — Six cent vingt-quatre dix-millièmes. Cent quarante dix-millièmes.

1147. Trente unités quarante-cinq mille sept cent vingt-sept cent-millièmes. — Quinze dix-millièmes.

1148. Deux unités trois cent mille cinq cent trente-deux dix-millionèmes. — Un million cent trois dix-millionièmes.

1149. Cent deux unités sept millions trente mille onze billionièmes. — Cinquante mille quinze cent-millionièmes.

1150. Dix unités vingt-cinq centièmes. — Quatre unités quinze millièmes. — Six unités quatorze cent-millièmes.

1151. Six unités cent quarante millièmes. — Vingt-neuf cent-millièmes. — Vingt-cinq millièmes trois millionièmes.

1152. Sept unités soixante millièmes trois cent huit millionièmes. — Quatre millièmes douze millionièmes.

1153. Quinze millièmes cent quatre millionièmes trois cent-millionièmes. — Cent deux millièmes quatre cent-millièmes.

1154. Sept cent trois millionièmes quarante trillionièmes huit cent-trillionièmes. — Cent huit dix-millièmes.

1155. Cent trente-deux centièmes. — Mille cent trois millièmes.

1156. Trois cent mille vingt-huit dix-millièmes. — Quinze mille quatre millièmes. — Sept cent douze millionièmes.

1157. Deux millions quatre cent trente mille vingt-sept cent-millièmes. — Trois cent quarante dix-millionièmes.

1158. Huit cent millions cinq mille trois cent cinquante-six dix-millionièmes. — Deux millions quatre cent-billionièmes.

1159. Quarante trillions six cent mille soixante-sept dix-trillionièmes. — Cent quatre-vingt mille cent-millièmes.

1160. Réduire en millièmes 4,51. — 0,78400. — 0,9. — 12,30000.

1161. Réd. en centièmes 0,3. — 8,4500. — 3,80. — 19,150. — 9,1200.

1162. Réduire en dix-millièmes 2,64. — 5,70.—0,301000. — 0,0081.

1163. Réd. en dixièmes 3,700. — 468. — 5,90000. — 54000. — 71,50000.

1164. Réd. en millionièmes 4,7831.— 2,000807000. — 368,90050000.

1165. Rendre 10 fois plus grand 3,457. — 0,3890. — 3,004. — 68.

1166. Rendre 100 fois plus grand 9,4. — 0,271. — 4,3200. — 24.

1167. Rendre 1000 fois plus grand 7,80. — 22,0537. — 0,048. —130.

1168. Rendre 10.000 fois plus grand 0,093. — 8,00450. — 7,245670.

1169. Rendre 100.000 fois plus grand 9,2028. — 3,0046785. — 0,00031091.

1170. Rendre 10 fois plus petit 3,45. — 68,5390. — 24,5. — 0,0834.

1171. Rendre 100 fois plus petit 0,48700. — 456,2478. — 1584,00853

1172. Rendre 1.000 fois plus petit 9635,34. — 582,073. — 1860,4700.

1173. Rendre 10.000 fois plus petit 0,004819. — 642357,25. — 12345678,3.

1174. Rendre 100.000 fois plus petit 3,17815. — 36473,207 — 1945,3000.

Addition et soustraction.

1175. Je dois 47 fr. 50 au boulanger, 35 fr. 75 au boucher et 13 fr. 85 à l'épicier. Combien dois-je en tout?

1176. J'ai 360 fr. 50, plus 1.385 fr. 75. Combien ai-je en tout?

1177. Un négociant donne 20 fr. 25 aux pauvres ; il prête 360 fr. et il lui reste 2.835 fr. 45. Combien avait-il?

1178. Un marchand perd 16 fr. 70 en vendant un objet 49 fr. 80. Combien coûtait cet objet?

1179. Un ouvrier a gagné 5 fr. 25 le 1er jour de la semaine, 4 fr. 75 le 2e jour, et 3 fr. 95 chacun des 4 autres jours. Combien a-t-il gagné en toute la semaine?

1180. Un père avec son fils gagnent ensemble 8 fr. 50 ; le fils seul gagne 2 fr. 75. Combien gagne le père?

1181. Que faut-il ajouter à 9 fr. 70 pour avoir 37 fr. 15?

1182. Un tisserand a fait 15 mètres 50 centimètres d'une pièce de drap qui doit avoir 35 mètres. Combien lui en reste-t-il à faire?

1183. J'ai 3 fr. 75. Que me manque-t-il pour avoir 5 fr.?

1184. Pierre et Antoine ont ensemble 15 fr. 45. Quelle est la part de Pierre si Antoine a 7 fr. 50?

1185. On a acheté 65 litres de vin pour 28 fr. 50, 34 litres pour 23 fr. 45 et 12 litres pour 13 fr. 60. Combien a-t-on acheté de litres et combien a-t-on déboursé?

1186. Un marchand a payé un effet de 457 fr. 30 (1), un autre de 748 fr. 25 et un troisième de 1.274 fr. 80. Combien lui reste-t-il s'il avait 3.562 fr. 45?

1187. Pour payer une table de 18 fr. 65, je donne une pièce de 20 fr. Combien doit-on me rendre?

1188. Dans une journée un marchand reçoit 245 fr. 80, plus 267 fr. 25 plus 832 fr. 40. Combien en tout?

1189. Un particulier dépense annuellement 1.326 fr. 65 et met de côté 1.238 fr. 50. Quel est son revenu?

1190. Une personne achète un livre de 3 fr. 25, un autre de 2 fr. 75 et un troisième de 4 fr. 85. Que doit-elle payer?

1191. Un tailleur achète pour 12 fr. 55 de doublure, pour 56 fr. 30 de drap et 7 fr. 85 de boutons. Combien doit-on lui rendre s'il donne 2 pièces de 50 fr.?

1192. Sur une dette de 2.568 fr. 80, on paye 1698 fr. 75. Que reste-t-il à payer?

1193. Une ménagère achète pour 5 fr. 40 de volaille, 6 fr. 25 de beurre, 4 fr. 50 de fromage et 2 fr. 75 de légumes. Qu'a-t-elle dépensé en tout?

1194. On a gagné 238 fr. 75 sur une marchandise qu'on avait payée 878 fr. 50. Combien l'a-t-on revendue?

1195. Un père de famille gagne 3 fr. 75 et la mère 2 fr. 30. S'ils dépensent 4 fr. 10, combien peuvent-ils mettre de côté chaque jour?

1196. Une servante achète pour 1 fr. 50 de beurre, 3 fr. 60 de fro-

---

(1) Dans le commerce, on nomme *effets* les billets à ordre et les traites.

mage et 2 fr. 60 de jardinage. Combien doit-elle rembourser si elle a reçu 10 fr. pour ces emplettes ?

1197. Pétrus avait 3 fr. 65 dans une de ses poches. Combien a-t-il perdu s'il n'y retrouve que 2 fr. 15 ?

1198. On me solde trois factures : la première de 398 fr. 55, la deuxième de 456 fr. 80, et la troisième de 865 fr. 75. Combien recevrai-je encore, si l'on me devait 1.980 fr. ?

1199. On présente deux traites à un marchand, l'une de 760 fr. 75 et l'autre de 467 fr. 50 ; pour les payer, il emprunte 360 fr. 50. Combien avait-il ?

1200. Une ménagère achète pour 3 fr. de sucre, 1 fr. 50 de café et 2 fr. 25 de bougies. Combien a-t-elle dépensé.

1201. Un fermier mène au marché un veau qu'il vend 45 fr. 70 ; il dépense pour différentes emplettes 36 fr. 50, et il lui reste 42 fr. Combien avait-il en sortant de chez lui ?

1202. Un ouvrier avait à faire 25 mètres 50 d'un ouvrage ; il en a fait 7 mètres 45, plus 9 mètres 60. Combien lui en reste-t-il à faire ?

1203 Un mémoire de 1.847 fr. 85 supporte une réduction de 253 fr. 35. Que doit-on payer ?

1204. En vendant une propriété 45.685 fr. 50, je gagne 7.349 fr. 80. Combien l'avais-je payée ?

1205. Un enfant a reçu 10 fr. de sa mère ; il achète une arithmétique de 1 fr. 50, un dictionnaire de 2 fr. 65 et une géographie de 1 fr. 25. Combien lui reste-t-il ?

1206. Une fruitière vend pour 1 fr. 35 de pommes et 1 fr. 45 de pois ; on lui remet trois fr. Combien doit-elle rendre ?

1207. Bernard ayant reçu 1 fr. de ses parents, achète pour 0 fr. 15 de billes, 0 fr. 20 de gâteaux, 0 fr. 10 de plumes et un cahier de 0 fr. 25. Combien lui reste-t-il ?

1208. Un herbager achète un bœuf de 627 fr. 75 ; il le revend plus tard avec un bénéfice de 289 fr. 65. Combien l'a-t-il vendu ?

1209. J'ai payé une maison 6.754 fr. 80 ; pour la réparer, j'ai payé 379 fr. 50 au maçon, 468 fr. 20 au plâtrier et 128 fr. 35 à divers. Combien dois-je la revendre pour gagner 985 fr. ?

1210. J'ai acheté une chemise de 5 fr. 85, une cravate de 2 fr. 35, un pantalon de 24 fr. 40, un gilet de 14 fr. et un habit de 85 fr. 75. Combien ai-je dépensé ?

1211. Un marchand revend 175 fr. 50 un objet qui lui a coûté 143 fr. 75. Quel est son bénéfice ?

1212. Un marchand gagne 43 fr. 65 en vendant une pièce de drap 185 fr. Combien lui a-t-elle coûté ?

1213. De quelle somme faut-il ôter 2.468 fr. 25 pour avoir 3.579 fr. 45 ?

1214. Un caissier doit prendre 13 fr. 85 sur une pièce de 20 fr. Que doit-il rendre ?

Multiplication des nombres décimaux.

1215. Faites le produit de 154 par 0,26.

1216. Quel est le produit des deux facteurs 12 et 0,75 ?

1217. Dites le prix de 35 mètres de drap à 12 fr. 50 l'un ?

1218. A 1 fr. 75 la douzaine d'assiettes, combien 36 douzaines ?

1219. Combien coûtent 18 douzaines de verres à 0 fr. 15 l'un ?

1220. Un ouvrier gagne 3 fr. 45 par jour. Combien gagnera-t-il en 3 mois de 25 jours de travail ?

1221. Quel est le prix de 368 mesures de pommes à 3 fr. 15 l'une ?

1222. Que faut-il payer à un ouvrier pour la façon de 48 mètres de velours à 4 fr. 25 le mètre ?

1223. Un ouvrier dépense 2 fr. 75 par jour. Combien dépense-t-il en 267 jours ?

1224. Combien coûtent 54 mètres de ruban à 0 fr. 95 le mètre ?

1225. Quel est le prix de 87 chemises à 5 fr. 35 l'une ?

1226. Quel est le prix de 47 mètres 58 de calicot à 0 fr. 85 ?

1227. Combien coûteront 478 oranges à 0 fr. 15 la pièce ?

1228. Quel est le produit de 0,275 par 0,089 ?

1229. Quel est le nombre qui est les 0,034 de 0,0067 ?

1230. J'ai 4.682 fr. 85 et j'en dois les 25 centièmes. Quelle est la valeur de ma dette ?

1231. On me doit les 0,75 de 6.783 fr. 90. Que dois-je recevoir ?

1232. Quelle est la longueur totale de 364 paquets de fil de fer si chaque paquet a 148 mètres 50 ?

1233. On a donné 2 fr. 85 à chaque soldat d'un bataillon composé de 854 hommes. Quelle somme a-t-on distribuée ?

1234. A 0 fr. 35 le kilo de riz, combien coûtent 257 kilos ?

1235. Quels sont les 0,79 de 8.745,63 ?

1236. Quel nombre aurait-on si l'on prenait 7 fois et 48 centièmes de fois le nombre 1.532,96 ?

1237. Je fournis chaque jour 3 paquets de cresson à 0 fr. 35. Pour combien en fournirai-je en 5 semaines ?

1238. Luc économise 0 fr. 20 par jour. Combien par an ?

1239. Un élève a dépensé mal à propos 0 fr. 65 par jour. Combien pendant les 12 ans qu'ont duré ses études ?

1240. Un ivrogne dépense, en moyenne, 1 fr. 35 par jour au cabaret. Combien aura-t-il de moins au bout de 28 ans ?

1241. Dans une famille, le père fume pour 0 fr. 60 et la mère prise pour 0 fr. 25 par semaine. Combien dépenseront-ils en 20 ans ?

1242. On achète 24 douzaines de pommes à 0 fr. 15 la douzaine ; et on les revend 0 fr. 25. Quel est le bénéfice ?

1243. Un père de famille gagne 2 fr. 90 et la mère 1 fr. 80 par jour. Combien auront-ils mis de côté au bout de 165 jours, s'ils dépensent 2 fr. 15 chaque jour ?

1244. Une mère de famille achète 8 chemises à 5 fr. 30 et 12 à 3 fr. 65. Quelle est sa dépense ?

1245. Une revendeuse achète pour 3 fr. de cerises ; et les vend en 35 paquets de 0 fr. 15. Quel est son bénéfice ?

1246. On paie 300 noix 2 fr. 50 et on les revend 1 centime pièce. Combien gagne-t-on ?

1247. Quel bénéfice fait-on sur une douzaine de couteaux que l'on revend 0 fr. 20 pièce de plus qu'ils ont coûté ?

1248. Quelle somme doit payer celui qui achète 20 mètres de drap à 12 fr., et 52 mètres de toile à 1 fr. 75 ?

1249. Un ouvrier gagne 3 fr. 75 par jour. Combien recevra-t-il au bout de 35 jours ?

1250. Quel bénéfice fait une famille en 45 jours, si elle dépense 3 fr. 15 et gagne 5 fr. 25 par jour ?

1251. Un vitrier a posé 24 carreaux à 0 fr. 50, 36 à 0 fr. 75 et 11 à 0 fr. 80. Que lui revient-il ?

1252. Un épicier a acheté 827 kilos de sucre à 0 fr. 65 et 189 kilos de figues à 0 fr. 85. Que doit-il payer ?

1253. J'achète 749 litres de vin à 0 fr. 65 et je les revends à 0 fr. 75. Dites ce que je gagne ?

1254. Un maître maçon occupe 12 manœuvres à 2 fr. 35, 3 maçons à 3 fr. 85 et 3 poseurs à 4 fr. 50. Combien occupe-t-il d'hommes et combien lui coûtent-ils par jour ?

1255. Un tapissier vend 12 chaises à 4 fr. 75, 2 fauteuils à 85 fr. 3 glaces à 195 fr. et 4 paires de rideaux à 37 fr. 50 la paire. Quel est le montant de sa facture ?

1256. Combien coûtent 28 kilos de bougies à 3 fr. 30 ?

1257. Combien coûtent 18 pièces de drap ayant chacune 36 mètres à raison de 9 fr. 85 le mètre ?

1258. Un ouvrier gagne 5 fr. 25 par jour et travaille 289 jours par an. Combien peut-il mettre de côté au bout de l'année s'il dépense 3 fr. 15 chaque jour ?

1259. Un marchand achète 187 mètres de drap pour 1.963 fr. 50 et il revend ce drap 12 fr. 65 le mètre. Que gagne-t-il ?

1260. Je dois 278 fr. à un marchand ; je lui achète encore 42 mètres de drap à 13 fr. 75 et 30 mètres de toile à 2 fr. 85. Combien lui dois-je en tout ?

1261. Pour payer une dette de 2.368 fr., on donne 8 pièces de vin à 56 fr. 60, 147 litres d'eau-de-vie à 2 fr. 55 et le reste en argent. Quelle somme d'argent a-t-on payée ?

1262. Un joueur perd 6 parties de suite : à la première, il perd 1 fr. 25 ; à la deuxième, 2 fr. 50, et ainsi de suite en doublant toujours. Combien a-t-il perdu en tout ?

1263. On a du coco qui revient à 0,06 le litre. Combien gagnera-t-on si l'on en vend 150 litres à 0,20 le litre ?

1264. Un ouvrier prise pour 0 fr. 05 de tabac par jour. Combien dépense-t-il par semaine, par mois, par an et en 25 ans ?

Division des nombres décimaux.

1265. Quel est le quotient de 38,34 par 18 ?

1266. L'un des facteurs de 6.406,25 est 256,25. Quel est l'autre ?

1267. Par quel nombre faut-il diviser 445,64 pour avoir 34,28 ?

1268. Combien le nombre 7,38 est-il contenu de fois dans 568,26 ?

1269. Par quel nombre faut-il multiplier 634,12 pour avoir 35,510,72 ?

1270. Quel est le nombre dont le produit par 0,025 serait 0,00125 ?

1271. Le nombre 0,04 est le quotient de 0,0064. Quel est le diviseur ?

1272. Un négociant a vendu 748 mètres de drap et a reçu 9.163 fr. Combien a-t-il vendu le mètre ?

1273. On a payé 3.886 fr. 50 à une compagnie de 25 ouvriers. Combien chaque ouvrier a-t-il reçu ?

1274. Pour soulager un pauvre malade, les 75 élèves d'une classe font entre eux une quête qui produit 18 fr. 75. Quelle a été la mise de chacun ?

1275. Je paye 68 fr. 95 pour 197 kilos de pain. Quel est le prix du kilo ?

1276. Une pièce de vin de 245 litres a coûté 80 fr. 85. A combien revient le litre ?

1277. Pour conduire les eaux d'une source à une distance de 1.131 mètres, on emploie des tuyaux de 0 m. 75. Combien en faut-il ?

1278. Une dame charitable donne 19 fr. 50 à un certain nombre de pauvres. Quel est ce nombre s'ils reçoivent chacun 0 fr. 30 ?

1279. Lorsque 9 mètres de toile coûtent 15 fr. 30, Quel est le prix du mètre ?

1280. Quand 18 chemises coûtent 94 fr. 50, combien vaut chacune ?

1281. Quand on a 2 kilos 25 de viande pour 2 fr. 70, combien vaut le kilo ?

1282. Une douzaine de mouchoirs coûte 6 fr. 60. Combien la pièce ?

1283. La bougie coûte 1 fr. 85 le kilo. Quel poids en aura-t-on pour 31 fr. 45 ?

1284. Le mètre de drap coûte 8 fr. 65. Combien en aura-t-on pour 588 fr. 20 ?

1285. Un marchand achète 21 mètres de drap pour 276 fr. 15. Quel est le prix du mètre ?

1286. Je gagne 2.562 fr. par an. Combien par mois ?

1287. Je gagne 1.733 fr. 75 par an. Combien par jour ?

1288. A 12.858 fr. 80 les 17 chevaux, combien coûte un seul ?

1289. Que faut-il donner chaque mois pour s'acquitter en un an d'une dette de 235 fr. 80 ?

1290. Un enfant reçoit 0 fr. 05 quand il gagne un bon point. Combien doit-il en gagner pour avoir 87 fr. ?

1291. Que gagne par jour celui qui gagne 368 fr. 65 par an ?

1292. On a payé 153 fr. pour 17 douzaines de bonnets. Quel est le prix d'un seul ?

1293. Une famille dépense 6 fr. 55 par jour. Dans combien de jours aura-t-elle dépensé 1.820 fr. 90 ?

1294. Avec 58 fr. 50, combien aura-t-on de casquettes à 3 fr. 25 ?

1295. Un employé qui gagne 6 fr. 50 par jour a reçu 58 fr. 50. Pour combien de jours a-t-il été payé ?

1296. Combien faut-il de jours pour gagner 338 fr. 25 à un ouvrier qui gagne 2 fr. 75 par jour ?

1297. Combien faut-il de mois pour payer 223 fr 55, si l'on donne 13 fr. 15 par mois ?

1298. Que faut-il donner par semaine pour payer en 14 semaines une dette de 74 fr. 90 ?

1299. Combien faut-il vendre le mètre de drap pour que 136 mètres rapportent 1.543 fr. 60 ?

1300. On partage 357 fr. entre un certain nombre de pauvres ; chacun d'eux reçoit 0 fr 65 et il reste 15 centimes. Combien y a-t-il de pauvres ?

1301. Calculez à 0,001 près le quotient de 7,935 par 0,67.

1302. Quel est le quotient de 0,0728 par 0,00026 ?

1303. Trouvez à 0,01 près le quotient de 0,067 par 0,00017.

1304. Par quel nombre doit-on diviser 414,54 pour avoir 0,42 ?

1305. Le produit de deux nombres est 0,08036 ; l'un de ces nombres est 8,2. Quel est l'autre ?

1306. On achète 16 mètres de drap pour 184 fr. 80. Combien faut-il vendre le mètre pour gagner 0 fr. 95 par mètre ?

1307. A 4 fr. 50 les 36 litres d'avoine, combien vaut le litre ?

1308. Un ouvrier gagne 57 fr. par mois. Combien gagne-t-il par jour et par an ?

1309. Un domestique au gage de 450 fr par an, sort après 9 mois de service. Combien doit-il recevoir ?

1310. Pour 3 fr. 75, j'achète 15 mètres de ruban. Que gagnerai-je par mètre si je les revends 0 fr. 35 le mètre ?

1311. Un ouvrier gagne 3.741 fr. 25 par an : il économise le cinquième et dépense le reste. Que dépense-t-il par jour ?

1312. Trois héritiers se partagent 1.599 fr. 75 ; le premier prend le cinquième de la somme, et le second le tiers du reste. Quelle est la part de chacun ?

1313. Divisez le nombre 89.875,35 en deux parties dont l'une surpasse l'autre de 3.547,65.

1314. Divisez 6.348 en trois parties de manière que la première ait 124,35 de plus que la deuxième et celle-ci 158,25 de plus que la troisième ?

RÉCAPITULATION

1315. Combien coûtent 9 douzaines d'oranges à 0 fr. 15 pièce ?

1316. Paul achète un chapeau 5 fr. 25, un pantalon 12 fr. 60 et un gilet 6 fr. 75. Combien lui reste-t-il s'il avait 29 fr. 50 ?

1317. Dans un voyage de 25 jours, 3 amis dépensent ensemble 245 fr. 40. Dites la dépense de chacun en tout et par jour ?

1318. A combien revient le chapeau, si 84 coûtent 422 fr. 10 ?

1319. Combien aura-t-on de couteaux à 1 fr. 75 pour 210 fr. ?

1320. Combien faut-il payer pour le vitrage de 18 croisées de 8 carreaux à 0 fr. 85 l'un ?

1321. Dans une famille le père gagne 3 fr. 25 par jour, la mère 1 fr. 50 et chacun des 3 enfants 1 fr. Dites le gain par semaine ?

1322. Combien dépense par semaine une famille de 8 personnes, si chacune dépense 0 fr. 95 par jour ?

1323. A 2 fr. 75 le canif, combien valent 87 ?

1324. Combien doit encore celui qui devait 3.785 fr. et qui a payé 1.956 fr. 60 ?

1325. Un employé reçoit 127 fr. par mois. Combien par an ?

1326. Un caissier avait 8.540 fr. 25 ; il reçoit d'abord 2.745 fr., puis 5.639 fr. 80. Combien a-t-il en caisse ?

1327. Que reste-t-il à payer pour 85 mètres de drap à 14 fr. 25, si l'on a donné 875 fr. ?

1328. Combien coûte un couvert, si 17 ont coûté 466 fr. 65 ?

1329. Je paye 8 fr. 60 au boulanger, 13 fr. 45 au boucher et 9 fr. 50 à l'épicier. Combien en tout ?

1330. Un ouvrier gagne 3 fr. 75 par jour et dépense 2 fr. 25. Que lui reste-t-il chaque semaine ?

1331. Pour 21.767 fr. 40, j'ai acheté 137 poutres, dont 15 à 75 fr. Quel est le prix de chacune des autres ?

1332. Un boucher achète 65 moutons pour 1.183 fr. et 22 agneaux pour 231 fr. Dites le prix de chaque animal ?

1333. Un atelier occupe 85 hommes à 2 fr. 50 par jour, 15 à 3 fr. 25 et 8 à 4 fr. 60. Quelle somme faut-il par semaine pour les payer ?

1334. Pour 5.975 fr. un boucher achète 25 bœufs qu'il revend, et gagne 47 fr. par bœuf. Quel est son bénéfice ?

1335. Un pré m'a coûté 960 fr. d'achat et 17 fr. 50 de frais. Combien faut-il le revendre pour gagner 53 fr. 75 ?

1336. Combien payera-t-on pour 17 pièces de vin de 212 litres à 0 fr. 45 le litre ?

1337. Dites le prix d'une épingle à 0 fr. 05 les 25 ?

1338. Que coûtent 4.567 fagots à 0 fr. 25 l'un ?

1339. Deux robinets égaux donnent ensemble 2.859 litres d'eau en 12 heures. Combien un seul en donne-t-il par heure ?

1340. Pour 627 mètres de casimir à 15 fr. 30, combien aurait-on de mètres de drap à 12 fr. ?

1341. Quelle est la dette que je paye en donnant 4.850 fr. 80, plus 12 pièces de vin dont 7 à 65 fr. 35 et les autres à 87 fr. 75 ?

1342. Pour trois pièces de vin à 116 fr. 25, combien aurait-on de mètres de drap à 15 fr. 60 ou de mètres de casimir à 18 fr. 60 ?

1843. Louis copie 2 pages en 36 minutes. Combien en copiera-t-il en 1 heure 48 minutes ?

1344. Si je gagne 0 fr. 05 sur 1 fr., combien gagnerai-je sur 3.680 f. 80 ?

1345. A 0 fr. 25 les 100 baguettes, combien coûtent 36 ?

1346. Que faut-il payer pour 45 fagots à 15 fr. le cent ?

1347. A 27 fr. 75 les 37 canifs, dites le prix d'un seul ?

1348. Pour 73 fr. 70, combien aura-t-on de chaises de 3 fr. 35 ?

1349. Un marchand vend en moyenne 85 mètres de toile par jour et gagne 0 fr. 25 par mètre. Quel bénéfice fera-t-il en 278 jours ?

1350. Une cuisinière dépense par an pour 153 fr. 30 de beurre, 178 fr. 85 d'épiceries et 124 fr. 10 de jardinage. Que dépense-t-elle par jour pour chacun de ces trois articles ?

1351. Un charcutier tue 2 porcs par semaine et gagne 1.206 fr. 40 par an. Que gagne-t-il sur un seul porc?

1352. Une femme peu soigneuse dépense mal à propos dans son ménage 0 fr. 25 par jour. Combien aura-t-elle dépensé ainsi en 35 ans?

1353. Une vigne produit par an pour 3.680 fr. 40 de vin ; les frais de culture, engrais et autres, s'élèvent à 1.432 fr. Quel bénéfice donne-t-elle par jour?

1354. Un domestique reçoit 360 fr. de gage et 25 fr. d'étrennes ; il dépense 0 fr. 25 par jour. Quel sera son avoir à la fin de l'année?

1355. Un poêle brûle chaque jour pour 0 fr. 35 de charbon et une grille pour 0 fr. 47. Pour combien en brûlent-ils en tout en 86 jours?

1356. Par quel nombre faudrait-il multiplier 18 pour avoir 9?

1357. Par quel nombre faut-il diviser 12 pour avoir 24 au quotient?

1358. On a 260 mètres de toile à 2 fr. le mètre. Combien faut-il revendre le mètre pour gagner 39 fr. sur le tout?

1359. Trois voyageurs dépensent ensemble pour leur déjeuner 4 fr. 50, pour leur dîner 9 fr. 70, et pour leur souper 7 fr. 25. Quelle est la part de chacun dans la dépense totale?

1360. Un commis-voyageur dépense 73 fr. 45 par mois pour son vestiaire, 11 fr. 95 par semaine pour voitures et 2 fr. 85 par jour pour sa nourriture. Combien économise-t-il par an s'il reçoit 3.560 fr.?

1361. J'achète 25 mesures de châtaignes à 2 fr. 85, et je veux gagner 15 fr. 50 sur le tout. Combien dois-je vendre la mesure?

1362. Un maquignon a acheté 12 chevaux à 560 fr. et il les a revendus 6.240 fr. Quel est son bénéfice par cheval?

1363. Pour la confection d'un habit, un tailleur emploie 4 mètres de drap à 15 fr. et pour 4 fr. 65 d'autres fournitures. Combien doit-il vendre cet habit pour gagner 13 fr. 50?

1364. Une première lampe brûle pour 0 fr. 05 d'huile à l'heure et une seconde pour 0 fr. 07. Après 836 heures, combien la seconde aura-t-elle dépensé de plus que la première?

1365 Un menuisier fait 104 journées à 4 fr. 25 dans une maison où il doit 537 fr. pour la pension de son fils. Combien doit-il encore?

1366. Je dois 28 fr. 50 au boucher et 12 mètres de drap à 15 fr. 60 ; je reçois le montant de 68 journées à 5 fr. 25. Que me restera-t-il quand j'aurai payé mes dettes?

1367. Trois pièces de vin de 240 litres chacune me coûtent 360 fr. ; je revends ce vin à raison de 0 fr. 45 le litre. Quel sera mon bénéfice?

1368. Chaque jour une famille dépense 5 fr. 25 et ne gagne que 4 fr. 90. De combien s'endettera-t-elle en 6 mois?

1369. Un brocanteur achète pour 25 fr. un meuble auquel il fait pour 13 fr. 55 de réparations et qu'il revend 40 fr. Combien gagne-t-il?

1370. Une fruitière gagne 1.150 fr. par an ; elle dépense 467 fr. pour son entretien et 450 fr. pour la pension de son fils. Quelle somme mettra-t-elle de côté en 20 ans?

1371. Quel est le prix de quatre paires de roues à 27 fr. 35 l'une?

1372. Combien coûteraient 35 paires de bas à 32 fr. 60 la douzaine?

1373. Un oncle a laissé 25.000 francs pour l'éducation de 8 neveux qui sont restés 5 ans en pension et pour chacun desquels on a payé 620 fr. par an. Que reste-t-il des 25.000 fr. ?

1374. Un ouvrier, payé 0 fr. 45 à l'heure travaille 12 heures par jour et dépense 2 fr. 60. Quand aura-t-il économisé 1.800 fr. ?

1375. On distribue 837 fr. à 40 familles dont 15 sont composées de quatre personnes et les autres de trois. Quelle sera la part de chaque personne ?

1376. Un verrier a vendu 38 dames-jeannes à 15 fr. la douzaine, 210 carafes à 9 fr. la douzaine et 7 douzaines de verres à 0 fr. 15 pièce. Combien a-t-il vendu d'objets et pour quelle somme ?

1377. J'ai dépensé 426 fr. 75 et il me reste encore 7 fois le cinquième de ma dépense. Combien avais-je d'abord ?

1378. Un ouvrier a reçu 112 fr. 50 pour 25 jours de dix heures de travail. Combien gagnait-il par heure ?

1379. Pour payer une dette de 787 fr. 85, je donne 2 billets de 500 fr. Combien doit-on me rendre ?

1380. Une bouteille pleine d'huile pèse 3 kilos 580 ; vide, elle pèse 1 kilo 125. On demande le poids et la valeur de l'huile qu'elle contient à 1 fr. 60 le kilo ?

1381. Quel est le prix de 0 m. 85 de drap à 18 fr. 60 le mètre ?

1382. Un champ de 2.455 ares a coûté 40.090 fr. Quel est le prix de l'are ?

1383. Je donne une pièce de 20 fr. pour payer 8 kilos 250 de sucre à 1 fr. 40 le kilo. Combien doit-on me rendre ?

1384. A 56 fr. les 1.000 kilos de paille, combien les 80 kilos ?

1385. Quel est le prix de 45 douzaines et demie d'œufs à 9 centimes et demi l'œuf ?

1386. Combien de jours doit travailler un ouvrier pour gagner 161 fr. 50, s'il gagne 4 fr. 25 par jour ?

1387. Un épicier revend 1 fr. 60 le kilo de sucre qui lui coûte 1 fr. 25. Combien gagne-t-il sur 16 pains de sucre de chacun 8 kilos ?

1388. Combien aura-t-on de mètres de drap pour 9.424 fr. 60, si le mètre coûte 15 fr. 50 ?

1389. Combien y a-t-il d'œufs dans 8 corbeilles de chacun 58 douzaines, et quel en est le prix à 1 fr. 15 la douzaine ?

1390. Je devais 867 fr. Je donne en payement 12 hectolitres de vin à 45 fr. l'hectolitre. Combien dois-je encore ?

1391. Quel est le prix de 12 voitures de chacune 2.850 briques, à 82 fr. le mille ?

1392. Que doit-on payer pour 3 pains de sucre pesant chacun 9 kilos à 1 fr. 90 le kilo ?

1393. Une personne qui reçoit une traite de 572 fr. 80 n'a que 532 fr. 75. Combien doit-elle emprunter pour acquitter cette traite ?

1394. Le poids brut d'une caisse de sucre est de 186 kilos ; celui de l'emballage est de 19 kilos. Que vaut ce sucre à 1 fr. 40 le kilo ?

1395. A 8 fr. 60 le quintal, quel est le prix d'un char de foin qui pèse brut 3.815 kilos, le char pesant 518 kilos ?

1396. Un ouvrier gagne 3 fr. 70 par jour. Combien recevra-t-il pour 95 journées de travail?

1397. Quel est le prix de 1.589 kilos de pain à 0 fr. 38 le kilo?

1398. A 0 fr. 35 le litre, quel est le prix de 25 pièces de vin contenant chacune 236 litres?

1399. Dites le prix de 175 douzaines d'oranges à 0 fr. 13 la pièce?

1400. Une personne dépense 2 fr. 50 par jour. Combien dépense-t-elle par an?

1401. Une personne a vendu 1.895 kilos de cerises à 0 fr. 35 le kilo. Quelle somme a-t-elle reçue?

1402. Quelle somme faut-il pour payer 35 ouvriers qui ont travaillé pendant 58 jours, à 3 fr. 50 par jour?

1403. Quelle est la valeur de 568 kilos de cocons, à 8 fr. 50 le kilo?

1404. Quel est le prix de 15 douzaines de mouchoirs, à 17 fr. 50 la douzaine?

1405. A 58 fr. 70 le quintal de sucre, combien coûtent 158 quintaux?

1406. On achète 275 moutons à 29 fr. 50 pièce. Combien doit-on?

1407. Un boulanger a acheté 78 quintaux de farine à 48 fr. 80 le quintal. Combien a-t-il payé?

1408. Dites le prix de 185 kilos de miel à 2 fr. 75 le kilo?

1409. Lorsque le kilo d'huile d'olive coûte 2 fr. 25, combien coûtent 5 tonneaux de cette huile pesant net ensemble 1.384 kilos?

1410. Quel est le prix de 8 caisses de savon de Marseille contenant chacune 62 kilos de savon, à 1 fr. 15 le kilo?

1411. Dites la valeur de 25 caisses de figues, si chacune contient 38 kilos, à 0 fr. 75 le kilo?

1412. Un épicier a acheté 3.845 kilos de sucre à 1 fr. 85 le kilo. Combien a-t-il dépensé?

1413. On demande le prix de 25 pièces de vin contenant chacune 230 litres, à 0 fr. 55 le litre?

1414. Combien coûteraient 38 pièces de drap contenant chacune 48 mètres, à 25 fr. 60 le mètre?

1415. Que doit-on payer pour 18 pièces de vin de chacune 226 litres, à 0 fr. 55 le litre?

1416. Quel est le prix de 42 quintaux de foin à 8 fr. 35 le quintal?

1417. Que faut-il payer à un ouvrier qui a travaillé pendant 3 semaines, à 3 fr. 80 par jour?

1418. Quelle est la hauteur totale d'un escalier qui se compose de 5 parties ayant chacune 15 marches de 0 m. 17?

1419. Que coûtent 385 douzaines d'œufs, à 1 fr. 25 la douzaine?

1420. Combien coûtent 7 douzaines de chapeaux, à 3 fr. 25 l'un?

1421. Combien 30 ouvriers ont-ils gagné en 5 jours, à 3 fr. 80?

1422. Quelle est la longueur totale de 25 pièces de toile ayant chacune 47 mètres 84 centimètres? Quelle est la valeur de cette toile, à 185 fr. 25 la pièce?

1423. Quel est le prix de 15 corbeilles d'oranges contenant ensemble 628 douzaines, à 0 fr. 035 l'orange?

1424. Dites le prix de 45 douzaines de fagots, à 0 fr. 35 le fagot?

1425. Un ouvrier gagne 3 fr. 75 par jour. Combien lui doit-on pour 27 jours de travail ?

1426. Quel est le prix de 286 quintaux de foin, à 8 fr. 60 le quintal ?

1427. A 14 fr. 80 le stère de bois, que valent 35 stères ?

1428. Quel est le prix de 13 pièces de vin contenant chacune 370 litres, à 0 fr. 65 le litre ?

1429. Quelle somme faut-il pour payer 35 ouvriers qui ont travaillé pendant 18 jours, à 3 fr. 60 par jour ?

1430. Trois ouvriers ont défriché un petit bois en 65 jours, à 3 f.75 par jour. Combien chacun doit-il recevoir ?

1431. Quel est le prix de 278 kilos de coton, à 5 fr. 40 le kilo ?

1432. Quand le blé se vend 17 fr. 60 l'hectolitre, combien doit-on payer pour 48 sacs contenant ensemble 47 hectolitres ?

1433. Que vaut un tas de bois de 48 stères, à 14 fr. 50 le stère ?

1434. Quinze ouvriers ont travaillé pendant 13 jours et 8 heures par jour. Quelle somme faut-il pour les payer 0 fr. 35 l'heure ?

1435. Quelle est la valeur de 18 ballots de coton pesant ensemble 3.745 kilos, à 6 fr. 80 le kilo ?

1436. Un maître menuisier emploie 36 ouvriers qu'il paye 4 fr. 50 par jour. Quelle somme lui faut-il pour leur payer 18 journées de travail ?

1437. Un coquetier a acheté 625 douzaines d'œufs à 0 fr. 45 la douzaine. Combien a-t-il acheté d'œufs et combien a-t-il payé ?

1438. J'achète une maison 7.925 fr. ; je paye 215 fr. 45 d'enregistrement et 117 fr. 80 de frais d'acte. Je fais à cette maison pour 1.286f.75 de réparations et je la revends 11.440 fr. Qu'ai-je gagné ?

1439. A 3 fr. 25 le kilo de café, quel est le prix de 0 kil. 875 ?

1440. Dites le prix de 280 kilos de vendange, à 18 fr. 50 les 100 kil.

1441. Un épicier vend au comptant 315 kilos de sucre à 1 fr. 80 le kilo. Combien reçoit-il ?

1442. A 0 fr. 45 le litre de vin, quel est le prix de 27 tonneaux contenant chacun 236 litres ?

1443. On a fait creuser un fossé de 276 mètres 25 de longueur à 0 fr. 45 le mètre. Combien doit-on payer ?

1444. Un menuisier a employé 15 ouvriers pendant 38 jours à 4 fr. 60 par jour. Combien doit-il à chacun et en tout ?

1445. Un ivrogne dépense en moyenne 1 fr. 60 par jour au cabaret. Quel somme aurait-il de plus après 28 ans, s'il n'avait pas fait cette dépense inutile ?

1446. Un fumeur dépense par jour 9 fr. 75 de tabac par mois. Quelle somme aurait-il de plus après 36 ans, s'il n'avait pas fumé ?

1447. Une personne qui dépensait pour 0 fr. 15 de tabac par jour s'est corrigé de cette mauvaise habitude, il y a 38 ans. Quelle somme a-t-elle économisée ?

1448. Un ouvrier qui gagne 4 fr. 80 par jour, perd inutilement 2 jours chaque semaine. Quelle somme a-t-il perdue en 32 ans de 52 semaines ?

1449. Quel est le prix de 37 poulets à 2 fr. 40 la paire ?

1450. Quel est le prix de 45 mesures de blé, à 5 fr. 60 la mesure ?

1451. Un ouvrier dépense 2 fr. 35 par jour. Combien par an ?

1452. Un vitrier a posé 18 carreaux à 0 fr. 60 et 15 à 0 fr. 85. Combien lui doit-on ?

1453. Quel bénéfice fait un ouvrier en 25 jours de travail, s'il dépense 2 fr. 50 et gagne 4 fr. 75 par jour ?

1454. Un ivrogne dépense en moyenne 2 fr. 50 par jour au cabaret. Combien aura-t-il de moins au bout de 25 ans ?

1455. Quel est le prix de 68 mètres de drap, à 15 fr. 75 le mètre ?

1456. Un épicier achète 560 kilos de sucre à 1 fr. 70 le kilo et 72 kilos de café à 3 fr. 25. Que doit-il payer ?

1457. Quel est le prix de 3.165 oranges, à 0 fr. 03 la pièce ?

1458. On a acheté 158 douzaines d'œufs à 0 fr. 75 la douzaine ; on les a revendus 160 fr. Combien a-t-on gagné ?

1459. Quel est le prix de 45 mètres de toile, à 1 fr. 70 le mètre ?

1460. Un épicier a acheté 285 kilogrammes de café pour 798 fr. et il l'a revendu 3 fr. 50 le kilo. Combien a-t-il gagné ?

1461. Une personne avait 137 fr. 25 dans sa bourse ; elle a payé successivement 25 fr. 50, 39 fr. 85 et 58 fr. 65. Combien lui reste-t-il ?

1462. Quel est le poids de 285 litres de vin, si le litre pèse 0 kil. 995 grammes ?

1463. Un boucher achète 140 kilogrammes de viande à 1 fr. 35 le kilo. Au détail il a vendu 62 kilos à 1 fr. 80, 18 kilos à 1 fr. 65, et le reste à 1 fr. 50. Combien a-t-il gagné ?

1464. J'avais dans ma bourse 745 fr. ; j'ai acheté 26 agneaux à 17 fr. 45 l'un. Combien me reste-t-il ?

1465. Un marchand achète 68 mètres de drap à 18 fr. 60 le mètre, et il le revend à 21 fr. 80. Quel est son bénéfice total ?

1466. Que coûtent 15 douzaines de mouchoirs à 0 fr. 85 l'un ?

1467. Que doit-on payer pour 14 pains de sucre de chacun 9 kilos et demi, à 1 fr. 85 le kilo ?

1468. Quel est le prix de 28 pièces de vin de chacune 225 litres, à 0 fr. 65 le litre ?

1469. Quel est le prix de 185 kilos de beurre, à 2 fr. 40 le kilo ?

1470. Un épicier a acheté 85 kilos de sucre pour 136 fr. ; il l'a revendu 2 fr. 25 le kilo. Combien a-t-il gagné ?

1471. Quelle est la valeur totale de 25 kilos de beurre à 2 fr. 15 le kilo et de 46 douzaines d'œufs à 1 fr. 15 la douzaine ?

1472. Quel est le prix de 55 kilos de viande, à 1 fr. 85 le kilo ?

1473. Un sac de pommes de terre pèse 85 kilos et coûte 6 fr. 80. Dites le poids et le prix de 38 sacs semblables ?

1474. Que coûtent 15 douzaines de poulets à 3 fr. 50 la paire ?

1475. Les roues d'une voiture ont 3 mètres 80 centimètres de tour. Combien feront-elles de tours dans un trajet de 71.630 mètres ?

1476. A 4 fr. 25 le mètre courant, combien payera-t-on pour faire entourer d'un treillage un champ de 37 mètres 80 de long sur 25 mètres 60 de large ?

1477. Quel est le prix de 5 douzaines de poulets, à 1 fr. 50 pièce ?

1478. Un marchand de chaussures a vendu 5 douzaines de pantoufles à 2 fr. 25 la paire, 6 douzaines de souliers vernis à 11 fr. la paire, et 8 paires de bottines à 15 fr. Combien a-t-il reçu en tout ?

1479. Un ouvrier a fait 25 journées à 3 fr. 25 ; il a reçu 81 fr. 25. Combien lui doit-on encore ?

1480. Un vitrier a placé 178 carreaux à 0 fr. 85 l'un. Combien lui doit-on ?

1481. Je dois au boulanger 47 kilos de pain à 0 fr. 35 et 125 kilos à 0 fr. 40. Combien en tout ?

1482. Un fournisseur présente une facture de 241 fr. sur laquelle il fait une remise de 3 fr. 80. Combien doit-on lui payer ?

1483. A combien se montait une facture, si, après l'avoir diminuée de 18 fr. 75, on l'a acquittée par une somme de 975 fr. ?

1484. Quel est le prix de 48 sacs de blé, à 15 fr. 85 le sac ?

1485. On a partagé une somme entre 58 personnes. Quelle était cette somme si chaque personne a reçu 25 fr. 35 ?

1486. Quel est le nombre qui est 125 fois plus grand que 7,50 ?

1487. Que reste-t-il d'une somme de 1.713 fr. après qu'on a payé 37 journées à 3 fr. 25 ?

1488. Un ouvrier qui gagne 3 fr. 60 par jour, demande combien il doit travailler de jours pour acquitter une dette de 342 fr. ?

1489. Un sac de pommes de terre coûte 7 fr. 65. Combien en aura-t-on pour 734 fr. 40 ?

1490. Quel est le poids de 250 litres d'huile d'olive, si le litre de cette huile pèse 0 kilo 915 ?

1491. Un relieur a 1.580 volumes à relier, à raison de 0 fr. 25 le volume ; s'il fait ce travail en 50 jours, combien gagne-t-il par jour ?

1492. Une personne qui devait 240 fr. a donné en payement 278 douzaines d'œufs à 0 fr. 85 la douzaine. Combien doit-elle encore ?

1493. Un ballot de marchandise pèse 245 kilos ; l'emballage pèse 12 kilos. Quel est le prix de la marchandise, à 3 fr. 80 le kilo ?

1494. Un employé qui gagne 38 fr. 75 par mois, se retire après 4 mois et demi. Combien lui doit-on ?

1495. Un fermier qui paye 2.160 fr. par an, est renvoyé après 15 mois et demi. Combien doit-il, s'il a payé deux trimestres ?

1496. Un homme dépense pour 3 fr. 90 de tabac tous les 15 jours. Quelle est sa dépense annuelle ?

1497. Un ouvrier gagne 19 fr. 50 par semaine. Combien lui doit-on pour 34 jours de travail ?

1498. Combien valent 65 mètres de drap, à 119 fr. les 14 mètres ?

1499. Quel est le prix de 386 litres de vin, à 6 fr. les 15 litres ?

1500. Dites le prix de 65 kilos de foin, à 9 fr. 50 les 100 kilos ?

1501. Un ouvrier reçoit 78 fr. pour 12 jours de travail. Quel est le prix de sa journée ?

1502. Que vaut un troupeau de 185 moutons, à 26 fr. 80 pièce ?

1503. La toison d'un mouton pèse 3 kilos 250 grammes. Quel est le poids de la laine de 126 moutons ?

1504. Quel est le prix de 165 kilos de cocons, à 8 fr. 50 le kilo ?

1505. Quel est le prix d'un mètre de toile lorsque 267 mètres coûtent 934 fr. 50?

1506. Quel est le prix d'un litre de vin, si 862 litres coûtent 387 f.90 ?

1507. Si l'on partage 461 fr. 50 entre 26 personnes, quelle sera la part de chacune?

1508. A 14 fr. 75 le sac de blé, combien de sacs achètera-t-on pour 280 fr. 25?

1509. Vingt-cinq personnes se partagent une somme et reçoivent chacune 128 fr. 70. Quelle est cette somme?

1510. Quelle est la valeur de 2 mètres 75 centimètres de drap à 15 fr. 80 le mètre?

1311. Un ouvrier a gagné 64 fr. 80 en 18 journées de 12 heures. Combien gagnait-il par heure?

1512. Combien une pièce de vin de 210 litres contient-elle de bouteilles de 0 litre 75 centilitres?

1513. Lorsque 0 mètre 80 de drap coûtent 12 fr., combien coûte le mètre?

1514. Quel est le prix du kilo de viande, lorsque 8 kilos 5 coûtent 11 fr. 90?

1515. Un terrain de 280 mètres carrés est estimé 210 fr. Quel est le prix du mètre carré?

1516. Quel est le prix de 36 œufs, à 1 fr. 05 la douzaine?

1517. En 350 heures, une fabrique a consommé pour 203 fr. de gaz. Quelle a été la dépense par heure?

1518. Une pièce de vin de 240 litres a coûté 96 fr. Quel sera le bénéfice, si l'on vend le litre 0 fr. 55?

1519. Lorsque 4 litres de vin coûtent 1 fr. 60, quel est le prix de 86 litres?

1520. Si un ouvrier gagne 21 fr. par semaine, combien gagnera-t-il en 17 jours de travail?

1521. Combien faut-il de bouteilles contenant 0 litre 85 centilitres pour soutirer un tonneau de 255 litres?

1522. Quel est le prix de 178 kilos de pain, à 0 fr. 38 le kilo?

1523. Un ouvrier a gagné 75 fr. 60 en 25 journées de 9 heures de travail. Combien a-t-il gagné par heure?

1524. Quel est le prix de 69 kilos de groseilles, à 0 fr. 25 le kilo?

1525. Un marchand vend 12 fr. 60 le mètre de drap qui lui coûte 9 fr. 85. Combien gagne-t-il sur la vente de 85 mètres?

1526. Un jardin de 328 mètres carrés coûte 492 fr. A combien revient le mètre carré?

1527. Il faut 12 litres de crème pour faire 3 kilos de beurre. Combien obtiendra-t-on de kilos de beurre avec 84 litres de crème?

1528. A 8 fr. 60 le cent, quel est le prix de 245 douzaines d'oranges?

1529. Un menuisier emploie 18 ouvriers, à raison de 4 fr. 25 par jour. Combien devra-t-il à chacun au bout de 38 jours ?

1530. Que coûtent 25 douzaines de pommes, à 2 fr. 85 le cent?

1531. Quelle est la valeur de 7 paniers contenant chacun 480 œufs, à 0 fr. 85 la douzaine?

1532. Un loyer coûte 12 fr. 50 par mois. Combien par an?

1533. Le loyer annuel d'une personne est de 292 fr. Combien paye-t-elle par jour?

1534. Que coûtent 0 mètre 80 de drap, à 23 fr. 50 le mètre?

1435. Une pièce de vin de 280 litres coûte 98 fr. Que vaut le litre?

1536. Combien a-t-on gagné en revendant 105 fr. une pièce de vin qui avait coûté 95 fr. 80?

1537. Que coûtent 2 mètres 65 centimètres de toile, à 3 fr. 40 le mètre?

1538. Je devais 118 fr., j'ai payé 47 fr. plus 59 fr. 60. Combien dois-je encore?

1539. Une personne paye 90 fr. de loyer annuel. Combien doit-elle pour 7 mois?

1540. J'ai payé 74 fr. 25 pour 16 mètres 50 centimètres d'étoffe. Combien coûte le mètre?

1541. Quel est le prix de 186 litres de vin, à 58 fr. l'hectolitre?

1542. On achète 7 pièces de toile contenant chacune 56 mètres et demi, à 1 fr. 85 le mètre. Combien doit-on?

1343. A 490 fr. 20 les 38 stères, quel est le prix du stère?

1544. Que coûtent 37 paires de poulets, à 1 fr. 75 l'un?

1545. Dire le prix de 1.386 fagots, à 35 fr. le cent?

1546. Je devais 425 fr.; j'ai donné 14 pièces de 20 fr. Combien dois-je donner de quintaux de foin à 5 fr. 80 pour acquitter le reste?

1547. Deux joueurs ont perdu 1.252 fr., et l'un a perdu 198 fr. de plus que l'autre. Combien chacun a-t-il perdu?

1548. Quel est le prix de 248 litres de vin, à 0 fr. 45 le litre?

1549. Lorsque 275 litres de vin coûtent 123 fr. 75, que coûte le litre?

1550. Un ouvrier a reçu 98 fr. pour 28 journées de travail. Combien gagnait-il par jour?

1551. A 1 fr. 25 la douzaine d'œufs, que coûtent 75 douzaines?

1552. Une personne qui a 3.860 fr. de revenu annuel, dépense 3 fr. 80 par jour. Combien met-elle de côté?

1553. Je devais au boulanger 165 kilos de pain à 0 fr. 36 le kilo. Je lui ai fourni 237 fagots de sarments à 0 fr. 25 le fagot. Combien me reste-t-il à payer?

1554. Un ouvrier a gagné 3 fr. 15 dans une journée à raison de 0 fr. 45 par heure. Combien a-t-il travaillé d'heures?

1555. Quel est le prix de 35 oranges, à 1 fr. 50 la douzaine?

1556. Je dois 148 fr. 75. Je fournis 315 litres de vin à 0 fr. 45 le litre. Que me reste-t-il à payer?

1557. Lorsque le coke vaut 1 fr. 50 l'hectolitre, combien peut-on en avoir d'hectolitres pour 105 fr.?

1558. Une pièce de toile de 58 mètres coûte 145 fr. Combien coûterait une autre pièce de 75 mètres?

1559. Que coûtent 28 mètres de drap, si 8 mètres coûtent 74 fr.?

1560. Quel est le prix de 1560 œufs à 8 fr. 50 le cent?

1561. Un ouvrier gagne 27 fr. 60 par semaine. Combien gagne-t-il par mois de 25 jours de travail?

1562. Un employé qui gagne 1.068 fr. par an, se retire après 8 mois et demi de service. Combien lui doit-on?

1563. Quel est le prix de 45 poulets à 3 fr. 80 la paire?

1564. Combien aura-t-on de kilos de sucre, pour 46 fr. à 1 fr. 85?

1565. Quel est le prix de 3.000 oranges à 0 fr. 90 la douzaine?

1566. Un ouvrier gagne 0 fr. 45 par heure. Combien lui doit-on pour 18 journées de 12 heures?

1567. Dites le prix de 15 paires de bas à 2 fr. 50 la paire?

1568. Si le mètre de drap vaut 8 fr. 60, quel est le prix de 15 pièces de 52 mètres chacune?

1569. Lorsque 976 kilos de sucre coûtent 1.464 fr., quel est le prix du kilo?

1570. Quel est le prix de 17 douzaines de fromages à 0 fr. 15 l'un?

1571. Un ouvrier a reçu 91 fr. pour 28 journées de travail. Combien gagnait-il par jour?

1572. Un marchand achète 36 hectolitres de blé à 18 fr. 50 et donne un acompte de 528 fr. Que lui reste-t-il à payer?

1573. Quel est le prix de 15 pains de sucre pesant chacun 7 kilos, à 1 fr. 30 le kilo?

1574. J'ai revendu 7 fr. 50 le mètre, une étoffe qui m'avait coûté 6 fr. 80. Quel est mon bénéfice sur une vente de 186 mètres?

1575. J'ai payé 136 fr. 50 pour 105 mètres de toile. Quel est le prix du mètre?

1576. Dites le prix de 26 pêches à 0 fr. 30 la douzaine?

1577. A 42 fr. le quintal, quel est le prix de 18 sacs de farine pesant chacun 120 kilos?

1578. Un ménage dépense 6 fr. 25 par jour. Quelle est sa dépense d'une année?

1579. J'ai acheté 15 kilos de riz à 0 fr. 80, 25 kilos de sel à 0 fr. 20, et 12 kilos de sucre à 1 fr. 40. Combien ai-je dépensé?

1580. Quand le pain vaut 0 fr. 38 le kilo, combien en a-t-on de kilos pour 20 fr. 90?

1581. Si 96 kilos de viande coûtent 172 fr. 80, que valent 2 kilos?

1582. Quel est le prix de 15 mètres cubes d'engrais à 7 fr. 80?

1583. J'avais 25 mètres de toile et j'en ai vendu 14 mètres. Quelle est la valeur du reste à 2 fr. 40 le mètre?

1584. Je dois 158 fr. au boulanger et 79 fr. au tailleur. Je n'ai que 218 fr. 75. Combien me manque-t-il pour les payer tous les deux?

1585. Une bouteille vide pèse 860 grammes; pleine d'huile elle pèse 1.580 grammes. Quelle est la valeur de cette huile à 1 fr. 25 les 1.000 grammes?

1386. Quel est le prix de 38 kilos de sucre à 1 fr. 60 le kilo?

1587. Lorsque 47 quintaux de foin coûtent 319 fr. 60, combien vaut le quintal?

1588. Quel est le prix de 65 kilos de pain à 2 fr. 80 les 8 kilos?

1589. Quel est le prix de 7 couteaux à 15 fr. la douzaine?

1590. Quel est le nombre qui devient 1.890 quand on le diminue de 728 unités 475?

1591. Un ouvrier gagne 0 fr. 45 à l'heure. Combien doit-il travailler de jours de 10 heures pour gagner 396 fr.?

1592. A 4 fr. 80 le quintal de paille, combien aurait-on de quintaux pour 3.768 fr.?

1593. Combien dois-je donner de douzaines d'oranges à 0 fr. 15 pièce, pour acquitter une dette de 27 fr.?

1594. Si 2 mètres de drap valent 29 fr. 20, combien coûteront 15 pièces ayant ensemble 675 mètres?

1595. Si 5 kilos de riz coûtent 4 fr. 75, combien coûteront 178 kilos?

1596. Quel est le prix de 36 poires à 8 fr. 58 le cent?

1597. Quel est le prix de 72 mètres de toile à 7 fr. 40 les 4 mètres?

1598. Pour 70 fr. on en a eu 28 mètres d'étoffe. Combien valent 150 mètres de la même étoffe?

1599. Combien doit-on à un ouvrier pour 36 journées de travail à 19 fr. par semaine?

1600. Un fermier paye 1.923 fr. par an. Combien pour 11 mois?

1601. Un employé gagne 1.062 fr. par an. Combien lui doit-on pour 8 mois et demi?

1602. Un ouvrier reçoit 84 fr. pour quatre semaines de travail. Combien gagnait-il par jour?

1603. Quelle est la hauteur d'un escalier composé de 148 marches ayant chacune 0 m. 15 de hauteur?

1604. Combien faut-il vendre de quintaux de foin à 8 fr. 50 le quintal pour payer 2.550 litres de vin à 0 fr. 35 le litre?

1605. Quel est le prix de 240 oranges à 0 fr. 75 la douzaine?

1606. Je donne 6 billets de 100 fr. pour payer 168 mesures de pommes à 3 fr. 50. Combien doit-on me rendre?

1607. Que vaut le kilo de pain, lorsque 146 kilos coûtent 49 fr. 64?

1608. Une facture de 286 fr. 25 subit une réduction de 8 fr. 25. Combien paiera-t-on de moins?

1609. Que faut-il ajouter à 276 fr. 15 pour payer 310 fr. 80?

1610. Quel est le prix de 82.600 ardoises à 115 fr le mille?

1611. Un ouvrier gagne par mois 90 fr. Il dépense par jour 2 fr. 40. Combien peut-il placer tous les ans?

1612. Combien coûtent 8 douzaines et demie de fagots à 0 fr. 48?

1613. Combien gagne par jour un employé qui a un traitement annuel de 1.478 fr. 25?

1614. Combien doit-on à un ouvrier pour 7 semaines et demie de travail à 3 fr. 45 par jour?

1615. Que valent 975 kilos de farine à 48 fr. le sac de 65 kilos?

1616. Que valent 125 mètres de toile si 15 mètres coûtent 36 fr.?

1617. Six ouvriers ont bêché un champ en 8 jours, à raison de 3 fr. 50 par jour. Quelle somme faut-il pour les payer?

1618. A combien revient l'hectolitre de chaux rendu dans un champ, si l'on a payé 1.116 fr. pour 248 hectolitres?

1619. Un pré qui a 140 mètres de long sur 80 mètres de large est entouré d'une palissade qui revient à 79 fr. 20. A combien revient le mètre linéaire ?

1620. Un marchand vend 0 fr. 65 le mètre, une pièce d'étoffe de 45 mètres qui lui a coûté 19 fr. 80. Combien gagne-t-il ?

1621. Un ouvrier a fait 25 journées à 3 fr. 60 et a reçu 48 fr. 80. Combien doit-il encore recevoir ?

1622. Un ouvrier qui travaillait 10 heures par jour a mis 480 heures pour faire un ouvrage. Combien de jours a-t-il travaillé et combien a-t-il reçu s'il gagnait 4 fr. 25 par jour ?

1623. Quel est le prix de 875 douzaines d'œufs à 7 fr. 80 le cent ?

1624. Un ouvrier a gagné 187 fr. 20 en 39 jours. Combien aurait-il reçu s'il avait travaillé 15 jours de plus ?

1625. Combien faut-il de bouteilles de 0 litre 80 pour soutirer 12 pièces de chacune 235 litres ?

1626. Pour payer 12 kilos de pain à 0 fr. 38 le kilo, je donne une pièce de 10 fr. Combien doit-on me rendre ?

1627. Sur 520 fr. pris pour aller à la foire, on achète une vache 219 fr., une chèvre 25 fr., 4 agneaux 7 fr. 50 pièce, et différents objets pour 15 fr. ; que reste-t-il si l'on a dîné pour 5 fr. 80 ?

1628. A 12 fr. 50 les 5 mètres, quel sera le prix de 8 m. 25 ?

1629. A 0 fr. 13 l'œuf, quel est le prix de 645 douzaines ?

1630. Quel est le prix de 35 pièces de vin contenant ensemble 87 hectolitres, à 45 fr. 80 l'hectolitre ?

1631. Un ouvrier gagne 4 fr. 25 par jour, sa femme 1 fr. 25 et son fils 1 fr. Combien leur faut-il de jours pour gagner 260 fr. ?

1632. Un marchand de plâtre en achète 150 sacs pour 60 fr. S'il revend le sac 0 fr. 50, quel sera son gain ?

1633. A 2 fr. 50 le kilo, quel sera le prix de 15 caisses de marchandise pesant chacune 26 kilos 320 ?

1634. Lorsque le pain coûte 0 fr. 35 le kilo, quelle quantité le boulanger en donnera-t-il pour 3 fr. 50 ?

1635. Un litre de lait pèse 1 kilo 030. Quel est le poids du lait fourni par 10 vaches, en 20 jours, si chacune donne 12 litres par jour ?

1636. Un ballot de marchandise pèse brut 623 kilos ; l'emballage pèse 19 kilos 520. Quel est le poids de la marchandise, et combien vaut-elle à 1 fr. 80 le kilo ?

1637. Un ouvrier a gagné 140 fr. en 25 jours de travail. Combien gagnait-il par jour ?

1638. J'ai acheté 589 quintaux de foin à 7 fr. 50 le quintal. Combien ai-je payé ? Combien dois-je revendre le quintal pour gagner en tout 883 fr. 50 ?

1639. On achète 245 carafes à 108 fr. le cent ; le transport a coûté 38 fr. 75, et il y a eu 12 carafes cassées. Combien doit-on vendre la carafe pour gagner 69 fr. 45 ?

1640. J'ai acheté 2 pièces de vin pour la somme de 235 fr. et la première contient 30 litres de plus que la seconde. Trouver le prix et la contenance de chaque pièce, si le litre coûte 0 fr. 50 ?

CHAPITRE IV

SYSTÈME MÉTRIQUE

I

Notions générales.

112. Le système métrique est l'ensemble des *mesures* qui ont le mètre et le kilogramme pour base.

113. On appelle mesures les unités ou grandeurs dont on se sert pour évaluer les quantités.

114. Le système métrique renferme *six unités principales*, dont deux sont fondamentales parce qu'elles servent de base aux autres. Ce sont :

1º Le mètre pour les longueurs ;
Le *mètre carré* pour les surfaces ;
Le *mètre cube* pour les volumes.
2º Le kilogramme pour les poids ;
Le *litre* pour les capacités ;
Le *franc* pour les monnaies.

Multiples et sous-multiples.

115. Pour mesurer les grandes quantités de chaque espèce on emploie des *mesures secondaires* qui sont *dix, cent, mille, dix mille* fois plus grandes que l'unité principale.

116. On désigne ordinairement ces mesures en plaçant devant le nom de l'unité les mots suivants :

DÉCA,	qui signifie *dix* ;
HECTO,	—	*cent* ;
KILO,	—	*mille* ;
MYRIA,	—	*dix mille*.

Par exemple, un *décamètre* est une mesure de *dix mètres* ; un *hectolitre* est une mesure de 100 *litres* ; un *kilogramme* est un poids de 1.000 *grammes* (1) ; un *myriamètre* est une longueur de 10.000 *mètres*.

---

(1) Quand on établit le système métrique, on prit pour unité principale des poids *le gramme*. C'est de là que sont venus les noms de *kilogramme, hectogramme*, etc.

117. Pour mesurer les petites quantités, on emploie des *mesures* qui sont *dix, cent, mille* fois plus petites que l'unité principale.

118. On désigne ces mesures en plaçant devant le nom de l'unité principale les mots suivants :

DÉCI,	qui signifie *dixième ;*
CENTI,	— *centième,*
MILLI,	— *millième.*

Ainsi, un *décimètre* est une mesure qui vaut la *dixième* partie du *mètre ;* un *centilitre* est la *centième* partie du *litre ;* *milligramme* est la *millième* partie du *gramme.*

N. B. — Le tableau suivant peut servir à résoudre une foule de questions, qu'il sera bon d'adresser aux élèves, sur la valeur des multiples et des sous-multiples les uns par rapport aux autres.

	MYRIA	KILO	HECTO	DÉCA	UNITÉ	DÉCI	CENTI	MILLI
Myria	1	10	100	1000	10000	100000	1000000	10000000
Kilo	0,1	1	10	100	1000	10000	100000	1000000
Hecto	0,01	0,1	1	10	100	1000	10000	100000
Déca	0,001	0,01	0,1	1	10	100	1000	10000
Unité	0,0001	0,001	0,01	0,1	1	10	100	1000
Déci	0,00001	0,0001	0,001	0,01	0,1	1	10	100
Centi	0,000001	0,00001	0,0001	0,001	0,01	0,1	1	10
Milli	0,0000001	0,000001	0,00001	0,0001	0.001	0,01	0,1	1

119. Dans cette série de mesures, il faut observer que les mots *déca, hecto, kilo, myria, déci, centi, milli,* servent à *nommer* les différentes unités des mesures plutôt qu'à les *compter.*

On dit par exemple, que d'une ville à une autre il y a 4 kilomètres, parce que, dans ce cas, l'unité est un kilomètre ; mais il faudrait dire qu'on a acheté 4.000 mètres de drap et non pas 4 kilomètres, parce qu'ici c'est le mètre qui est l'unité.

120. De plus, il y a des mesures qui sont EFFECTIVES OU RÉELLES, c'est-à-dire qu'il *existe réellement des objets ou instruments dont on se sert pour mesurer ;* et d'autres qui ne sont que des MESURES IMAGINAIRES OU DE COMPTE, et qui ne s'obtiennent que par calcul.

É. D'ARITH., C. ÉLÉM.

121. *Les mesures effectives* sont établies de manière à représenter 1, 2 et 5 fois *l'unité principale et chacun de ses multiples ou sous-multiples*, à l'exception toutefois des mesures qui seraient trop grandes ou trop petites.

122. L'ensemble de ces mesures est appelé *système métrique* parce que, lorsqu'on l'établit, en 1791, toutes ses mesures étaient dérivées du *mètre*.

123. Ce système est appelé DÉCIMAL, parce que les multiples et sous-multiples des unités principales sont de *dix en dix fois plus grands ou plus petits*, sauf pour les surfaces et les volumes; on l'appelle encore LÉGAL parce qu'il *est prescrit par la loi*.

II

Calcul des unités métriques.

124. Pour écrire les nombres qui expriment des unités métriques, on place l'unité principale au rang des *unités simples* ; les *déca*, au rang des *dizaines* ; les *hecto*, au rang des *centaines* ; les *kilo*, au rang des *mille*, et les *myria*, au rang des *dizaines de mille*. Les *déci* se placent au rang des *dixièmes* ; les *centi*, au rang des *centièmes*, et les *milli*, au rang des *millièmes*, excepté pour les surfaces et les volumes ordinaires.

D'après cette règle, on écrira :

325 mètres 15 centimètres	325,15
346 décamètres 34 millimètres	3.460,034.
18 kilomètres 9 millimètres	18.000,009.

125. Quand l'un des multiples ou des sous-multiples est pris pour unité, on met la virgule à la droite du chiffre qui le représente, et les autres multiples ou sous-multiples se placent à droite ou à gauche, dans l'ordre qui convient.

Par exemple, dans le nombre 345,678, si l'on suppose que le 5 représente des hectogrammes, le 4 représente des kilogrammes, et le 3 des myriagrammes ; le 6 représente des décagrammes ou dixièmes d'hectogramme, le 7 représente des grammes ou centièmes d'hectogramme, et ainsi de suite.

126. Lorsqu'on a plusieurs nombres exprimant divers multiples et sous-multiples de la même unité, il est souvent utile de les ramener à la MÊME ESPÈCE, c'est-à-dire à exprimer soit l'*unité principale*, ce qui est le plus ordinaire, soit le *même multiple* ou le *même sous-multiple*.

127. Pour faire cette transformation avec facilité, il n'y a qu'à se rappeler le principe de la numération et la signification des mots *déca, hecto, kilo, myria, déci, centi, milli.*

Soit à réduire 15 kilogrammes en grammes.

Le mot *kilo* signifiant *mille*, 15 kilos valent 15.000 grammes.

Soit encore à trouver combien il y a d'hectomètres dans 7.564 mètres 2 décimètres.

Le mot *hecto* signifiant *cent*, il n'y a qu'à chercher combien le nombre proposé contient de centaines, et, par un simple déplacement de la virgule, on trouve 75 hectomètres 642.

128. Du reste, les opérations arithmétiques se font sur les nombres exprimant des unités métriques comme sur les autres nombres entiers ou décimaux.

129. Après chaque nombre, on désigne l'espèce d'unité par les abréviations indiquées dans le tableau ci-dessous :

NATURE des grandeurs	NOMS des mesures		NATURE des grandeurs	NOMS des mesures	
LONGUEURS	Myriamètre	Mm	BOIS de chauffage	Décastère	das
	Kilomètre	km		STÈRE	s
	Hectomètre	hm		Décistère	ds
	Décamètre	dam			
	MÈTRE	m	POIDS	Tonne	t.
	Décimètre	dm		Quintal	q.
	Centimètre	cm		Kilogramme	kg
	Millimètre	mm		Hectogramme	hg
SURFACES	Myriam. carré	Mm²		Décagramme	dag
	Kilomètre carré	km²		GRAMME	g
	Hectom. carré	hm²		Décigramme	dg
	Décamèt. carré	dam²		Centigramme	cg
	MÈTRE carré	m²		Milligramme	mg
	Décimètre carré	dm²	CAPACITÉS	Kilolitre	kl
	Centimèt. carré	cm²		Hectolitre	hl
	Millimètre carré	mm²		Décalitre	dal
SURFACES AGRAIRES	Hectare	ha		LITRE	l
	ARE	a		Décilitre	dl
	Centiare	ca ou m²		Centilitre	cl
				Millilitre	ml
VOLUMES	MÈTRE cube	m³	MONNAIES	FRANC	f ou fr.
	Décimètre cube	dm³		Centime	c
	Centimètre cube	cm³			
	Millimètre cube	mm³			

EXERCICES ORAUX

1641. Quelle unité faudrait-il employer pour évaluer la longueur d'un jardin?

1642. — la surface d'une cour?

1643. — le volume d'une maison.

1644. — la contenance d'un tonneau?

1645. — le poids d'un sac de blé?

1646. — la valeur d'un meuble?

1647. Par quels mots désigne-t-on les mesures plus grandes que l'unité principale?

1648. Par quels mots désigne-t-on les mesures plus petites que l'unité principale?

1649. Combien faut-il de déca pour avoir un hecto, — 10 kilos, — 1 myria?

1650. Dans un kilo combien y a-t-il d'hecto, — de déca?

1651. Dans une unité, combien y a-t-il de centi, — de milli, de déci?

1652. Dans un déca, combien y a-t-il de déci, — de milli, — de centi, — d'unités?

1653. Combien faut-il de centi pour faire une unité, — 1 hecto?

1654. Combien faut-il de déci pour faire un déca, — 1 myria, — 1 hecto, — 1 kilo?

1655. Quel est le multiple qui égale 10 unités, — 100 déca?

1656. Comment s'appellent les dixièmes de myria, — d'hecto, — de déca, — d'unités?

1657. Comment s'appellent les centièmes de kilo, — de déca, — d'hecto, — de myria?

1658. Quel est le multiple qui égale 100 hecto, — 100 déci?

1659. Quel est le sous-multiple qui est le dixième du déci, — du centi, — de l'unité?

1660. Combien faut-il de déca pour avoir 10 hecto, — 100 kilo, — 10 myria?

1661. Combien faut-il de déci pour avoir 10 hecto, — 10 myria, — 10 déca, — 100 unités?

1662. Dans 25 déci, combien y a-t-il d'unités, — de centi?

1663. Dans 640 déca, combien de kilo, — de déci, — de milli, — d'unités, — d'hecto?

1664. Quel nom donnerait-on à une centaine de mètres, — à une dizaine de litres, — à mille grammes?

1665. Quel nom donnerait-on à 1 dixième de litre, — à un centième de gramme, — à 1 millième de gramme?

1666. Dire à quel rang on écrit chacun des multiples?

1667. A quel rang écrit-on chacun des sous-multiples?

1668. Si l'on prend les déca pour unité, que représenteront les trois premiers chiffres à gauche et à droite?

1669. Combien y a-t-il d'hecto, de déci et de centi dans 645 unités 378 milli?

1670. Dans le nombre 87.654 mètres 321, quel multiple ou sous-multiple représente chacun des chiffres 8, 6, 3 et 1 ?

1671. Si l'on prend le déca pour unité, que représentent les centaines et les centièmes ?

1672. Le kilo étant pris pour unité, que représentent les dizaines, les centièmes et les millièmes ?

1673. Dans 25 déca 8 unités, combien y a-t-il de centi ?

1674. Combien y a-t-il de déca dans 300 hecto 18 unités ?

1675. Dans 365 hecto 251 déci, combien y a-t-il de déca ?

1676. Combien y a-t-il de centi dans 161 déca 25 déci ?

1677. Exprimez en milli 14 kilo 13 déca 15 centi ?

1678. Exprimez en kilo et en déci 18 myria 16 centi ?

1679. Exprimez en hecto la valeur de 1.445 myria 15 déca.

1680. Donnez en milli la valeur de 13 kilo 15 déca.

1681. Faites le total de 15 unités 3 déci, 14 déca 5 déci, 7 unités 8 centi, 12 hecto 135 milli.

1682. Additionnez 24 déca 3 unités, 15 unités 6 déci, 18 hecto 3 déci, 15 unités 16 centi.

1683. Retranchez 15 unités de 25 déca, — de 30 hecto ?

1684. Que faut-il ajouter à 365 déca 75 centi pour avoir 789 hecto 15 unités ?

1685. De combien 136 kilo 15 déca 136 centi surpassent-ils 268.197 milli ?

III
Mesures de longueur.

130. On appelle MESURES DE LONGUEUR celles qui servent à mesurer l'étendue considérée comme LIGNE, telles que la longueur d'une route, d'une table, etc.

131. L'unité principale des mesures de longueur est le MÈTRE.

132. Le MÈTRE *est la longueur du prototype* (1) *international sanctionné par la conférence générale des poids et mesures, et déposé à Sèvres, près de Paris.*

Il égale à peu près la DIX MILLIONIÈME partie du quart du méridien terrestre (2).

133. Les *multiples* du mètre sont :

Le DÉCAMÈTRE, qui égale 10 mètres ;

L'HECTOMÈTRE, qui égale 100 mètres ;

Le KILOMÈTRE, qui égale 1.000 mètres ;

Le MYRIAMÈTRE, qui égale 10.000 mètres.

134. Les *sous-multiples* du mètre sont :

Le DÉCIMÈTRE, qui égale la 10ᵉ partie du mètre ;

Le CENTIMÈTRE, qui égale la 100ᵉ partie du mètre ;

Le MILLIMÈTRE, qui égale la 1.000ᵉ partie du mètre.

---

(1) Prototype, signifie principal modèle.
(2) Le méridien est une ligne imaginaire qui ferait le tour de la terre en passant par les pôles.

135. Le *décamètre* est employé pour mesurer toutes les longueurs un peu considérables; mais son nom est très peu employé parce qu'on ne le prend pas pour unité dans l'expression des nombres de longueurs.

136. L'HECTOMÈTRE, le KILOMÈTRE et le MYRIAMÈTRE servent à évaluer les *distances géographiques*, comme la distance d'une ville à une autre, et se nomment MESURES ITINÉRAIRES.

137. Le *mètre* et ses *sous-multiples* s'emploient dans les autres circonstances.

138. Les mesures EFFECTIVES de longueur sont :

1° Le DOUBLE DÉCAMÈTRE, mesure de 20 mètres ;

2° Le DÉCAMÈTRE ou chaîne d'arpenteur ;

3° Le DEMI-DÉCAMÈTRE, qui égale 5 mètres ;

4° Le DOUBLE MÈTRE ;

5° Le MÈTRE ;

6° Le DEMI-MÈTRE ;

7° Le DOUBLE DÉCIMÈTRE ;

8° Le DÉCIMÈTRE.

Ces mesures sont établies dans la forme qui convient le mieux à l'usage qu'on veut en faire.

EXERCICES ORAUX ET PROBLÈMES

1686. Quel est le multiple du mètre qui égale 100 mètres, — 1.000 mètres, — 10.000 mètres ?

1687. Quel est le sous-multiple du mètre qui égale la centième partie du mètre ?

1688. A quel rang écrit-on les décamètres, — les kilomètres, — les centimètres ?

1689. Lorsqu'on prend le décamètre pour unité, que représentent les dixièmes, — les millièmes ?

1690. Lorsque l'on prend les kilomètre pour unité, que représentent les centièmes, — les dizaines, — les dixièmes ?

1691. Quelle est l'unité lorsque le chiffre des dixièmes représente des hectomètres, — des décamètres ?

1692. Par quel nombre faut-il multiplier 2 mètres pour avoir 2 décamètres, — 20 hectomètres ?

1693. Par quel nombre faut-il diviser 4 myriamètres pour avoir 4 kilomètres, — 4 décamètres ?

1694. Enoncez, en changeant seulement le nom de l'unité, un nombre qui soit 10 fois plus grand que 5 mètres, — 10 fois plus petit ?

1695. Dans un nombre de mètres écrit, on déplace la virgule de deux rangs vers la droite ; que deviennent les mètres, — les hectomètres, — les décimètres ?

1696. De combien de rangs et dans quel sens faut-il déplacer la virgule, si l'on veut que les décimètres deviennent des centimètres, — les décamètres, des kilomètres ?

1697. Que faut-il faire pour que le chiffre des décimètres représente des décamètres, — des kilomètres?

1698. Quel multiple faudrait-il prendre pour unité si l'on voulait mesurer la longueur d'une propriété?

1699. S'il fallait mesurer la distance de Lyon à Saint-Étienne, quelle mesure prendrait-on pour unité?

1700. Combien le mètre vaut-il de demi-mètres, — de doubles décimètres?

1701. Combien le décamètre vaut-il de doubles mètres, — de doubles décimètres?

1702. Combien le double décamètre contient-il de mètres, — de doubles mètres, — de doubles décimètres?

1703. Combien le double mètre contient-il de doubles décimètres?

1704. Combien le demi-décamètre contient-il de mètres, — de décimètres?

1705. Combien le décamètre vaut-il de décimètres?

1706. Combien l'hectomètre vaut-il de centimètres?

1707. Combien le kilomètre vaut-il de décamètres?

1708. Combien y a-t-il de décimètres dans 3 hm.?

1709. Combien y a-t-il de millimètres dans 16 dm.8?

1710. Combien y a-t-il de kilomètres dans 9.760 hm.?

1711. Combien 16 Mm. valent-ils d'hectomètres?

1712. Combien 275 dm. valent-ils de mètres?

1713. Combien y a-t-il de myriamètres dans le méridien?

1714. Combien y a-t-il de demi-mètres dans 6 hm. 3?

1715. Combien y a-t-il de doubles mètres dans 15 dam.?

1716. Combien y a-t-il de demi-kilomètres dans 19 Mm.?

1717. Combien y a-t-il de décamètres dans 85 demi-kilomètres?

1718. Combien y a-t-il de centimètres dans 9 demi-mètres?

1719. Combien y a-t-il de demi-hectomètres dans 7 Mm.?

1720. Combien 25 doubles hectomètres valent-ils de décamètres?

1721. Combien 13 demi-kilomètres contiennent-ils de mètres?

1722. Combien 980 mm. contiennent-ils de doubles décimètres?

1723. Combien 18 demi-mètres valent-ils de demi-décimètres?

1724. Combien y a-t-il de décamètres dans 15 Mm. plus 35 hm.?

1725. Combien y a-t-il de décimètres dans la somme de 27 dam., 38 mètres, 19 km. et 180 cm.?

1726. Que manque-t-il à 75 mm. pour faire 1 dm.?

1727. Que faut-il retrancher de 35 cm. pour avoir 2 dm.?

1728. Que faut-il ajouter à 68 dam. pour avoir 4 km.?

1729. Que faut-il ajouter à 756 Mm. pour avoir le quart du méridien terrestre?

1730. Combien faut-il ajouter d'hectomètres à 18 km. pour avoir 65 Mm.?

1731. Que manque-t-il à 25 hm. pour faire 15 km.?

1732. Combien y a-t-il de kilomètres dans la somme de 58 hm. 370 dam. et 4 km. et demi?

1733. Combien faut-il ajouter d'hm. à 25 km. pour avoir 3 Mm.?

1734. Combien faut-il retrancher de décimètres de 160 cm. pour avoir un mètre?

1735. Combien faut-il ajouter de dam. à 2 km. 7 pour avoir 95 hm.?

1736. Quel est le nombre d'hectomètres qui contient 50 dam. de plus que 820 mètres?

1737. Si l'on retranche 12 dam. 75 de 3 hm. 4, combien reste-t-il de mètres?

1738. Combien faut-il ajouter de dm. à 150 cm. pour avoir 19 dam.?

1739. Donner en km. un nombre huit fois plus grand que 195 hm.?

1740. Quel est, en hectomètres, le nombre qui est 58 fois plus grand que 7 km. et demi?

1741. Quel est, en décimètres, le nombre qui est 25 fois plus petit que 275 dam.?

1742. Par quel nombre faut-il diviser 325 hm. pour avoir 13 dam.?

1743. Exprimer en kilomètres un nombre 125 fois plus petit que le quart du méridien terrestre?

1744. La longueur totale de 35 pièces de drap est de 185 dam, et demi. Quel est le prix d'une pièce à 2 fr. 80 le mètre?

1745. Dire le prix de 15 doubles mètres de drap à 1 fr. 75 le dm.?

1746. Lorsque le demi-mètre coûte 3 fr. 80, que coûte le double décamètre?

1747. Si le demi-décamètre coûte 25 fr., que coûte le double mètre?

1748. Si le demi-mètre coûte 1 fr. 80, que coûte le demi-hm?

1749. Si le double décimètre coûte 0 fr. 58, que coûte le double mètre?

1750. Si le double mètre coûte 13 fr. 60, que coûte le demi-dam.?

1751. Que valent 8 doubles décimètres à 11 fr. 50 le demi-dam.?

1752. Dire le prix de 8 demi-dam. à 0 fr. 35 le double dm.?

1753. Quel est le prix de 6 m., à 2 fr. 50 le double mètre?

1754. A 1 fr. 80 le décimètre, quel est le prix de 38 m. 50?

1755. A 18 fr. 60 le double mètre, quel est le prix de 0 m. 75?

1756. A 0 fr. 28 le demi-décamètre, quel est le prix de 7 dam.?

1757. Lorsque 45 cm. de drap valent 5 fr. 40, quel est le prix de 38 doubles mètres?

1758. Quel est le prix de 140 demi-mètres de toile à 0 fr. 48 le double décimètre?

1759. A 18 fr. 80 le demi-décamètre, quel est le prix de 45 doubles mètres?

1760. A 0 fr. 35 le double décimètre, quel est le prix de 25 demi-décamètres?

1761. Que valent 17 demi-centimètres à 25 fr. le double mètre?

1762. On achète 85 cm. de drap à 12 fr. 80 le mètre. Combien doit-on payer?

1763. Lorsque le décimètre coûte 0 fr. 75, quel est le prix de 25 cm.?

1764. Combien doit-on payer pour 125 dm. de toile à 4 fr. 60 le m.?

1765. Quel est le prix de 95 cm. de drap à 1 fr. 80 le décimètre?

1766. Lorsque le mètre de drap coûte 15 fr., combien aura-t-on de centimètres pour 12 fr. 90?

1767. Que vaut le mètre lorsque 8 dm. et demi coûtent 10 fr.20?

1768. Quel est le prix de 35 dm. de galon à 5 fr.80 le mètre?

1769. Quel est le prix de 26 mètres de drap à 1 fr. 25 le dm.?

1770. Dire le prix de 4 m.80 à 2 fr.50 le demi-mètre?

1771. A 16 fr. le double mètre, dites le prix de 85 cm.?

1772. Si le demi-mètre coûte 3 fr.75, que valent 9 dm. et demi?

1773. Si le double décimètre coûte 0 fr. 85, combien coûtent 13 demi-mètres?

1774. Dites le prix de 45 demi-mètres à 0 fr.65 le double dm.?

1775. Quel est le prix de 180 doubles mètres à 4 fr.50 les 9 m.?

1776. Pour 125 fr., on a reçu 62 m. 50 de toile. A combien revient le décimètre?

1777. Quel est le prix de 35 demi-mètres de drap à 1 fr.75 le dm?

1778. J'ai acheté 8 dm. et demi de velours à 15 fr. le mètre. Combien ai-je payé?

1779. Quel est le prix de 128 doubles mètres de toile à 1 fr.25 le demi-mètre?

1780. Dites le prix de 86 cm. de soie à 38 fr.60 le double mètre?

1781. Si 35 cm. de drap coûtent 4 fr.41, combien coûtent 15 doubles décimètres?

1782. A 0 fr.85 le demi-mètre, que valent 8 doubles dm.?

1783. Quel est le prix de 35 doubles mètres à 0 fr.75 le décimètre?

1784. Que coûteraient 59 demi-mètres à 2 fr.75 le double dm.?

1785. Dites le prix de 186 doubles dm. à 9 fr.50 le demi-mètre?

1786. Si le demi-dam. coûte 37 fr., que valent 15 doubles mètres?

1787. Combien valent 3 m.75 à 2 fr.35 le double décimètre?

1788. Cherchez le prix de 165 m. à 0 fr.95 le demi-décimètre.

1789. Quel est le prix de 62 cm. à 0 fr.45 le double décimètre?

1790. A 2 fr.85 le demi-mètre, quel est le prix de 95 cm.?

1791. A 0 fr.85 le demi-mètre d'étoffe, quel est le prix de 13 doubles mètres?

1792. A 4 fr.50 le double mètre, que coûtent 25 demi-mètres?

1793. Si le mètre de drap vaut 12 fr., quelle longueur en aura-t-on pour 4 fr.50?

1794. Quel est le prix d'un grillage de 36 m. 25 de longueur à 9 fr.60 le mètre courant?

1795. J'ai acheté 36 m. de toile pour 90 fr. Combien dois-je payer pour 19 m. 80 de la même toile?

1796. Que coûtent 35 demi-m. de drap à 21 fr. 80 le double m.?

1797. A 46 fr. 80 le double dam., que valent 15 demi-mètres?

1798. A 0 fr. 45 le demi-mètre, que coûtent 125 doubles dm.?

1799. Si le demi-décamètre vaut 32 fr. 50, combien valent 138 doubles mètres?

1800. J'ai payé 169 fr. pour 52 demi-mètres. Combien aurais-je payé pour 75 décimètres?

1801. A combien revient le demi-mètre, si 27 dm. coûtent 9 fr.45?

1802. Combien vaut le double mètre, si 85 cm. coûtent 8 fr. 16?

1803. Que valent 6 dm. et demi à 4 fr. 50 le double mètre?

1804. Un escalier de 348 marches conduit au sommet d'une tour qui a 52 m. 35 de hauteur. Quelle est la hauteur d'une marche?

1805. Quelle est en kilomètres la longueur totale de 295 rouleaux de fil de fer ayant chacun 128 cm.?

1806. Quel est le prix de 85 cm. à 17 fr. 50 le mètre?

1807. Lorsque le décimètre de galon d'or coûte 0 fr.58, combien coûteraient 15 demi-mètres?

1808. Un train express parcourt 9 hm. 4 par minute. Quel temps mettrait-il pour aller de Paris à Lyon, la distance étant de 512 km.? (*Arith.* n° 211.)

1809. Un bateau à vapeur fait 8 hm. 8 par minute. Combien fera-t-il de kilomètres en 45 jours?

1810. Un paquet de ficelle a 85 m. de longueur. Combien faut-il de paquets pour faire une longueur de 4 km. 93?

1811. Combien de pointes de 15 mm. peut-on obtenir avec un fil de fer de 10 m. et demi?

1812. Une ligne télégraphique coûte 386 fr. par kilomètre. Quelle est la dépense pour 68 km. 5 dam.?

1813. Combien faut-il de rails de 5 m.80 de longueur pour les deux voies d'un chemin de fer de 43 km. 848?

1814. A 0 fr.25 par mètre, combien coûtera le drainage d'un champ dans lequel on creuse 12 fossés de 180 m. chacun?

1815. Le méridien est divisé en 360 parties égales appelées degrés. Quelle est en kilomètres la longueur d'un degré?

1816. On va de Marseille à Alger en 48 heures. La distance étant de 707 km., combien fait-on de mètres à l'heure?

1817. A 8 fr.50 le demi-décamètre d'étoffe, combien en aura-t-on de mètres pour 25 fr.50?

1818. On veut clore d'une haie une vigne dont les côtés ont 2 hm. 85, 15 dam. 7, 118 m. et 85 m. Combien faudra-t-il de plants à raison de 6 douzaines par demi-décamètre?

1819. Un voyageur parcourt 21 hm. en 25 minutes. Combien mettra-t-il d'heures pour faire 60 km.?

1820. On veut placer des poteaux télégraphiques distants de 10 m. sur une longueur de 12 km. 54 dam. Combien en faudra-t-il?

1821. Pour clore une propriété de 248 m. de long sur 195 de large, on paye 8 fr. 50 par mètre courant. Quelle est la dépense totale?

1822. Si le mètre de drap vaut autant que 4 m. 65 de toile, combien aurait-on de mètres de drap pour 372 m. de toile?

1823. Un voyageur a parcouru une route de 725 km. en 29 jours. Combien a-t-il fait de kilomètres par jour?

1824. Un ouvrier gagne 25 fr.50 par hectomètre de fossé. Combien lui doit-on pour 35 dam. 8?

1825. Une bougie s'use de 32 mm. par heure et sa longueur est de 17 cm. Combien de temps durera-t-elle?

1826. Combien de madriers de 0 m.058 d'épaisseur pourra-t-on retirer de 15 pièces de bois dont l'épaisseur est de 0 m.87?

1827. L'entretien d'une route coûte 3 fr. 50 par mètre. Quelle est la dépense pour 175 km. 75?

1828. Un voyageur fait 25 km. en 4 heures un quart. Combien lui faut-il de temps pour faire 175 km.?

1829. Combien coûte la clôture des deux côtés d'un chemin de fer de 286 km. à 0 fr.85 le mètre courant?

1830. Dites la mesure effective qui est 20 fois plus grande que le mètre, — 5 fois plus petite que le décamètre?

1831. Exprimer en mètres, en décamètres, en kilomètres et en centimètres la longueur du méridien terrestre.

1832. Quelle serait la longueur du mètre, si l'on avait pris la millième partie du méridien?

1833. Quelle serait la longueur du double décamètre, si le mètre n'était que la cent-millième partie du méridien?

1834. Un postillon est en route depuis 12 heures et fait un hectomètre par minute. A combien de kilomètres est-il du point de départ?

1835. L'hôtel des Invalides, à Paris, a 105 mètres de haut. Combien a-t-il de doubles décimètres?

1886. Un chemin de fer a 2.684 km. Combien a-t-il de mètres de rails dans une seule voie?

IV

Mesures de surface.

139. Les MESURES DE SURFACE servent à évaluer l'étendue considérée sous les deux dimensions, LONGUEUR et LARGEUR, comme le dessus d'une table, la façade d'une maison, etc.

140. L'unité principale des mesures de surface est le MÈTRE CARRÉ.

141. Le *mètre carré* est un carré (1) dont les côtés ont *un mètre* de longueur.

142. Les *multiples* du mètre carré sont :

Le DÉCAMÈTRE CARRÉ, qui égale 100 mètres carrés (2);

L'HECTOMÈTRE CARRÉ, qui égale 100 décamètres carrés;

Le KILOMÈTRE CARRÉ, qui égale 100 hectomètres carrés;

Le MYRIAMÈTRE CARRÉ, qui égale 100 kilomètres carrés;

143. Les *sous-multiples* du mètre carré sont :

Le DÉCIMÈTRE CARRÉ, qui est la 100e partie du mètre carré;

Le CENTIMÈTRE CARRÉ, qui est la 100e partie du dm. carré;

Le MILLIMÈTRE CARRÉ, qui est la 100e partie du cm. carré.

144. Toutes ces mesures sont des carrés dont les côtés ont la longueur exprimée par leur nom.

(1) Voir n° 261 à la page 195.
(2) Voir la figure page 108 et le n° 145.

Ainsi, le décamètre carré est un carré ayant un décamètre ou dix mètres de côté ; le décimètre carré est un carré ayant un décimètre de côté, et de même pour les autres multiples ou sous-multiples.

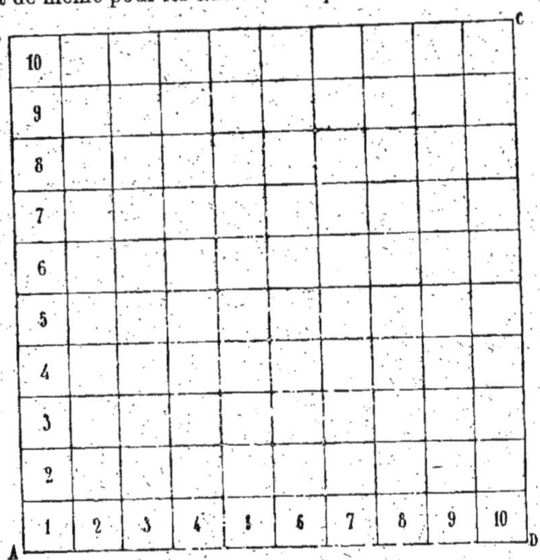

Fig. 1. — Le mètre carré vaut 100 décimètres carrés

145. Les mesures de surface sont de 100 en 100 fois plus grandes ou plus petites les unes que les autres.

Il suit de là que les noms des multiples et des sous-multiples des mesures de surface ne conservent leur signification que par rapport aux côtés des carrés qu'ils désignent.

Ainsi, le décimètre carré n'est pas la dixième partie du mètre carré, mais la centième ; le centimètre carré n'est pas la centième partie du mètre carré, mais la dix-millième, etc.

146. Le *mètre carré* et ses *sous-multiples* servent à évaluer les *surfaces ordinaires*.

147. L'expression *décamètre carré* n'est pas usitée (n° 149).

148. L'*hectomètre carré*, le KILOMÈTRE CARRÉ et le *myriamètre carré* servent à évaluer les surfaces géographiques comme l'étendue d'un État, d'un département, etc., et se nomment MESURES TOPOGRAPHIQUES.

149. Quand il s'agit d'évaluer la surface des propriétés foncières, l'unité principale est l'ARE. qui est un DÉCAMÈTRE CARRÉ.

150. L'are n'a qu'un MULTIPLE qui est l'HECTARE, mesure de 100 ares. C'est la même chose que l'HECTOMÈTRE CARRÉ,

151. L'are n'a pour SOUS-MULTIPLE que le CENTIARE, qui est la centième partie de l'are, et vaut un MÈTRE CARRÉ.

152. L'ARE, l'HECTARE et le CENTIARE composent ce qu'on appelle les MESURES AGRAIRES.

153. Il n'y a pas de mesures EFFECTIVES pour les surfaces. On les évalue par le calcul d'après leurs dimensions que l'on détermine par les mesures de longueur (1).

154. Les mesures de surface étant de 100 fois en 100 fois plus petites les unes que les autres, il faut toujours DEUX CHIF-FRES pour exprimer chaque sous-multiple de l'unité employée.

A la suite des *mètres carrés*, par exemple, le premier chiffre représente tout à la fois des *dixièmes* de mètre carré et des *dizaines* de décimètre carré ; le second chiffre, des *centièmes* de mètre carré et des *unités* de décimètre carré ; le troisième chiffre, des *millièmes* de mètre carré et des *dizaines* de centimètre carré ; le quatrième chiffre, des *dix-millièmes* de mètre carré et des *unités* de centimètre carré, etc.

155. Pour lire facilement les décimales des mesures de surface, on peut les grouper en tranches de deux chiffres, à partir de la virgule, et compléter par un zéro la dernière tranche à droite, si elle n'a qu'un chiffre.

Ex. 7 m², 08543, peut se lire : 7 m² 8dm²54cm²30mm².

EXERCICES ET PROBLÈMES

1837. Par quel multiple du mètre carré exprime-t-on 100 m², — 10.000 m², 1.000.000 de m²?

1838. Par quel sous-multiple du mètre carré exprime-t-on la centième partie du mètre carré, — la dix-millième partie du mètre carré?

1839. En prenant le mètre carré pour unité, à quel rang faudrait-il écrire les décamètres carrés, — les hectomètres carrés, — les kilomètres carrés?

1840. A quel rang écrit-on les décimètres carrés, — les centimètres carrés, les millimètres carrés?

1841. Quel nombre de mètres carrés exprime chaque multiple?

1842. Quelle partie du mètre carré contient chaque sous-multiple?

1843. Combien y a-t-il de décimètres carrés dans un dixième de mètre carré, — dans un centième de mètre carré?

1844. Combien y a-t-il d'hectomètres carrés dans un myriamètre carré, — dans un kilomètre carré?

1845. Combien le décamètre carré vaut-il de décimètres carrés, de centimètres carrés?

1846. Combien le dam² vaut-il de dixièmes de mètre carré?

---

(1) Voir aux numéros 256 et suivants, pages 195 et 196.

1847. Dans 10 mètres carrés, combien y a-t-il de décimètres carrés ?

1848. Dire la différence du dixième du mètre carré et du dm² ?

1849. Dire la différence du centième du mètre carré et du cm² ?

1850. Qu'est-ce que 10 dm² par rapport au mètre carré ?

1851. Combien le dixième du mètre carré vaut-il de décimètres carrés, — de centimètres carrés ?

1852. Combien le dixième du centimètre carré vaut-il de mm² ?

1853. Si l'on prend les hectomètres carrés pour unités, à quel rang faudra-t-il écrire les décamètres carrés et les mètres carrés ?

1854. Quel est le dixième du décamètre carré, — du kilomètre carré, — de l'hectomètre carré ?

1855. Quel est le dixième du décimètre carré, — du centimètre carré, — du mètre carré ?

1856. Le décamètre carré étant pris pour unité, que représentent les dizaines, — les dixièmes, — les centaines, — les centièmes ?

1857. Quelle est l'unité lorsque le premier chiffre décimal représente des dizaines d'hectomètre carré, — de dam² ?

1858. Qu'est-ce que 6 m² par rapport à 6 dam², — à 6 dm² ?

1859. Combien 25 dam² contiennent-ils de fois 2 m² 5 ?

1860. Relativement au décamètre carré, qu'est un décimètre carré, — un hectomètre carré ?

1861. Que sont 25 dm² relativement au mètre carré, — au cm. carré ?

1862. Quelle différence y a-t-il entre l' l'hm² et l'hectare ?

1863. A quoi servent l'hectare, l'are et le centiare ?

1864. Quel rapport y a-t-il entre l'are et le décamètre carré ?

1865. Combien y at-il de mètres carrés dans un are ?

1866. Dans le nombre 362 a. 45, qu'expriment les chiffres à droite et à gauche des 2 unités ?

1867. Si l'on prend l'hectare pour unité, que représenteront les quatre premiers chiffres décimaux ?

1868. Comment appelle-t-on les centaines et les centièmes d'are ?

1869. Réduire 9 hm² 5 en mètres carrés.

1870. Réduire 186 dam² 75 en mètres carrés.

1871. Réduire 6 km² 2 hm² en décamètres carrés.

1872. Exprimer 26.780 hm² en kilomètres carrés.

1873. Exprimer 98.700 dm² en décamètres carrés.

1874. Combien y a-t-il de centimètres carrés dans 47.900 mm² ?

1875. Combien y a-t-il de décimètres carrés dans 7 dixièmes de mètre carré ?

1876. Combien y a-t-il de centimètres carrés dans 9 centièmes de mètre carré ?

1877. Réduire 17.800 cm² en décimètres carrés.

1878. Réduire 7 dixièmes de mètre carré en centimètres carrés.

1879. Réduire 8 centièmes de mètre carré en décimètres carrés.

1880. Exprimer 9 dam² 8 en décimètres carrés.

1881. Exprimer 4 hm² 650 m² en décamètres carrés ?

1882. Exprimer 6 km² 7 hm² 5 en mètres carrés.

1883. Que manque-t-il à 685 dm² pour égaler le décamètre carré ?

1884. Que faut-il ajouter à 95 cm² pour avoir 2 dm² ?

1885. Que faut-il retrancher de 85 hm² pour avoir 1.886 dam² ?

1886. Combien faut-il ajouter de décamètres carrés à 75 hm² pour avoir 1 km² ?

1887. Si l'on retranche 78 dm² de 3 m², combien reste-t-il de centimètres carrés ?

1888. Quel est en km² le produit de 58 hm² par 450 ?

1889. Donnez en km² un nombre 18 fois plus petit que 9 Mm²

1890. Donnez en hm² un nombre 15 fois plus grand que 68 dam² ?

1891. Si le décimètre carré coûte 0 fr.65, que valent 12 m² ?

1892. Si le mètre carré coûte 9 fr.80, quel est le prix de 78 cm² ?

1893. Si le cm² coûte 0 fr. 018, quel est le prix de 15 dm² ?

1894. A 18 fr. le mètre carré, dites le prix de 680 cm² ?

1895. A 1 fr.40 le décimètre carré, dire le prix de 0 m² 65 ?

1896. Si le cm² coûte 0 fr. 008, dire le prix de 85 m².

1897. Lorsque le dixième du mètre carré coûte 0 fr. 65, dites le prix de 64 dm².

1898. Quel est le prix d'une glace de 180 dm² à 2 centimes et demi le centimètre carré ?

1899. Quel est le prix d'un tableau qui a 3 m² 8 dm², à raison de 7 fr. 50 le décimètre carré ?

1900. Combien vaut le dm² lorsque 0 m² 75 coûtent 60 fr. ?

1901. Quel est le prix du cm² lorsque 5 dm² 8 coûtent 8 fr.70 ?

1902. Quel est le prix de 12 m² 75 à 0 fr.65 le décimètre carré ?

1903. A 18 fr. 50 le mètre carré, quel est le prix de 87 cm² 5 ?

1904. Quel est le prix de 0 m² 6 à 1 fr. 75 le décimètre carré ?

1905. Combien 9 ha. valent-ils de centiares ?

1906. Combien 1.875 ares valent-ils d'hectares ?

1907. Combien y a-t-il de centiares dans 2 ha. 8 ares ?

1908. Combien y a-t-il d'ares dans 9.760 ca. ?

1909. Combien y a-t-il d'ares dans 18 hm² ?

1910. Combien y a-t-il de centiares dans 150 dam² 8 ?

1911. Combien y a-t-il d'hectares dans 48 km² 5 ?

1912. Réduire 75 ha. en décamètres carrés.

1913. Réduire 8 km² 9 dam² en centiares.

1914. Réduire 19.750 dm² en centiares.

1915. Réduire 12 hm² 5 dam² en ares.

1916. Réduire 725 ca. en décamètres carrés.

1917. Réduire 1.890 m² en ares.

1918. Réduire 175.985 ca. en mètres carrés.

1919. Réduire 18 ha. 25 a. en décamètres carrés.

1920. Réduire 36 ca. en décimètres carrés.

1921. Réduire 1.258 m² en ares.

1922. Réduire 13 km² 8 hm² 9 en ares.

1923. Réduire 180 ha. 6 a. en décamètres carrés.

1924. Réduire 1.185 m² en centiares.

1925. Que manque-t-il à 375 m² pour égaler 4 ares et demi ?

1926. Que faut-il ajouter à 625 ca. pour avoir 8 dam² ?

1927. Donner en centiares une superficie 37 fois plus petite que 6 ha. 97 a. 82 ca.

1928. Exprimer en ha. une surface 28 fois plus grande que 47 a. 5 ca.

1929. Donner en ares une surface 85 fois plus grande que 6 a. 8 ca.

1930. Quinze héritiers se partagent une propriété et ont chacun 2 ha. 7 a. 8 ca. Quelle est l'étendue de cette propriété?

1931. Si l'ha. coûte 5.860 fr., que vaut une vigne de 180 a. 5 ca.?

1932. Si le centiare coûte 0 fr. 85, quelle est l'étendue d'un pré qui a coûté 68.586 fr. 50?

1933. Quel est le prix de 36 ares, à 1 fr. 50 le centiare?

1934. Dire le prix de 18 ha., à 58 fr. 50 l'are.

1935. A 2 fr. 80 le centiare, quel est le prix de 168 a.?

1936. Trouver le prix de 165 centiares, à 65 fr. l'are?

1937. Si l'hectare vaut 4.580 fr., quelle est la valeur de 85 a.?

1938. Si l'are vaut 75 fr. 80, dites le prix de 18 ha.?

1939. Dire le prix de 3 ha. 6 a., à 0 fr. 95 le centiare.

1940. Dire la valeur de 68 a. 8 ca., à 5.960 fr. l'hectare.

1941. Quel est le prix de 9 ha. 6 ca., à 62 fr. l'are?

1942. A 3.860 fr. l'hectare, quel est le prix de 280 ca.?

1943. A 1 fr. 25 le centiare, quel est le prix de 85 a. 8?

1944. Si l'are coûte 68 fr. 50, quel est le prix de 6 ha. et demi?

1945. Si le centiare se paie 3 fr. 50, quel est le prix de 12 ha. 6?

1946. Si 65 ares coûtent 3.640 fr., quel est le prix de 38 ca.?

1947. Si 96 ca. coûtent 76 fr., quel est le prix de 68 ares?

1948. Quel est le prix de 2 ha. 85 ca., à 720 fr. les 15 ares?

1949. Quel est le prix de 18 a. 8 ca., à 375 fr. les 5 ares?

1950. Dire le prix de 175 ca., à 7.560 fr. les 6 hectares.

1951. A 95 fr. l'are, quel est le prix de 12 ha. 86 ca.?

1952. J'ai payé 16 fr. 80 pour 35 ca. A combien revient l'hectare?

1953. Quelle est la valeur d'une vigne de 26 ha. 65 ca., à 58 fr. l'are?

1954. Quel est le prix de l'hectare, si 48 ca. coûtent 36 fr.?

1955. Si 15 ca. coûtent 14 fr. 10, quelle surface coûte 756 fr. 70?

1956. Dire la valeur de 60 a., à 1 fr. 50 le centiare?

1957. Quel est le prix de 375 m², à 9.580 fr. l'hectare?

1958. Quel est le prix d'un terrain de 8 ha. 6 a. 5 ca., à 28 fr. l'are?

1959. Un jardin de 125 m² a été payé 500 fr. Quelle est la superficie d'un autre jardin de même qualité qui coûte 1.450 fr.?

1960. Quel est le prix de 308 a. 5 ca, à 1.500 fr. les 42 a. 20?

1961. A 32 fr. 50 l'are, quel est le prix de 2 ha. 6 a. 8 ca.?

1962. Un terrain de ha. 8 a. 25 coûte 61.650 fr. Combien vaut le mètre carré?

1963. A 85 fr. le décamètre carré, quel est le prix de 15 ha. 8 a.?

1964. Quel est le prix de 158 a. 6 ca., à 0 fr. 35 le mètre carré?

1965. Quel est le prix de 65 a. 7 ca., à 1 fr. 50 le mètre carré?

1966. Quel est le prix de 18 a. 5 ca., à 0 fr. 85 le mètre carré?

1967. Que vaut un pré de 8 ha. 8 a., à 0 fr. 45 le mètre carré?

1968. Quel est le prix de 3 ha. 4 a., à 0 fr. 75 le mètre carré?

1969. Un champ de 2 ha. 8 a. 6 ca. a coûté 7.282 fr. 10. A combien revient le mètre carré ?

1970. Une propriété de 4 ha. 5 ares a été vendue 32.400 fr. Quel est le prix du mètre carré ?

1971. Un pré de 6 ha. 8 ares a coûté 21.800 fr. Que vaut le m² ?

1972. Un terrain de 125 a. 8 ca. s'est vendu 0 fr. 45 le mètre carré. Combien a-t-il coûté ?

1973. Quel est le prix de 160 m², à 3.600 fr. l'hectare ?

1974. Si l'hectare coûte 8.960 fr., quel est le prix de 850 m² ?

1975. Que vaut un terrain de 12 ha. 8 a., à 0 fr. 85 le m²

1976. Dire le prix de 182 m², à 7.840 fr. l'hectare ?

1977. Lorsque 15 a. coûtent 510 fr., quel est le prix de 185 m² ?

1978. Combien doit-on à un ouvrier qui a fauché un pré de 2 ha. 8 a. à raison de 12 fr. les 32 ares ?

1979. Si 850 m² coûtent 160 fr. 65 combien coûte l'hectare ?

1980. Une rue de 1.580 m. de longueur a 237 ares de surface. Quelle en est la largeur ? (*Arith.*, n° 265.)

1981. Quel est le prix de 180 m², à 9.650 fr. l'hectare ?

1982. A 1 fr. 85 le mètre carré, quel est le prix de 8 ha. 9 a. ?

1983. Un pré de 45 ha. 8 ca. a été vendu 0 fr. 25 le mètre carré. Combien l'a-t-on payé ?

1984. Une forêt de 158 ha. 6 ares est vendue à raison de 0 fr. 85 le mètre carré. Combien coûte-t-elle ?

1985. On a acheté un pré de 12 a. 6 ca. pour la somme de 1.026 fr. 80. Combien doit-on revendre le mètre carré pour gagner 302 fr. ?

1986. A 865 fr. l'are, quel est le prix de 65 m² ?

1987. Quel est le prix de 38 a 8 ca., à 0 fr. 95 le mètre carré ?

1988. A 35 fr. l'are, combien coûteraient 148 m² ?

1989. Quel est le prix de 3 ha. 9 a. 6 ca., à 0 fr. 65 le mètre carré ?

1990. Un champ de 60 ares est loué 120 fr. Combien rapporte l'ha. ?

1991. Une propriété de 15 ha. 6 a. 5 ca. coûte 120.484 fr. A combien revient l'are ?

1992. Quelle est la valeur d'un terrain de 15 ha. 8 a., à raison de 21 fr. 20 l'are ?

V
Mesures de volume.

156. Les MESURES DE VOLUME servent à évaluer l'étendue considérée sous les trois dimensions, LONGUEUR, LARGEUR, et HAUTEUR, PROFONDEUR OU ÉPAISSEUR, comme la grosseur d'un bloc de pierre, la grandeur d'une excavation, etc.

157. L'unité principale des mesures de volume est le MÈTRE CUBE.

158. Le mètre cube est un cube (1) qui a un mètre de côté.

159. On ne fait pas usage des *multiples* du mètre cube, parce qu'ils donneraient des mesures trop grandes.

---

(1) Voir n° 277, à la page 197.

160. Les *sous-multiples* du mètre cube sont :

Le DÉCIMÈTRE CUBE, qui égale la 1.000ᵉ partie du mètre cube ;
Le CENTIMÈTRE CUBE, — la 1.000ᵉ partie du dm. cube ;
Le MILLIMÈTRE CUBE, — la 1.000ᵉ partie du cm. cube.

161. Les mesures de volume sont des CUBES dont les côtés ont la longueur exprimée par leur nom, et elles sont de mille en mille fois plus petites les unes que les autres.

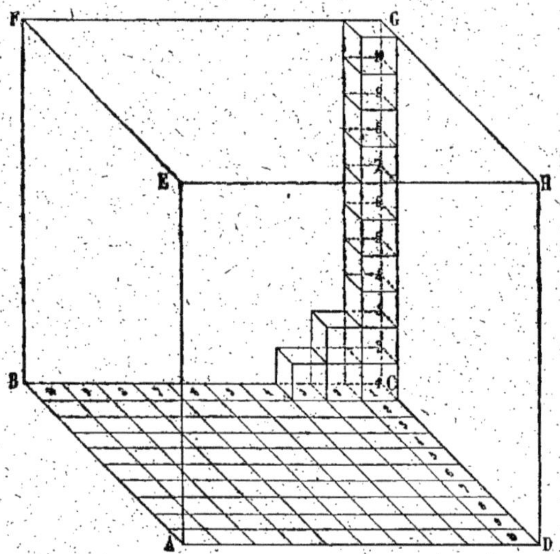

Fig. 2. — Le mètre cube vaut 1.000 décimètres cubes.

Il suit de là que les noms des sous-multiples du mètre cube ne conservent leur signification primitive que par rapport aux côtés des cubes qu'ils désignent.

162. Il n'y a pas de MESURES EFFECTIVES pour les volumes, excepté pour le bois de chauffage. On les évalue par le calcul d'après leurs dimensions, que l'on détermine à l'aide des mesures de longueur (1).

163. Les mesures de volumes ordinaires étant de mille en mille fois plus petites, il faut toujours TROIS CHIFFRES pour exprimer chaque sous-multiple de l'unité employée.

A la suite des mètres cubes, par exemple, le premier chiffre représente tout à la fois des *dixièmes de mètre cube* et des *centaines de décimètre cube* ; le second, des *centièmes de mètre cube* et des *dizaines de*

---

(1) Voir aux nᵒˢ 273 et suivants, pages 197 et 198.

décimètre-cube ; le troisième *des millièmes de mètre cube* et des *unités de décimètre cube,* etc.

164. Pour lire facilement les décimales des mesures cubiques, on peut les grouper en tranches de trois chiffres, à partir de la virgule, et compléter, par la pensée ou par des zéros, la dernière tranche à droite.

Par exemple, 12 m³,70305403 se lit : 12 m³ 703 dm³ 54 cm³ 30 mm³.

Mesures pour les bois de chauffage

165. Lorsqu'il s'agit de mesurer le bois de chauffage, on prend pour unité le *mètre cube* sous le nom de STÈRE.

166. Le stère n'a qu'un *multiple* qui est le DÉCASTÈRE, ou mesure de *dix stères.*

167. Il n'a aussi qu'un *sous-multiple* qui est le DÉCISTÈRE, ou *dixième de stère.*

168. On évalue ordinairement le BOIS DE CHAUFFAGE comme les autres volumes (n° 279) ; mais, au détail, on pourrait aussi faire usage des MESURES EFFECTIVES, au nombre de trois, savoir:

Le DEMI-DÉCASTÈRE, mesure de 5 stères.

Le DOUBLE STÈRE,　　　—　　de 2 stères.

Le STÈRE,　　　　　　　—　　d'un mètre cube.

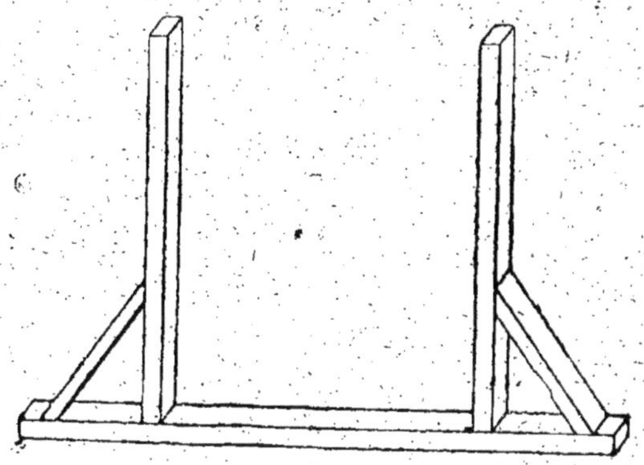

Fig. 3. — Mesure effective de bois de chauffage.

Ces mesures sont des châssis formés d'une traverse et de deux montants. L'écartement seul des montants est fixe dans ces mesures ; il est de :

1 mètre pour le stère.

2 mètres — le double stère.

3 — — le demi-décastère.

EXERCICES ORAUX ET PROBLÈMES

1993. Combien le mètre cube vaut-il de décimètres cubes, — de centimètres cubes, — de millimètres cubes ?

1994. Combien le décimètre cube vaut-il de centimètres cubes, de millimètres cubes ?

1995. Combien le centimètre cube vaut-il de millimètres cubes ?

1996. Combien faut-il de centimètres cubes et de millimètres cubes pour faire 1 m³ ?

1997. Combien faut-il de décimètres cubes pour faire 10 m³ ?

1998. Dire la différence du dixième du mètre cube et du décimètre cube ?

1999. Combien le dixième du mètre cube vaut-il de décimètres cubes ?

2000. Dire la différence entre le centième de mètre cube et le centimètre cube ?

2001. Combien le dixième du mètre cube contient-il de centimètres cubes ?

2002. Combien faut-il de centièmes de mètre cube pour faire 1 m³ ?

2003. Combien faut-il de décimètres cubes, — de centimètres cubes, — de millimètres cubes pour avoir un dixième de mètre cube ?

2004. Combien faut-il de décimètres cubes, — de centimètres cubes, — de millimètres cubes pour faire un millième de mètre cube ?

2005. Combien le dixième du décimètre cube vaut-il de centimètres cubes, — de millimètres cubes ?

2006. Combien 10 dm³ valent-ils de centièmes de mètre cube, — de dixièmes de centimètre cube, — de centièmes de centimètre cube ?

2007. En prenant le mètre cube pour unité, que représentent le premier, — le quatrième, le septième chiffre décimal ?

2008. Dans le nombre de 0 m³ 123456789, que représente chacun des chiffres 2, 4 et 9 ?

2009. Combien le mètre cube vaut-il de centimètres cubes ?

2010. Combien y a-t-il de centimètres cubes dans 15 dm³ ?

2011. Réduire 25 centièmes de mètre cube en décimètres cubes.

2012. Exprimer en décimètres cubes 785 millièmes de mètre cube.

2013. Exprimer 189.000 centimètres cubes en décimètres cubes.

2014. Combien 4 dixièmes de mètre cube valent-ils de dm³ ?

2015. Combien 6 centièmes de mètre cube valent-ils de dm³ ?

2016. Combien 25 millièmes de mètre cube valent-ils de cm³ ?

2017. Combien 7 centièmes de mètre cube valent-ils de mm³ ?

2018. Combien 85 millièmes de mètre cube valent-ils de dm³ ?

2019. Combien y a-t-il de décimètres cubes dans 3 m.cubes et demi ?

2020. Combien y a-t-il de centimètres cubes dans 185.000 mm. cubes ?

2021. Combien manque-t-il de décimètres cubes à 2 mètres cubes ? 185 décimètres cubes pour valoir 3 mètres cubes ?

2022. Combien faut-il ajouter de cm³ à 3.765 dm³ pour avoir 4 m³ ?

2023. Que faut-il ajouter à 976 cm³ pour avoir 1 dm³ ?

2024. Combien de fois 125 cm³ sont-ils contenus dans 8 dm³ ?

2025. Combien de fois peut-on soustraire 250 dm³ de 5 m³ ?

2026. Que faut-il ajouter à 796 dm³ pour avoir 1 m³?

2027. Que faut-il ôter de 9 dixièmes de m³ pour avoir 86 dm³?

2028. Que manque-t-il a 98.656 cm³ pour égaler un 10ᵉ de m³?

2029. Quel est le prix de 5 m³, à 0 fr. 15 le décimètre cube?

2030. Quel est le prix de 65 dm³, à 85 fr. le mètre cube?

2031. Quel est le prix de 180 cm³, à 3 fr. 80 le décimètre cube?

2032. Dire le prix de 3 m³ 65 dm, à 3 fr.25 le décimètre cube?

2033. Si le mètre cube coûte 36 fr. 80, quel est le prix de 650 dm³?

2034. A 0 fr. 45 le décimètre cube, quel est le prix de 875 cm³?

2035. A 165 fr. le mètre cube, quel est le prix de 62 dm³?

2036. A 3 fr.80 le décimètre cube, quel est le prix de 18 mètres cubes?

2037. Trouver le prix de 58 cm³, à 185 fr. le mètre cube?

2038. A 0 fr. 15 le décimètre cube, quel est le prix de 0 m³ 850?

2039. A 0 fr.75 le 10ᵉ de m³, quel est le prix de 625 dm³?

2040. Quel est le prix de 12 m³ 85 dm³, à 0 fr. 25 le dm³?

2041. Quel est le prix du mètre cube, lorsque 15 dm³ coûtent 1 fr.20?

2042. Quel est le prix de 4 m³50 dm³, à 2 fr. 25 le mètre cube?

2043. Quel est le prix de 15 m³45 dm³, à 78 fr. 50 le mètre cube?

2044. Quel est le prix de 85 centièmes de m³, à 1 fr. 40 le dm³?

2045. A 875 fr. le mètre cube, quel est le prix de 7 dixièmes de m³?

2046. Lorsque le dixième de mètre cube vaut 8 fr.50. Combien coûtent 980 cm³?

2047. Dire le prix de 48 centièmes de dm³, à 1.280 fr. le m. cube?

2048. On demande le prix de 45 cm³, à 48 fr. le 10ᵉ de mètre cube?

2049. Quel est le prix de 15 m³, à 0 fr. 68 le décimètre cube?

2050. Dire le prix de 38 dm³, à 1.540 fr. le mètre cube?

2051. A 3 centimes et demi le centimètre cube, combien coûteraient 18 dm³ 25 cm³?

2052. On a vendu pour 28.314 fr. de pierres de taille à 46 fr. 80 le mètre cube. Combien a-t-on vendu de mètres cubes?

2053. Que coûtent 28 m³ 68 dm³ de de bois, à 0 fr.085 le dm³?

2054. Quel est le prix d'un mètre cube de marbre, lorsqu'on paye 58 fr. 90 pour 95 dm³?

2055. On a payé 2.278 fr. 50 pour 28 poutres ayant chacune 1 m³ 85 dm³. A combien revient le mètre cube?

2056. Quel est le prix de 18 pieds d'arbres ayant chacun 1 m³ 56 dm³. à 75 fr. le mètre cube?

2057. Quelle somme faut-il pour faire enlever un tas de terre de 68 m³, si une brouette en enlève chaque fois 85 dm³ et que l'on paye 5 centimes par voyage?

2058. Combien faut-il de jours à un maçon pour faire les 4 murs d'une maison, si chaque mur a 65 mètres cubes et que le maçon en fasse 2 mètres cubes et demi par jour?

2059. Un marbrier a acheté 25 mètres cubes de marbre à 375 fr. le mètre cube. Il a employé 9 m³ 600 dm³. Pour quelle somme lui en reste-t-il?

2060. Combien faut-il de tombereaux de terre pour remplir un fossé de 2.500 mètres cubes, si chaque tonneau contient 850 décimètres cubes?

2061. Quel est le volume de 67 arbres ayant chacun 1 m³85 dm³?

2062. Trouvez le volume de 125 pierres de taille ayant en moyenne 860 dm³ 98 cm³ ?

2063. Si 25 arbres ont ensemble 18 m³ 65, dm³ quel est le volume d'un seul arbre ?

2064. Combien peut-on placer de livres ayant 450 cm³ dans une caisse qui peut contenir 848 dm³ ?

2065. La capacité d'une caisse est de 1 m³ 368 dm³. Combien peut-elle contenir de morceaux de savon de 285 cm³ ?

2066. Une machine peut extraire 58 m³ et demi de sable par heure. Combien en extraira-t-elle en 12 heures et demie ?

2067. Une source fournit 125 dm³ d'eau par minute. Combien lui faut-il d'heures pour remplir un bassin dont la capacité est de 195 m³ ?

2068. Combien de mètres cubes d'engrais doit-on mettre dans un champ de 6 ha. 6 a. pour qu'il y en ait 18 millimètres d'épaisseur ?

2069. Combien le stère vaut-il de décimètres cubes ?

2070. Combien le décastère vaut-il de mètres cubes ?

2071. Combien le décistère vaut-il de décimètres cubes ?

2072. Combien le mètre cube vaut-il de décistères ?

2073. Combien y a-t-il de mètres cubes dans 195 ds ?

2074. Combien le double stère vaut-il de décimètres cubes ?

2075. Combien 15 demi-décastères valent-ils de dm³ ?

2076. Combien 3 doubles décistères valent-ils de décimètres cubes ?

2077. Combien y a-t-il de décimètres cubes dans 15 demi-das. ?

2078. Que manque-t-il à 875 dm³ pour égaler 9 ds. ?

2079. Que faut-il ajouter à 182.596 cm³ pour avoir 2 ds. ?

2080. Que faut-il retrancher de 6 ds. pour avoir 425 dm³ ?

2081. Quel est le prix de 48 s., à 1 fr. 25 le décistère ?

2082. Quel est le prix de 18 das., à 13 fr. le stère ?

2083. Dire le prix de 36 doubles stères, à 145 fr. le décastère ?

2084. Si le demi-décastère coûte 85 fr., combien payera-t-on pour 17 doubles stères ?

2085. Si le double stère vaut 25 fr., combien vaut le demi-décastère ?

2086. Quel est le prix de 35 demi-décastères à 1 fr. 25 le décistère ?

2087. On demande le prix de 58 doubles ds, à 13 fr. 60 le stère.

2088. Quel est le prix de 52 m³ 64 dm³ de bois à 15 fr. le stère ?

2089. Quel est le prix de 15 s. à 1 fr. 60 le décistère ?

2090. Si 12 ds, coûtent 18 fr., quel est le prix de 5 stères ?

2091. Dire le prix de 8 doubles stères, à 125 fr. le décastère ?

2092. Lorsque le décastère coûte 118 fr., quel est le prix de 5 s. ?

2093. A 1 fr. 80 les 3 ds., combien coûtent 13 demi-stères ?

2094. Si le demi-stère coûte 7 fr.80, quel est le prix de 35 ds. ?

2095. Trouver le prix de 45 s., à 4 fr.50 les 9 décistères ?

2096. Quel est le prix de 32 demi-stères, à 120 fr. le décastère ?

2097. Quel est le prix de 7 doubles stères, à 1 fr.80 les 3 ds. ?

2098. Quel est le prix de 15 s. 6, à 9 fr.80 le demi-stère ?

2099. Dire le prix de 46 demi-das., à 2 fr.50 le double ds. ?

2100. Si le décistère vaut 1 fr.35, que valent 15 demi-stères ?

2101. Si le demi-stère coûte 5 fr.90, que valent 175 doubles ds. ?

2102. Lorsque le demi-décastère vaut 92 fr., quel est le prix de 280 demi-décistères?

2103. Lorsque le double stère vaut 25 fr. 80 quel est le prix de 85 doubles décistères?

2104. A 105 fr. le décastère, quel est le prix de 178 doubles stères?

2105. Quel est le prix de 52 demi-stères, à 10 fr. les 8 décistères?

2106. Lorsque 15 stères coûtent 195 fr., quel est le prix de 17 demi-décastères?

2107. Si 39 ds. coûtent 54 fr. 60, quel est le prix de 53 demi-stères?

2108. Dire le prix de 784 doubles stères à 52 fr. 50 les 35 ds?

2109. A 960 fr. les 8 das., dites le prix de 165 demi-stères?

2110. Que doit-on payer pour 156 demi-décastères à 35 fr. les 25 ds.?

2112. Lorsque le stère vaut 17 fr. 80, combien aurait-on de demi-décastères pour 3.500 fr.?

2113. Un char transporte 3 stères 4. Combien fera-t-il de voyages pour transporter 6 das. 46 ds.?

2114. Quelle est la valeur de 15 chars de bois contenant chacun 3 s. 6, à 135 fr. le décastère?

2115. Une pièce de bois ayant 895 décimètres cubes a coûté 71 fr. 60. Quel est le prix du décistère?

2116. Un homme qui devait 372 fr., a fourni 25 s. 5 de bois à 28 fr. 80 le double stère. Que lui reste-t-il à payer?

2117. Combien faut-il vendre de doubles stères de bois à 148 fr. le décastère pour payer une propriété de 55.944 fr.?

2118. Que doit-on payer pour 26 doubles stères à 1 fr. 75 le ds.?

2119. Combien coûtent 42 das. 5 à 12 fr. 80 le stère?

2120. Combien coûteraient 15 das. à 12 fr. 80 le mètre cube?

2121. Quand le décimètre cube de bois de construction vaut 0 fr. 075, combien vaut le décistère?

2122. Combien faut-il ajouter de décimètres cubes de bois à 3 ds. 7 pour obtenir un demi-stère?

2123. Lorsque le mètre cube de bois vaut 25 fr., quel est le prix de 35 décistères?

2124. Quel est le prix de 5 m³ 80 dm³ de bois de construction à 6 fr. 50 le décistère?

2125. Quelle quantité de bois y a-t-il dans 12 piles, si chacune en contient 35 s. 8 ds.?

2126. J'ai acheté 25 doubles stères de bois à 130 fr. le décastère. Combien dois-je payer?

2127. Un tas de bois contenait 87 das. 86 ds., on en a vendu 62 doubles stères à 1 fr. 25 le décistère. Combien reste-t-il de stères et combien a-t-on reçu?

2128. On veut partager 331 s. 5 ds. de bois entre 85 familles pauvres. Combien chacune recevra-t-elle?

2129. Dans un hameau de 26 feux, on a brûlé 39 das. 79 ds. Combien chaque feu a-t-il brûlé de décistères?

2130. Quel est le prix de 15 tombereaux de sable contenant chacun 1 m³ 75, si le mètre cube vaut 2 fr. 80?

2131. Quel est le volume d'un cube de 2 m. 65 de côté?

2132. Combien vaut un bloc de pierre cubique de 1 m.40 de côté à 28 fr. le mètre cube?

2133. Quel volume de terre doit-on enlever pour creuser une citerne cubique de 4 m. 80 de côté?

2134. Quel est le volume d'une caisse cubique dont le côté a 1m. 80?

1325. Quel est le volume d'un cube de bois de 2 m. 25 de côté?

2136. Deux bassins ont l'un 175 m³ 875656, l'autre 500 m³ 9787. Quelle est en centimètres cubes la différence de leurs volumes?

2137. Quel est le volume de 25 arbres de 2 m³75 chacun?

2138. Quel est en décimètres cubes le volume de 35 pierres de taille ayant chacune 475 dm³145?

2139. Deux chambres ont chacune 360 m³275, quel est le volume total de l'air qu'elles peuvent contenir?

2140. Le volume de 100 pièces de bois égales est de 125 m³ 754. Quel est le volume d'une seule?

2141. Le volume de 3 tas de pierres égaux est de 215 m³.76. Quelle est en décimètres cubes le volume d'un seul tas?

2142. A 3 fr.50 le mètre cube de sable, combien coûte le dm³?

2143. Lorsque le mètre cube de pierre est payé 63 fr. 25, quel est le prix d'un 10ᵉ de mètre cube, — d'un 10ᵉ de décimètre cube?

2144. Lorsques le décimètre cube de bois de chêne revient à 0 fr.12, quel est le prix du mètre cube?

2145. A 0 fr. 45 les 200 dm³ de gravier, combien vaut le mètre cube?

2146. Que coûteront 25 cm³ à 3.75 fr. le mètre cube?

2147. Quel est le volume d'un bloc de marbre de 0 m.80 de long sur 0 m. 50 de large et 0 m.40 d'épaisseur?

2148. Quel est le volume d'une caisse qui a 1 m. de long, 0 m. 50 de large et 0 m.25 d'épaisseur?

2149. Quel est le volume d'une pierre de taille de 2 m.55 de long, 1 m.50 de large et 0 m.25 d'épaisseur?

2150. Un réservoir a 12 m. de long, 8 m.65 de large et 2 m. 80 de profondeur. Combien peut-il contenir de mètres cubes d'eau?

VI

Mesures de masse ou de poids.

169. Les MESURES DE POIDS servent à peser les corps.

170. L'unité fondamentale des mesures de poids est le KILOGRAMME.

171. Le KILOGRAMME est *la masse* (1) *du prototype international sanctionné par la Conférence générale des Poids et Mesures, et déposé à Sèvres, près de Paris.*

172. Les *multiples* du kilogramme sont :

Le QUINTAL MÉTRIQUE, qui pèse 100 kilogrammes ;

La TONNE, qui pèse 1.000 kilogrammes.

---

(1) La *masse* d'un corps est la quantité de matière qu'il contient.

173. Les *sous-multiples* du kilogramme sont :
L'hectogramme qui est la 10e partie du kilogramme ;
Le décagramme   —   —   de l'hectogramme ;
Le *gramme*, ancienne unité principale ;
Le décigramme, qui est la 10e partie du gramme ;
Le centigramme   —   —   du décigramme ;
Le milligramme   —   —   du centigramme.

174. Le KILOGRAMME, appelé ordinairement KILO, est l'unité ordinaire du commerce en détail ; il n'a dans ce cas que deux sous-multiples : l'*hectogramme* et le *gramme*.

175. Le QUINTAL MÉTRIQUE est l'unité de poids du commerce en gros ; il a alors pour sous-multiple le kilogramme.

176. La TONNE sert à évaluer les gros transports de marchandises et en général les très gros poids.

177. Le myriagramme, qui pèse 10 k. n'est pas usité en France.

178. Les MESURES EFFECTIVES de poids sont en FONTE ou ne CUIVRE.

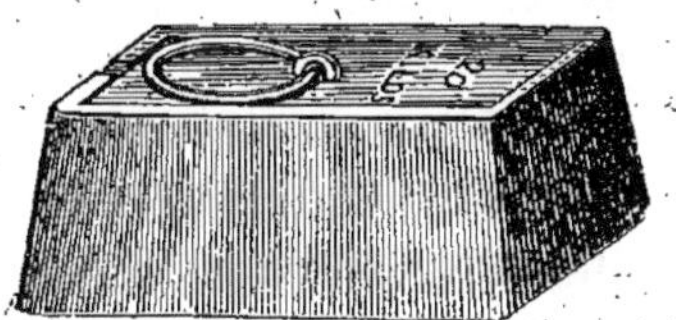
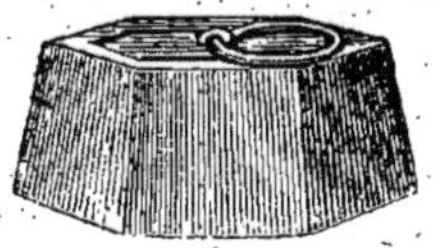

Poids en fonte.

Fig. 4 — 50 et 20 kilos.   *Fig. 5.* — 10 kilos et au-dessous.

179. Les poids en fonte sont les poids de 50, de 20, de 10, de 5, de 2, de ½ kg. ; de 2, de 1 et de ½ hg.

180. Les poids en cuivre sont de deux sortes :

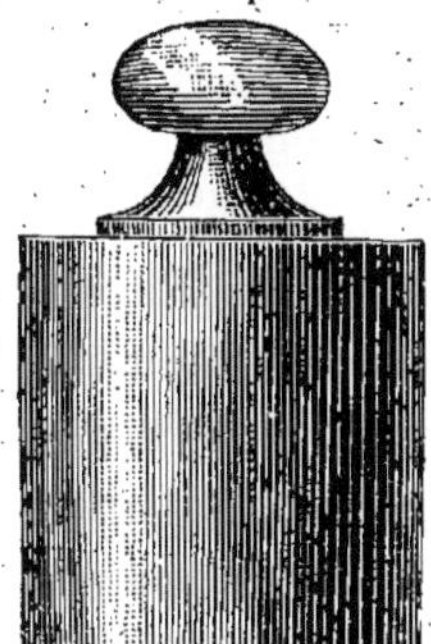

1° Les poids compris depuis 20 KILOGRAMMES jusqu'au GRAMME.

Ces poids ont la forme d'un cylindre surmonté d'un bouton.

Le diamètre du cylindre est égal à sa hauteur, et la hauteur du bouton est la moitié du diamètre.

2° Les poids d'un DEMIGRAMME et au-dessous.

Ces poids sont des lames carrées dont les angles sont enlevés.

Poids en cuivre

Fig. 6.   *Fig. 7.*
De 20 kilos au gramme. Du demi-gr. au mgr.

181. On appelle DENSITÉ d'un corps solide ou liquide le rapport du poids de ce corps au poids d'un *égal volume d'eau pure*.

EXEMPLE. Si 5 dm³ de fer pèsent 39 kg. la densité de ce fer est 39 : 5=7,8, parce que 5 dm³ d'eau pèsent 5 kg.

182. Le nombre par lequel on représente la densité d'un corps indique donc *combien de fois ce corps pèse plus que l'eau,* A VOLUME ÉGAL (1).

VII

Mesures de capacité.

183. Les MESURES DE CAPACITÉ servent à mesurer les LIQUI-DES, comme le vin, l'huile et les MATIÈRES SÈCHES, comme les grains, les farines.

184. L'unité des mesures de capacité est le LITRE.

185. Le litre est le volume d'un kilogramme d'eau à son maximum de densité sous la pression atmosphérique normale; il est à peu près égal au DÉCIMÈTRE CUBE.

186. Les *multiples* du litre sont :

Le DÉCALITRE, qui égale 10 litres ;

L'HECTOLITRE, qui égale 10 décalitres ou 100 litres ;

Le KILOLITRE,　　　— 10 hectolitres ou 1.000 litres.

187. Les sous-multiples du litre sont :

Le DÉCILITRE, qui est la 10e partie du litre

Le CENTILITRE, — 10e partie du décilitre.

Le MILLILITRE, — 10e partie du centilitre.

188. Les MESURES EFFECTIVES pour les liquides se divisent en trois classes :

1º L'HECTOLITRE et le DÉCALITRE, avec leur DOUBLE et leur MOITIÉ, pour le commerce en gros. Ces mesures sont en tôle ou en cuivre, et étamées à l'intérieur. Elles ont la forme d'un cylindre dont la profondeur égale le diamètre intérieur.

Le décalitre, le double décalitre, et le demi-décalitre ont deux anses latérales. Les trois autres mesures de cette série sont trop grandes pour être facilement transportées à la main et sont munies d'un robinet.

2º Les mesures depuis le DOUBLE LITRE jusqu'au CENTILI-TRE, inclusivement, pour le commerce en détail. Ces mesures sont en étain et ont la forme d'un cylindre dont la profondeur est double du diamètre intérieur.

------

(1) Les exercices sur les poids sont à la page 127.

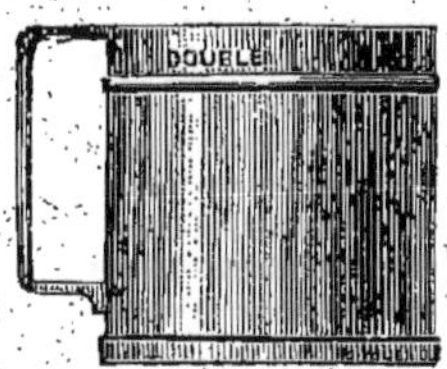

Fig. 8.
Mesure pour le lait.

Fig. 9.
Mesure en étain.

Fig. 10.
Mesure pour l'huile.

3° Enfin, une série de mesures depuis le DOUBLE LITRE jusqu'au CENTILITRE inclusivement, destinées pour le lait et pour l'huile. Ces mesures sont en fer-blanc et ont la même forme que les premières, avec une anse ou un crochet pour les saisir.

189. Les mesures EFFECTIVES pour les matières sèches sont : l'HECTOLITRE, le DÉCALITRE, le LITRE et le DÉCILITRE, avec leur DOUBLE et leur MOITIÉ. Elles sont ordinairement en bois de chêne ou de hêtre et ont une profondeur égale à leur diamètre intérieur.

Fig. 11. — Mesure en bois.

EXERCICES ORAUX ET PROBLÈMES
Sur les capacités.

2151. Quel est le multiple du litre qui égale 10 litres, — 100 litres, — 1.000 litres ?

2152. Quel est le sous-multiple du litre qui égale la 10e partie du litre, — la 100e partie du litre ?

2153. Quel est le sous-multiple du litre qui égale la 10e partie du décilitre, — la 100e partie du décilitre ?

2154. Quel est le multiple du litre qui égale la 10e partie de l'hectolitre, — la centième partie du kilolitre ?

2155. Réduire 78.564 litres en dal., — en hectolitres, — en kl.

2156. Dans 45 dal., combien de litres, — de décilitres, — de ml. ?

2157. Dans 8 hl., combien de litres, — de décalitres, — de cl. ?

2158. Dans 154 dal. combien y a-t-il d'hectolitres, — de décilitres ?

2159. Si le nombre 38.765,432 exprime des litres, que représente chacun des chiffres 4, 6 et 8 ?

2160. Dans le nombre 854.321.1.1769, que est le chiffre qui représente des centilitres, — des décalitres, — des kilolitres?

2161. Combien y a-t-il de litres dans 15 décimètres cubes d'eau?

2162. Combien d'hectolitres contiennent 12 mètres cubes d'eau?

2163. Combien de décalitres valent 80 décimètres cubes d'eau?

2164. Combien 60 hectolitres font-ils de mètres cubes?

2165. Combien 48 dal. font-ils de décimètres cubes?

2166. Si l'on prend l'hectolitre pour unité, que représentent les 4 premiers chiffres décimaux?

2167. Si l'on prend le décilitre pour unité, que représentent les 3 premiers chiffres décimaux?

2168. Dans un nombre écrit, le chiffre des centaines exprime des kilolitres. Quelle est l'unité choisie?

2169. Combien de litres contiendrait un vase d'un mètre cube?

2170. Combien 45 décimètres cubes valent-ils de litres?

2171. Combien y a-t-il de décilitres dans un vase de 340 cm³?

2172. Combien faut-il de litres pour remplir une capacité de 1.870 cm³,— de 2.356 dm³, — de 3 mètres cubes?

2173. Quel serait le volume de 5 kl. d'eau?

2174. Combien faut-il de décalitres pour avoir 100 dm³?

2175. Ecrire en litres et additionner les nombres suivants: 3 kl. 25 dl. —141 hl. 15 ml.; — 35 dal. 5 dl.; — 56 hl. 50.

2176. Quel est en litres le total des quantités suivantes : 135 litres, — 35 hl. 25 cl, — 88 dal. 17 dl., — 345 dl.?

2177. Quel est, en décalitres, le total des quantités suivantes : 13 dal. 5 dl. —156 litres, — 268.756 cl.?

2178. Quelle est, en décilitres, la différence de 137 lit. à 225 cl.?

2179. Quel est, en dal., la différence de 35 hl. 75 à 397 lit. 85?

2180. Si le litre vaut 0 fr.75, quel est le prix du décalitre?

2181. A 3 fr.50 le décalitre, quel est le prix du double litre, — du demi-litre?

2182. Si 25 fr.40 sont le prix du demi-hectolitre, quel est le prix du double décalitre, — du litre, — du double décilitre?

2183. Avec 150 fr., on a un double hectolitre de vin. Dites le prix du demi-décalitre, — du double litre?

2184. On paye 250 fr. le kilolitre de vin. Combien payerait-on le double hectolitre, — le double décalitre, — le double décilitre?

2185. Le double centilitre valant 0 fr.05, quel est le prix de 15 l.?

2186. Combien 35 mètres cubes d'eau font-ils d'hectolitres?

2187. Combien 450 décimètres cubes font-ils de décalitres?

2188. Combien 8 dl. valent-ils de centimètres cubes?

2189. Combien 1.850 cm³ d'eau valent-ils de décilitres?

2190. Combien 12 mètres cubes d'eau font-ils de doubles hl.?

2191. Combien 860 dm³. d'eau contiennent-ils de doubles dal?

2192. Combien 16 hl. contiennent-ils de doubles litres?

2193. Combien 18 doubles décalitres valent-ils de litres?

2194. Combien 12 demi-hectolitres valent-ils de décalitres?

2195. Combien 65 doubles litres font-ils de demi-décalitres?

2196. Combien y a-t-il de demi-litres dans 75 décilitres?

2197. Combien y a-t-il de doubles dal. dans 1.880 demi-litres?

2198. Combien y a-t-il de demi-hectolitres dans 95 décalitres?

2199. Combien 185 doubles litres contiennent-ils de décalitres?

2200. Combien 15 doubles hectolitres font-ils de demi-décalitres?

2201. Combien 42 demi-décalitres font-ils de doubles litres?

2202. Combien de litres dans 17 demi-hl. plus 25 doubles dal.?

2203. Combien y a-t-il de dal. dans 9 doubles hl., plus 50 doubles l.?

2204. Combien de décilitres dans 16 demi-dal. plus 35 demi-l.?

2205. Que manque-t-il à 185 doubles litres pour égaler 4 hl.?

2206. Que faut-il ajouter à 26 dal. pour avoir 3 hl. et demi?

2207. Combien reste-t-il de litres dans une cuve de 36 hl., après qu'on en a retiré 95 doubles décalitres?

2208. Combien faut-il retrancher de décalitres de 7 hl. pour avoir 280 doubles litres?

2209. De combien de litres 2 hl. et demi surpassent-ils 480 doubles décilitres?

2210. Quel est le nombre d'hectolitres de vin contenus dans 158 tonneaux contenant chacun 225 litres?

2211. Une cuve contient 35 hl.; si l'on en retire 287 dal., combien y estera-t-il de litres?

2212. Si de 915 hl. 25 litres, on retranche 8.786 dal., combien restera-t-il de litres?

2213. Si le double hectolitre de blé coûte 49 fr. 80, quel est le prix de 12 demi-hectolitres?

2214. Quel est le prix de 25 demi-litres à 40 fr. le décalitre?

2215. Combien faut-il de doubles décalitres pour remplir à-moitié une cuve de 3 mètres cubes et demi?

2216. Dites le prix de 35 litres de vin à 27 fr. le demi-hectolitre?

2217. Combien une bouteille de 9 dl. et demi contient-elle de verres de 2 cl. et demi?

2218. On a vidé 15 seaux d'un double décalitre dans un cuvier pour le remplir. Quelle est la contenance du cuvier?

2219. Si l'hectolitre de vin coûte 52 fr., que vaut le mètre cube?

2220. Combien faut-il de tonneaux de 260 litres pour recevoir le vin d'une cuve qui en contient 6 mètres cubes et demi?

2221. Quelle est en décimètres cubes, la capacité d'une bonbonne qui contient 65 demi-litres?

2222. Quelle est, en décalitres, la capacité d'un tonneau qui contient 270 décimètres cubes de vin?

2223. Combien un flacon de 15 cl. renferme-t-il de cm³?

2224. Combien faut-il ajouter de litres à 24 doubles décalitres pour avoir un demi-mètre cube?

2225. Si, de 176 hl. 8 litres on retranche 1.589 dal., combien reste-t-il de litres?

2226. Donner en dal. un nombre 75 fois plus grand que 176 litres?

2227. Dire en doubles litres un nombre 52 fois plus grand que 456 dal.

2228. Par quel nombre faut-il multiplier 85 dl. pour avoir 160 hl. 31.

2229. Quel est le nombre d'hectolitres de vin contenus dans 18 tonneaux de chacun 38 dal. et demi?

2230. Combien faut-il de seaux de 18 litres et demi pour remplir un tonneau de 5 hl. 18?

2231. Quel est le prix de 6 mètres cubes à 48 fr. le double hl.?

2232. Quel est le prix de 65 litres à 26 fr. l'hectolitre?

2233. Quel est le prix de 18 dal. à 0 fr.45 le litre?

2234. Quel est le prix de 84 hl. à 3 fr. 80 le décalitre?

2235. Dire le prix de 15 dal. à 42 fr. l'hectolitre?

2236. Combien coûtent 8 hl. à 0 fr. 35 le litre?

2337. Trouver le prix de 95 cl. à 6 fr. 80 le décalitre?

2238. Si le décalitre coûte 9 fr. 80, quel est le prix de 3 hectolitres?

2239. Lorsque le décilitre coûte 0 fr.25, dites le prix de 45 litres.

2240. Si 16 litres coûtent 10 fr., quel est le prix de 25 dal.?

2241. Lorsque le double décalitre vaut 7 fr. 60, quel est le prix du demi-hectolitre?

2242. Que coûte le double dal., lorsque le demi-hl. vaut 15 fr. 80?

2243. Si le double hl. vaut 46 fr.40, quel est le prix du demi-litre?

2244. Quel est le prix du double dl., si le demi-litre coûte 0 fr.45?

2245. Dire le prix du demi-dal., lorsque le double hl. coûte 58 fr.

2246. Quel est le prix du demi-litre à 0 fr. 45 le double décilitre?

2247. Si le double dal. coûte 4 fr.50, combien coûte le demi-litre?

2248. Si le litre de vin se vend 0 fr.45, combien coûtent 13 hl.?

2249. Si le double litre vaut 0 fr.85, quel est le prix de 25 hl.?

2250. Si le décalitre coûte 3 fr.80, combien vaut le demi-litre?

2251. Si le double dal. coûte 14 fr.60, que vaut le demi-hl.?

2252. Si 15 hl. de vin coûtent 780 fr., que valent 86 doubles litres?

2253. A 2 fr.25 les 5 litres, dites le prix de 7 demi-décalitres.

2254. A 68 fr. l'hectolitre, quel est le prix de 18 doubles litres?

2255. Combien 18 hl. d'olives donnent-ils de litres d'huile, si le décalitre d'olives en fournit 1 litre et demi?

2256. Une cuve contient 54 hl. de vin. Combien faut-il de tonneaux de 225 litres pour la soutirer?

2257. Si le double litre de vin coûte 0 fr. 70, combien vaut un tonneau de 2 hl. 75?

2258. Dans un champ de 3 ha. 8 ares, on a récolté 924 hl. de pommes de terre. Combien de décalitres a fournis un are?

2259. Quelle est la valeur de 8 sacs de pommes de terre contenant ensemble 38 dal. à 7 fr. 50 l'hectolitre?

2260. A 17 fr. l'hectolitre de blé, quel est le prix de 18 sacs contenant chacun 23 demi-décalitres?

2261. On a reçu 16.250 fr. pour la vente de 250 hl. de vin. A combien revient le litre?

2262. Lorsque le double hectolitre de vin coûte 96 fr. 80, combien valent 17 demi-décalitres?

2263. A 48 fr.60 le demi-hectolitre de vin, quel est le prix de 165 doubles litres?

2264. A 0 fr.35 le demi-litre, quel est le prix de 13 hl. et demi?

2265. A 0 fr.075 le décilitre, quel est le prix de 95 demi-dal.?

2266. Si 25 litres coûtent 16 fr.25, que coûtent 126 doubles dal.?

2267. Combien vaut un litre et demi de vin lorsque 35 décalitres coûtent 175 fr.?

2268. Quel est le prix de 2 hl. 25 de haricots, à 0 fr. 15 le demi-litre?

2269. Lorsque 2 décalitres et demi de pois valent 8 fr. 75, combien coûtent 7 hl. 8 litres?

2270. Quel est le prix de 25 dal. de blé à 12 fr. 80 le demi-hl.?

2271. Quel est le prix de 180 litres de vin à 48 fr. 60 l'hl.?

2272. Un litre de vinaigre coûte 0 fr. 60 ; quelle est la capacité d'une petite bouteille qui en contient pour 25 c.?

2273. Quel est le prix de 24 sacs de blé contenant chacun 1 hl. et demi, à 8 fr. 80 le demi-hectolitre?

2274. Lorsque l'hectolitre de blé coûte 21 fr.50, combien coûtent 15 sacs contenant chacun 0 hl.75?

2275. A 0 fr.50 le double litre de blé, quel serait le prix de 18 dal?

2276. Une fruitière achète un double décalitre de petits pois pour 4 fr.25. Combien doit-elle revendre le litre pour gagner 75 centimes sur le tout?

2277. Lorsque le litre de pétrole coûte 0 fr. 90, quel est le prix d'un hectolitre et demi?

2278. Quel est le prix de 68 sacs d'avoine contenant chacun 9 dal. et demi à 7 fr. le double décalitre?

EXERCICES ORAUX ET PROBLÈMES
Sur les mesures de masse ou de poids.

2279. Combien y a-t-il de grammes dans un décagramme, — un hectogramme, — un kilogramme?

2280. Dans un gramme combien y a-t-il de dg., — de cg.?

2281. Combien un Mg. vaut-il de kg., — d'hg., — de dag.?

2282. Combien un kg. vaut-il de dag., — de dg.?

2283. Combien un hg. vaut-il de dag., — de dg.?

2284. Combien faut-il de dg. pour avoir un dag., — un hg.?

2285. Combien faut-il de cg. pour avoir un g. — un dag.?

2286. Combien faut-il de mg. pour avoir un dg., — un dag.?

2287. Exprimer en hg. et en dg., la valeur de 26 dag.?

2288. Combien 27 doubles kilogrammes font-ils de décagrammes?

2289. Combien 1.950 cg. font-ils de demi-grammes?

2290. Combien le quintal métrique vaut-il de doubles kilogrammes?

2291. Combien y a-t-il de quintaux dans 1.250 doubles kg.?

2292. Combien la tonne vaut-elle de quintaux?

2293. Combien y a-t-il de demi-kilogrammes dans une demi-tonne?

2294. Combien y a-t-il de kilogrammes dans trois demi-tonnes?

2295. Combien 1.850 doubles kg. font-ils de quintaux?

2296. Combien 750 quintaux font-ils de tonnes?

2297. Un vase contient 150 kg. d'eau. Dites sa capacité en litres ?

2298. Combien 50 kg. valent-ils de dag., — de g., — de dg. ?

2299. Dans 54.624 g., combien y a-t-il de kg., — de dag. ?

2300. Quel est le nombre de g. et de dag. qui égale 25 kg. ?

2301. Qu'exprime chacun des chiffres du nombre 456 g.78 ?

2302. Qu'exprime chacun des chiffres du nombre 456 hg.78 ?

2303. Dans un nombre écrit le chiffre des unités représente des hg. Dites ce que représentent les deux chiffres à droite et à gauche ?

2304. Dans un nombre écrit, le chiffre des dixièmes représente des hectogrammes. Quelle est l'unité choisie ?

2305. Combien pèsent 15 doubles litres d'eau ?

2306. Quel est le poids de 2 hl. 8 dl. d'eau ?

2307. Combien 5 mètres cubes d'eau pèsent-ils de quintaux ?

2308. Quel est le poids du centimètre cube d'eau pure, — du dm^3 ?

2309. Quel est le poids du centilitre d'eau, — du litre, — du kl. ?

2310. Quel serait le poids de 8 l. d'eau, — de 4 dal., — de 5 hl. ?

2311. Quels seraient en décagrammes et en décimètres cubes le poids et le volume d'un double litre d'eau, — de 15 demi-hectolitres ?

2312. Combien faut-il de litres d'eau pour égaler un poids de 15 kg., — de 125 hg. ?

2313. Combien faut-il de décilitres d'eau pour égaler un poids de 3 hg., — de 125 dag. ?

2314. Exprimer en m. cubes et en litres un poids de 750 kg. d'eau.

2315. A 0 fr.35 le kilogramme, de pain, combien valent 25 kg. ?

2316. A 0 fr.55 le kilogramme de riz, combien coûteront 3 sacs de 160 kg. chacun ?

2317. A 0 f. 30 l'hg. d'huile, quel sera le prix de 165 kg. ?

2318. A 44 fr. les 100 kg. de haricots, combien valent 65 kg. ?

2319. Lorsque les 100 kg. de farine valent 42 fr. 50, quel est le prix de 13 sacs pesant ensemble 1.500 kg. ?

2320. Si 25 kg. de figues valent 19 fr., quel est le prix de 100 kg. ?

2321. Pour 20 fr. on a 45 kg. de haricots, combien en aura-t-on pour 100 fr. ?

2322. A 0 fr. 75 le kilo de lentilles, combien vaut l'hectogramme ?

2323. Pour 20 fr., on a 100 kg. d'orge. Quel sera le prix de 3 sacs pesant chacun 95 kilos. ?

2324. Si 15 kg. de pois valent 5 fr., combien en a-t-on pour 500 fr ?

2325. Un marchand achète 3.000 kg. de charbon qu'il paye 89 fr.; il les revend 96 fr. Quel est son bénéfice par 100 kg. ?

2326. Un boucher livre 160 kg. 30 de viande à raison de 1 fr. 20 le kilogramme. Combien lui est-il dû ?

2327. Un épicier gagne 0 fr. 03 par kilogramme de riz. Quel sera son bénéfice lorsqu'il en aura vendu 100 kg. ?

2328. Un voiturier transporte à raison de 4 fr. les 100 kg., 25 sacs de seigle pesant chacun 66 kg. Combien lui doit-on ?

2329. Un revendeur achète des noix qu'il paye 0 fr. 25 le demi-kilogramme ; il les revend 0 fr. 60 le kg. Combien en a-t-il vendu s'il a gagné 30 fr. ?

2330. Quel est le volume intérieur d'un cylindre qui contient 875 décigrammes d'eau?

2331. Quelle est, en centimètres cubes, la capacité d'un flacon qui contient 456 grammes d'eau?

2332. Quelle est en décalitres, la capacité d'un tonneau qui peut contenir 240 kg. d'eau?

2333. Une benne peut contenir 215 kg. d'eau. Quelle est sa capacité en décalitres et en décimètres cubes?

2334. Combien y a-t-il de décalitres dans un tonneau qui contient 3 quintaux 25 kg. d'eau?

2335. Quelle est, en hectolitres, la capacité d'une cuve qui contient 39 quintaux d'eau?

2336. Quelle est, en décilitres, la capacité d'une calebasse qui contient 40 doubles décagrammes d'eau?

2337. Combien 5 m³ 28 dm³ d'eau pèsent-ils de doubles hg.?

2338. Quel est le poids de 5 demi-hectolitres d'eau pure?

2339. Quel est, en doubles kilos, le poids de 18 demi-décalitres d'eau pure?

2340. Quel est le volume de 725 kg. 35 d'eau?

2341. Quelle est la capacité d'un vase qui contient 45 kg. 85 dag. d'eau?

2342. Combien faut-il de seaux contenant 18 kg. 65 dag. d'eau pour remplir un cuvier de 1.492 litres?

2433. Une cuve peut contenir 48 hl. Combien faut-il y verser d'arrosoirs contenant 15 kg. d'eau pour la remplir à moitié?

2344. Quel est le poids de l'eau qui remplit une cuve dont la capacité est de 36 hl. et demi?

2345. Dire en quintaux métriques le poids de l'eau qui remplit un bassin dont la capacité est de 15 m³ 68 dm³.

2346. Quel est le volume d'une pierre qui, plongée dans un seau plein d'eau, en fait sortir 18 hg.?

2347. Quel est le volume d'un boulet qui déplace 175 dag. d'eau?

2348. Quelle est la capacité d'une cruche qui contient 95 hg. d'eau?

2349. Quelle est la capacité d'un petit baril qui contient 126 doubles hectogrammes d'eau?

2350. Quelle est la capacité d'une carafe qui contient 12 hg. d'eau?

2351. Quelle est la capacité d'une jatte qui contient 25 dag. d'eau?

2352. Quel est le volume intérieur d'un arrosoir qui contient 11 doubles kilogrammes d'eau?

2353. Quelle est la capacité d'un tonneau qui contient 386 demi-kilogrammes d'eau?

2354. Un vase rempli d'eau pèse 45 kg. Quelle est sa capacité en décalitres si le vase vide pèse 6 kg. 8?

2355. Combien faut-il ajouter d'hectogrammes à 260 dag. pour avoir 85 hg.?

2356. Combien faut-il ajouter de décagrammes à 6 kg. 8 hg. pour avoir 7 kilos et demi.

2357. Combien faut-il retrancher d'hectogrammes de 25 kg. pour avoir 1.980 dag?

2358. Par quel nombre faut-il multiplier 640 dag. pour avoir 8 kg ?

2359. Par quel nombre faut-il diviser 7 kg. pour avoir 280 hg. ?

2360. A 2 fr. 50 le kilogramme, quel est le prix de 18 hg. ?

2361. Quel est le prix de 35 kg. à 0 fr.25 l'hectogramme ?

2362. Dire le prix de 525 gr. à 3 fr. 50 le kilogramme ?

2363. Si le kilogramme coûte 5 fr. 80, quel est le prix de 18 hg. ?

2364. Lorsque 12 hg. coûtent 4 fr. 20, quel est le prix de 48 dag. ?

2365. Si 25 dag. coûtent 2 fr., quel est le prix de 750 gr. ?

2366. Quel est le prix de 18 dag. 6 à 6 fr. 50 le kilogramme ?

2367. Quel est le prix de 68 hg. à 0 fr. 075 le décagramme ?

2368. Lorsque le kilogramme de café coûte 3 fr. 50, combien en aura-t-on d'hectogrammes pour 4 fr. 90 ?

2369. Lorsque le demi-kilogramme de beurre vaut 1 fr.50, combien en aura-t-on de kilogrammes pour 288 fr. ?

2370. Lorsque 125 gr. de soie coûtent 5 fr., combien en aura-t-on de kilogrammes pour 75.600 fr. ?

2371. Dire le prix de 8 hg. 50 de sucre à 1 fr.75 le kilogramme ?

2372. Quel est le prix de 3 kg. de savon à 0 fr. 15 l'hectogramme ?

2373. Si le demi-kilogramme de dragées coûte 3 fr.80, quel est le prix de 2 kg. 4 ?

2374. Un gigot de mouton coûte 5 fr.25. Quel en est le poids si le demi-kilogramme se paye 1 fr.05 ?

2375. Lorsque le demi-kilogramme coûte 43 fr. 60, quel est le prix du demi-décagramme ?

2376. Si le double hectogramme coûte 26 fr. 80, quel est le prix du demi-décagramme ?

2377. Dire le prix du demi-kilogramme à 0 fr.30 le gramme ?

2378. Dire le prix du double kg. à 2 fr.50 le demi-dag. ?

2379. Touver le prix du demi-hectogramme, lorsque le double gramme vaut 0 fr. 75.

2380. Lorsque le double décagramme coûte 16 fr., quel est le prix du demi-kilo ?

2381. Quel est le prix du double gramme à 5 fr.50 le demi-kg. ?

2382. Quel est le prix du demi-kilogramme de sucre si 4 kg. 850 coûtent 6 fr. 79 ?

2383. Dire le prix de 15 doubles kilogrammes de soie, si 3 hg. coûtent 13 fr.50 ?

2384. Si le demi-hectogramme de café coûte 0 fr. 25, quel est le prix du double kilo ?

2385. Quel est le prix de 15 demi-kilos de beurre à 2 fr.80 le kilo ?

2386. Lorsque le kilo de pain coûte 0 fr.45, quel est le prix d'un pain de 9 demi-kilos ?

2387. Quel est le prix d'un pain de 7 kg. 875 à 15 c. et demi le kilo ?

2388. Si le quintal de pommes de terre coûte 3 fr.50 quel est le prix de 180 kilos ?

2389. Combien vaut le demi-kilo de farine, lorsqu'un sac de 159 kilos se vend 56 fr. ?

2390. Lorsque le demi-kilo de beurre vaut 1 fr. 80, quel est le prix de 175 gr. ?

2391. Du thé acheté 8 fr.75 le kilo, est revendu 10 fr.45. Quel est le bénéfice sur 15 kg. ?

2392. Quelle quantité d'huile retirera-t-on de 45 kg. de noix épluchées, si 2 kg. de noix donnent 1 kg. 25 d'huile ?

2393. Quel est le prix de 9 pains de sucre de 8 kg. 75 chacun à 1 fr.40 le kilogramme ?

2394. Lorsque le quart d'un demi-kilo de graines se paye 0 fr.25, combien vaut le kilo ?

2395. Quel est le prix de 5 kg. 75 de viande à 0 fr.95 le demi-kilo ?

2396. Un épicier achète 185 kg. de café à 3 fr.40 le kilo. Combien gagne-t-il s'il revend le demi-kilo 1 fr.90 ?

2397. Il s'en faut de 25 g. qu'un pain de sucre pèse 6 kg. Combien vaut-il à 0 fr.85 le demi-kilo ?

2398. Quel poids de beurre faut-il donner pour 0 fr. 35 lorsque le demi-kilo vaut 1 fr.75 ?

2399. Un sac de farine pesant net 168 kg. coûte 63 fr. Quel est le prix d'un demi-kilo ?

2400. Quel est le prix de 18 dal. d'orge pesant 63 kg. l'hectolitre, à 22 fr. le quintal ?

2401. Quand le foin vaut 13 fr. le quintal, combien vaut une botte de 7 kilos ?

2402. Le litre d'eau de mer pèse 1.026 g. Quel est, en quintaux métriques, le poids de 870 m³ 95 dm³ d'eau de mer ?

2403. Quel est le prix de 185 bottes de foin de 8 kg. 75 chacune, à 7 fr.25 le quintal ?

2404. Un tonneau plein d'eau pèse 376 kg. 8 ; vide, il pèse 48 kg. 75. Quelle est la capacité de ce tonneau ?

2405. Pour 6 fr.25, on a 3 kg. de marchandise. Combien en aura-t-on de grammes pour 2 fr. 50 ?

2406. Deux kilos de café coûtent 5 fr.95 ; quel est le prix de 250 g. ?

2407. A combien revient le kilo de café à 2 fr.94 les 840 g. ?

2408. Trouver le prix de 15 hg. à 7 fr.80 le kilo ?

2409. Quel est le prix de 325 g. de beurre à 1 fr.25 le demi-kilo ?

2410. Lorsque 85 dag. coûtent 4 fr.08, quel est le prix de 6 hg. et demi ?

2411. Lorsque le pain vaut 45 c. le kilo, combien coûterait un pain de 3 kg. 75 ?

2412. Quand le quintal de fer vaut 75 fr., combien vaut une barre de fer pesant 4 kg. 2 ?

2413. La graine de colza se vendant 45 fr. le quintal, quel est le prix de 120 kg. de cette graine ?

2414. On achète 150 kilos de blé à 32 fr. le quintal et 45 kilos de seigle à 22 fr. le quintal. Combien doit-on ?

2415. Quel est le prix de 25 bottes de paille pesant chacune 5 kg. à 9 fr. 50 le quintal ?

2416. Un paquet pèse 15 kg. 25, et l'enveloppe pèse 618 g. Quel est le prix de la marchandise à 3 fr. 50 le kilo?

2417. Combien coûte un kilo de bougies, lorsque le paquet de 480 g. se paye 1 fr. 50?

2418. Quand le quintal de groseilles se vend 35 fr., combien vaut le demi-kilo?

2419. Un épicier a vendu 597 kg. de café pour 1.074 fr. 70. Combien aurait-il dû en vendre pour ne recevoir que 450 fr.?

2420. Combien coûtent 50 dag. de viande, lorsque 264 fr. sont le prix de 240 kg.?

2421. Lorsque le sucre se vend 1 fr.80 le kilo, le café 3 fr.20 et le chocolat 2 fr. 50, combien aura-t-on de kilos de chaque marchandise pour 510 fr. si l'on en veut autant de l'une que de l'autre?

2422. Un hectolitre de blé pèse 75 kg. Quel est le poids de 12 m³ 45 dm³ de ce blé?

2423. On a vendu 1.368 kg. de blé pour 342 fr. Quel est le prix d'un hectolitre de ce blé pesant 76 kg.?

2424. Un hectolitre de haricots pèse 76 kg. Combien coûteront 52 dal. à 0 fr. 50 le kilo?

2425. L'hectolitre de coke vaut 1 fr.80 et pèse 45 kg. Combien vaut le quintal?

2426. Un char de foin pèse 6.345 kg. et le char vide pèse 2.598 kg. Quelle est la valeur du foin à 3 fr. 50 le quintal?

2427. Quelle est la valeur de 160 bottes de paille de 12 kg, à 4 fr. 25 le quintal métrique?

2428. Combien coûtera le transport à une distance de 165 km. d'une caisse pesant 280 kg, si l'on paye 0 fr. 55 par tonne et par km.?

2429. Combien 235 kg. de blé donneront-ils de kilos de farine, si 20 kg. de blé donnent 145 kg. de farine?

2430. Lorsque le quintal de blé coûte 38 fr.75, quel doit être le prix du décalitre pesant 7 kg. 8?

2431. Tous les deux jours une famille consomme 2 kg. 75 de pain. Quelle est sa dépense annuelle à 19 c. et demi le demi-kilo?

2432. A 2 fr. 50 l'hectolitre de charbon de bois, combien vaut le quintal, si le sac de 25 dal. pèse 50 kg.?

2433. Pour éteindre 50 kg. de chaux grasse, il faut 150 litres d'eau. Combien faut-il de kilos d'eau pour éteindre 18 kg. de chaux?

2434. Si un hectolitre de haricots pèse 76 kg, combien coûtent 3 sacs pesant chacun 95 kg. à 30 fr. l'hectolitre?

2435. Un champ de betteraves est planté en lignes espacées de 0 m. 40 en tous sens. Que doit peser en moyenne chaque betterave pour qu'on récolte 30.000 kg. par ha.?

2436. A 34 c. 5 le kg, combien de kg. de pain aurait pu se procurer dans l'année un pauvre qui prise par jour pour 7 c. 5 de tabac?

2437. Dire le poids et le prix de 82 hl. 5 de charbon, à 28 fr. la tonne métrique, si l'hectolitre pèse 75 kg.?

2438. L'hectolitre d'avoine pèse 46 kg. 5. Quel est le prix de 15 dal. à 15 fr. le quintal métrique?

2439. Quel est le prix de 320 hl. de pommes de terre, à 5 fr. 80 les 100 kg., si le décalitre pèse 8 kg. ?

2440. Combien faut-il de quintaux de foin à 8 fr. le quintal pour payer 15 hl. de vin à 0 fr.45 le litre ?

2441. Le litre d'huile d'olive pèse 915 gr. Quel est le poids de 15 demi-hectolitres ?

2442. Un épicier a acheté 240 kg. de café à 1 fr. 80 le demi-kilo. Quel sera son bénéfice, s'il en retire 1.035 fr. ?

2443. Quel est le poids d'un bloc de granit de 2 m³ 85 dm³, la densité de ce granit étant 2,65 ? (*Arith.*, nᵒˢ 188 et 189.)

2444. Quel est le poids de 3 dm³ 150 cm³ de cuivre, dont la densité est de 8,95 ?

2445. La densité de l'huile d'olive est 0,915. Quel est le poids de 17 litres et demi de cette huile ?

2446. Un morceau de liège a pour dimensions 0 m.45, 0 m.25 et 0 m.18. Quel en est le poids, la densité du liège étant de 0,24 ?

2447. La densité du verre étant de 2,5 ; quel est le poids de 50 carreaux ayant chacun pour dimensions 0 m.38, 0 m.26 et 0 m.0028 ?

2448. Quel est le poids d'une table en marbre de 1 m.40 de long, 0 m.80 de large et 0m035 d'épaisseur, si la densité de ce marbre est 2,696 ?

2449. Quel est le poids d'un pavé cubique de 0 m.22 de côté, la densité de la pierre étant 2.41 ?

2450. Quel est le poids de 35 litres de lait, dont la densité est 1,03 ?

2451. Le dm³ de hêtre pèse 800 g. Quel est le poids d'une pièce de ce bois ayant 4 m.25 de long sur 0 m.30 et 0 m.35 d'équarrissage ?

VIII
Mesures monétaires

190. Les MESURES MONÉTAIRES servent à évaluer le PRIX des choses.

191. L'unité principale est le FRANC.

192. Le FRANC est une pièce d'ARGENT du poids de CINQ GRAMMES contenant 835 millièmes de son poids d'argent et 165 millièmes du cuivre.

193. Le mot *franc* ne se lie à aucun des mots *multiples ;* pour les sous-*multiples,* on dit : DÉCIME et CENTIME.

L'expression *décime* n'est pas employée dans le langage ordinaire ; on dit : *dix centimes.*

194. Les mesures EFFECTIVES ou pièces de monnaie sont en OR, en ARGENT, en BRONZE et en NICKEL.

195. Il y a QUATRE PIÈCES D'OR : celle de 100 fr., celle de 50 fr., celle de 20 fr. et celle de 10 fr.

196. Les pièces d'or contiennent 0,9 de leur poids d'or et 0,1 de cuivre.

197. Il y a QUATRE PIÈCES D'ARGENT : celle de 5 fr., celle de 2 fr., celle de 1 fr., et celle de 50 centimes.

198. La pièce de 5 fr. contient 0,9 de son poids d'argent et 0,1 de cuivre; les autres pièces d'argent, qui sont les divisionnaires de celles de 5 fr., renferment 0,835 de leur poids d'argent et 0,165 de cuivre..

199. Il y a QUATRE PIÈCES DE BRONZE OU CUIVRE : celle de 1 décime ou 10 centimes, celle de 5 centimes, celle de 2 centimes et celle de 1 centime.

200. Les pièces en bronze sont formées de 0,95 de leur poids de cuivre, 0,04 d'étain et 0,01 de zinc.

201. Le poids de toutes les pièces est réglé par la loi, d'après celui du franc et la valeur conventionnelle des métaux dont elles se composent.

L'or vaut, à poids égal, 15 fois et demie plus et le bronze vingt fois moins que l'argent. Un franc en or pèserait 5: 15,5 ou 0 g.32258, et un franc en bronze pèse 5×20 ou 100 grammes.

202. Le gramme d'or monnayé vaut $\dfrac{1 \times 15,5}{5}$ ou 3 fr. 10.

Le gramme d'argent monnayé vaut $\dfrac{1}{5}$ ou 0 fr. 20.

Le gramme de bronze vaut $\dfrac{0,20}{20}$ ou 0 fr. 01.

On a créé, depuis quelques années, une pièce de 25 centimes, en nickel pur, qui pèse 7 gr. et ressemble à la pièce de 1 fr. pour la grandeur.

Enfin, en 1912, on a mis à l'essai trois nouvelles pièces de nickel destinées à remplacer la pièce actuelle de 25 c. et les deux pièces de 10 et 5 c. en bronze. Ces nouvelles pièces sont percées au centre pour empêcher de les confondre avec celles d'argent.

Il y avait aussi une pièce de 5 fr. en or qui a encore cours, et une pièce de 20 c. en argent, que l'Etat a retirée de la circulation depuis longtemps.

EXERCICES ORAUX ET PROBLÈMES

2452. Quel nom donne-t-on à la dixième partie du franc, — à la centième partie?

2453. Nommer les pièces de monnaie qui sont en or.

2454. Combien y a-t-il de pièces en argent?

2455. Quelles sont les pièces en bronze?

2456. Combien faut-il de décimes pour avoir un franc ?

2457. Combien faut-il de centimes pour avoir un franc, — un décime?

2458. Pour un franc combien aurait-on de pièces de 10 centimes, — de 5 centimes, — de 2 centimes?

2459. Pour une pièce de 5 fr., combien aurait-on de pièces de 50 cent?

2460. Combien faudrait-il de pièces de 1 cent. pour payer 1 fr. 15?

2461. Combien 25 fr. valent-ils de centimes ?

2462. Combien 13 fr.65 valent-ils de centimes ?

2463. Combien 78 fr.50 valent-ils de pièces de 50 centimes ?

2464. Combien 3 fr.90 valent-ils de pièces de 5 centimes ?

2465. Combien 17 fr. 40 valent-ils de pièces de 10 centimes ?

2466. Combien faut-il de pièces de 2 centimes pour faire 7 fr. ?

2467. Combien y a-t-il de centimes dans 9 fr. et demi ?

2468. Quelle est la valeur de 175 pièces de 10 centimes ?

2469. Quelle est la valeur de 68 pièces de 5 centimes ?

2470. Quelle est la valeur de 167 pièces de 0 fr.50 ?

2471. Un sac contient 147 pièces de 10 cent., on en retire 12 fr.90. Combien y reste-t-il de pièces ?

2472. Quel est le poids de 65 pièces de 10 centimes ?

2473. Quel est le poids de 12 pièces de 20 fr. ?

2474. Dire le poids de 1.500 fr. en pièces de 5 fr. en argent ?

2475. Trouver le poids de 25 fr. en pièces de dix centimes ?

2476. Combien pèsent 1.000 fr. en pièces de 100 fr. ?

2477. Quel est le poids de 280 pièces de 2 fr. ?

2478. Quel est le poids de 15 fr. en bronze ?

2479. Quel est le poids de 250 pièces de 5 fr. en argent ?

2480. Quel est le poids de 3.000 fr. en or ?

2481. Quel est le poids de 1.890 fr. en pièces de 2 fr. ?

2482. Quel est le poids de 15.600 fr. en pièces de 10 fr. ?

2483. Une bourse contient 1.800 fr. en or ; quel est le poids de l'or et du cuivre contenus dans cette somme ?

2484. Cherchez le poids de 385 fr. en pièces de 50 centimes ?

2485. Combien pèsent ensemble 7.250 fr. en argent et 38.000 fr. en or ?

2486. A défaut de poids, quelle somme en argent pourrait-on employer pour peser 850 gr. de pain ?

2487. Quelle est la valeur d'une somme en bronze qui pèse autant que 2.859 fr. en argent ?

2488. Combien vaut un quintal de monnaie d'argent ?

2489. Combien vaut une tonne de monnaie de bronze ?

2490. Quelle est la valeur de 10 kg. de monnaie d'or ?

2491. Quel est le poids du cuivre de 25 pièces de 5 fr. en argent ?

2492. Quelle est la valeur de 15 kg. de pièces de 2 fr. ?

2493. Combien pèse l'argent de 180 pièces de 0 fr. 50 ?

2494. Quelle est la valeur d'un rouleau de pièces de 2 fr. pesant 128 dag. ?

2495. Un sac de pièces de 5 fr. en argent pèse 37 hg. Combien contient-il de pièces et quelle en est la valeur ?

2496. Quelle serait la charge d'une personne qui porterait 18.950 fr. en argent ?

2497. Quel est le poids de l'argent contenu dans 35 pièces de 0 fr.50 ?

2498. Quel est le poids du cuivre contenu dans 85 pièces de 2 fr. ?

2499. Trouver l'argent et le cuivre de 180 fr. en pièces de 5 fr. ?

2500. Combien y a-t-il d'argent dans 280 fr. en pièces de 0 fr. 50 ?

2501. Quelle somme en argent pèse autant que le cuivre contenu dans 6 kilos et demi de monnaie de bronze?

2502. Quelle somme en bronze pèse autant que 2 kg. 6 de monnaie d'or?

2503. Combien 25.000 fr. en or contiennent-ils de cuivre?

2504. Quel est le poids de 68.000 fr. en or?

2505. Quel est le poids de l'or contenu dans 4.000 fr.?

2506. Quelle somme en or pèse autant que 80 fr. en bronze?

2507. Quelle somme en bronze pèse autant que 21.700 fr. en or?

2508. Combien 1.580 pièces de 0 fr.50 contiennent-elles de cuivre?

2509. Combien faut-il de pièces de 2 fr. pour faire équilibre à 46 pièces de 5 fr. en argent?

2510. Quel volume d'eau pèserait-on avec 850 pièces de 5 fr. en argent?

2511. Combien pèse le cuivre contenu dans 180 fr. en or?

2512. Combien de pièces de de 2 fr. ferait-on avec un lingot d'argent au titre 0,835 pesant 6 kilos et demi?

2513. Dire la valeur de 12 kg. 8 dag. de pièces d'argent de 5 fr.?

2514. Je devais 400 fr., j'ai donné 1.890 g. de pièces d'argent. Que me reste-t-il à payer?

2515. Quelle somme en argent pèse 27 doubles hectogrammes?

2516. Quelle somme en bronze pèse 68 demi-kilogrammes?

2517. Quelle somme en or pèse 180 doubles décagrammes?

2518. Quel est le poids de 4 fr. 75 en bronze?

2519. Quel est le poids du cuivre contenu dans 13 fr. en bronze?

2520. Quel est le poids de l'étain contenu dans 2 fr. 80 en bronze?

2521. Dire le poids du zinc contenu dans 15 fr. en bronze.

2522. Combien ferait-on de pièces de 1 fr. avec un lingot d'argent pur pesant 7.890 gr. 75?

2523. Un lingot d'argent pur pèse 42 kg. 435 gr. Combien ferait-on de pièces de 5 fr. avec ce lingot?

2524. Quelle est la somme en pièces de 5 fr. en argent qui contient 942 gr. et demi de cuivre?

2525. Quelle est la somme en pièces de 50 centimes qui contient 5.600 gr.925 de cuivre?

2526. Quelle est la capacité d'un vase si l'eau qu'il peut contenir pèse autant que 240 fr. en argent et 38 fr. en bronze?

2527. Quelle somme en argent pèse autant que l'eau contenue dans un seau d'une capacité de 16 dm³?

2528. Quelle somme en argent pèse autant que l'eau contenue dans une bouteille d'une capacité de 785 cm³?

2529. Quelle somme en argent ou en bronze faut-il placer dans l'un des plateaux d'une balance pour peser 750 gr. de sucre?

2530. Je devais 865 fr., je donne en payement un sac d'argent pesant 4 kg. 250 sans le sac. Combien dois-je encore?

2531. Quel est le poids total de l'argent contenu dans 38 pièces de 5 fr., 87 pièces de 2 fr. et 150 pièces de 0 fr. 50?

2532. Un sac contient 8.560 fr., dont 6.000 fr. en or, 2.548 fr. en argent et le reste en bronze. Quel est le poids total de cette somme ?

2533. Une somme d'argent pèse 75 kg. 6 et contient un nombre égal de pièces de 5 fr., de 2 fr. et de 1 fr. On demande le nombre de pièces de chaque espèce et leur valeur totale.

2534. Combien faut-il de pièces de 5 fr. en argent pour faire équilibre à un vase contenant 5 litres et demi d'eau, si le vase vide pèse 86 dag. ?

2535. Quelle est la somme en or dont le poids égale celui de 5 demi-décalitres d'eau ?

2536. Quelle est la somme en bronze dont le poids égale celui de 15 doubles hectolitres d'eau ?

2537. Combien y a-t-il de pièces de 5 fr. en argent dans un sac qui en contient un poids de 7.875 gr. ?

2538. Pour payer 2 fr.60, combien faudrait-il de pièces de 10 c. ?

2539. Pour payer 13 fr. 30, combien faudrait-il de pièces de 5 c. ?

2540. Une dette de 25 fr. 50 a été payée en pièces de 50 centimes. Combien en a-t-il fallu ?

2541. On a acheté pour 35 fr. de drap que l'on a payé en pièces de 50 c. Combien en a-t-on donné ?

2542. Une personne emprunte 225 fr. en pièces de 5 fr. Combien en recevra-t-elle ?

2543. Un fermier paye sa ferme avec 100 pièces de 20 fr. Quel est le prix de cette ferme ?

2544. Les appointements d'un commis sont payés avec 50 pièces de 5 fr., 25 pièces de 10 fr. et 3 pièces de 100 fr. Quelle somme reçoit-il ?

2545. Quelle est la valeur de 25 pièces de 2 fr., plus 50 pièces de 5 fr. et 35 pièces de 50 c. ?

2546. Quelle somme payera-t-on, si l'on donne 30 pièces de 5 fr., 10 pièces de 20 fr., et 15 pièces de 50 c. ?

2547. Quel est le poids de 10 fr. en bronze, — en argent ?

2548. Quel est le poids de 10 fr. en or ?

2549. Quel est le poids de la pièce de 50 c. et de celle de 10 c. ?

2550. Quel est le poids de 50 pièces de 1 c, — de 1 décime ?

2551. Combien pèse la pièce de 20 fr. en or ?

2552. Quelle est la somme en argent dont le poids égale celui de 25 cl. d'eau ?

2553. Quelle est la somme en bronze, — en argent, — en or qui pèse autant qu'un litre d'eau pure ?

2554. Dans la pièce de 1 fr., quel est le poids de l'argent et celui du cuivre ?

2555. Quel est le poids de l'argent contenu dans 750 fr. en pièces de 5 fr. ?

2556. Quel est le poids de l'or contenu dans 2.500 fr. ?

2557. Quelle est la somme en argent qui renferme 4 hg. de cuivre ?

2558. Quel est le poids de l'argent contenu dans 750 pièces de 5 fr. ?

IX

Relations des mesures métriques.

203. Les mesures métriques ont entre elles des relations qui permettent d'en retrouver une quelconque au moyen d'une autre, ou de les employer l'une pour l'autre.

204. Ces relations peuvent se déduire facilement de la définition même de chaque mesure. Voici les principales : •

205. On obtiendrait le mètre en mettant en ligne droite :

1° 25 pièces de 20 fr. et 25 pièces de 10 fr.

2° 20 pièces de 2 fr. et 20 pièces de 1 fr.

3° 40 pièces de 5 c.ou 50 pièces de 2 c.

4° 20 pièces de 10 c. et 20 pièces de 2 c.

5° 25 pièces de 5 c. et 25 pièces de 1 c.

206. Le mètre carré égale un centiare.

Le décamètre carré égale un are.

L'hectomètre carré égale un hectare.

207. Le mètre cube égale un stère.

10 mètres cubes égalent un décastère.

100 décimètres cubes valent un décistère.

208. 1 dm^3 d'eau pure remplirait un litre et pèserait 1 kg., autant que 200 fr. en argent ou 10 fr. en bronze. D'où l'on a le tableau suivant :

RELATIONS ENTRE LES MESURES DE VOLUME ET LES MESURES DE CAPACITÉ, DE POIDS ET DE MONNAIE.

Un volume d'eau pure			autant qu'une somme	
de	remplirait	pèse	en argent de	en bronze de
1 mètre cube.	1 kilolitre.	1 tonne.	200.000 fr.	10.000 fr.
100 décimèt. cubes.	1 hectolitre.	1 quintal.	20.000	1.000
10 décimèt. cubes.	1 décalitre.	10 kilogrammes.	2.000	100
1 décimèt. cube.	1 litre.	1 kilogramme.	200	10
100 centimèt. cubes.	1 décilitre.	1 hectogramme.	20	1
10 centimèt. cubes.	1 centilitre.	1 décagramme.	2	0 fr. 10
1 centimèt. cube.	1 millilitre.	1 gramme.	0 fr. 20	0 fr. 01

209. Par ce qui précède, on voit : 1° qu'il est facile d'obtenir le mètre et les divers poids au moyen des pièces de monnaie ; 2° que le poids d'une somme peut faire connaître sa valeur et réciproquement ; 3° que si l'on connaît le nombre de litres qu'il y a dans une quantité d'eau, on peut en déterminer le volume et le poids, et réciproquement.

210. Le poids de l'eau ordinaire diffère un peu de celui de l'eau pure mais, dans la pratique, on peut négliger cette différence.

Mesures de temps.

211. On appelle *siècle* un espace de cent années.

L'*année civile* est de 365 jours, et de 366 jours dans les années *bissextiles*, qui ont lieu de 4 ans en 4 ans, excepté pour les années *centenaires*, qui ne sont bissextiles que tous les 400 ans : 100, 200, 300, 500, 600, 700, 900, 1000, 1100, 1300 n'ont pas été bissextiles : 400, 800, 1.200, etc., ont été bissextiles.

L'année se divise en 12 mois savoir :

Janvier, 31 jours.	Mai, 31 jours.	Septembre, 30 jours.
Février, 28 ou 29 jours.	Juin, 30 jours.	Octobre, 31 jours.
Mars, 31 jours,	Juillet, 31 jours.	Novembre, 30 jours.
Avril, 30 jours.	Août, 31 jours.	Décembre, 31 jours.

L'année se divise encore en 52 *semaines*.

La semaine se divise en 7 jours, savoir : lundi, mardi, mercredi, jeudi, vendredi samedi, et dimanche.

La semaine de travail ou semaine ouvrière est de six jours.

Le jour se divise en 24 *heures ;* l'heure en 60 *minutes ;* la minute en 60 *secondes*, et la seconde en 10es ou 100es.

EXERCICES ORAUX ET PROBLÈMES

2559. Dans 25 ca., combien y a-t-il de m^2, — de dm^2?

2560. Combien y a-t-il de mètres carrés dans 11 a, — dans 1 ha. 75?

2561. Dans 25 dam^2, combien y a-t-il d'ares, — de centiares?

2562. Dans 740 ha., combien y a-t-il de m^2, — de dm^2?

2563. A 2 fr. le mètre carré, quel est le prix de 25 ha?

2564. Si l'are vaut 360 fr., quel est le prix du décamètre carré?

2565. Une propriété de 85 ha. a été vendue à raison de 0 fr. 75 le mètre carré. Quel en est le prix?

2566. Un jardin de 8 a. 157, a été payé 5.860 fr. Quel est le prix du mètre carré, — du décamètre carré?

2567. Lorsque l'hectare vaut 8.500 fr., quel est le prix du dm^2?

2568. La superficie d'un clos rectangulaire est de 117 a.25 ; si l'on en double la longueur, quelle en sera la surface?

2569. Un champ d'un ha. a produit par are 13 dal. de pommes de terre que l'on vend 0 fr.75 le décalitre. Que vaut cette récolte?

2570. Un bois de 225 m. de long sur 195 de large a été vendu à raison de 1.500 fr. l'hectare. Quel en a été le prix? (*Arith.*, nᵒ 265.)

2571. Un ouvrier défriche 125 m^2 de terrain par jour. Combien de jours mettra-t-il pour défricher un champ de 3 ha. 175?

2572. Quel est le meilleur marché de 35 m^2 payés 7 fr., ou de 22 a. payés 500 fr.?

2573. Un ouvrier reçoit 74 fr. pour façonner 250 dam^2 de terrain ; un autre reçoit 810 fr. pour 27 ha. Quel est le moins payé et de combien par are?

2754. Un ouvrier a employé 20 heures pour travailler un are de terrain ; un second emploie 3 journées de 8 heures pour 144 m². Quel est le plus habile?

2575. Qu'est-ce que le mètre cube par rapport au stère?

2576. Qu'est-ce que le mètre cube par rapport au décistère?

2577. Combien faut-il de mètres cubes pour faire un décastère?

2578. Combien 30 das. valent-ils de m³, — de dm³?

2579. Quel est le prix du stère, à 7 fr. 80 le demi-mètre cube?

2580. Si 375 fr. sont le prix de 2 das., combien vaut le mètre cube?

2581. Lorsque 20 dm³ sont payés 0 fr. 25, quel est le prix de 3 s., — de 5 ds., — de 25 das.?

2582. A 0 fr. 15 le décimètre cube, combien vaut le double stère, — le stère, — le décistère?

2583. Qu'est-ce que le mètre cube par rapport au litre, — au décalitre, à l'hectolitre?

2584. Qu'est-ce que le décimètre cube par rapport au dal., — à l'hl.?

2585. Qu'est-ce que le décilitre par rapport au décimètre cube?

2586. Qu'est-ce que le cm³ par rapport au dl., — au cl.?

2587. Combien faut-il de décalitres pour égaler le mètre cube?

2588. Combien 3 m³ valent-ils d'hl., — de doubles décalitres?

2589. Quelle est la mesure de capacité qui égale le mètre cube?

2590. Quelle est la mesure de capacité qui égale la moitié du mètre cube, — 10 dm³, — 20 cm³?

2591. Quel est le volume du litre, — du décalitre, — de l'hectolitre?

2592. Quel est le volume du kilolitre, — du centilitre?

2593. Quel est le volume du double décalitre, — du double litre?

2594. Quel volume égale celui du demi-hectolitre, — du demi-dal.?

2595. Combien 754 demi-hl. valent-ils de décimètres cubes?

2596. Quel est le poids du décimètre cube d'eau, — du cm³?

2597. Quel est le volume d'eau qui pèse 10 gr. — 1 hg.?

2598. Quel est le volume d'eau qui pèse 25 dg., — 42 dag.?

2599. Quel est le poids d'un mètre cube d'eau?

2600. Quel est le poids d'un dal. d'eau, — d'un hl., — d'un kl.?

2601. Combien pèse 1 dl d'eau, 1 cl., — 1 ml.?

2602. Quel est le poids d'un double décalitre d'eau, — d'un demi-hectolitre, — d'un demi-litre?

2603. Quel serait le volume d'eau qui pèserait 1 hg., — 1 g., — 40 dag.?

2604. Le fond d'une citerne a 13 m³ 25. Quelle en est la hauteur si elle peut contenir 265 hl. d'eau? (*Arith.* n° 283.)

2605. Une fontaine verse 15 m³ d'eau par jour dans un bassin qui a 3 m. de haut, et 8 m. de long. Quelle est la largeur de ce bassin, s'il met 12 jours pour se remplir?

2606. Quelle somme en or, en argent et en bronze pèse autant que l'eau contenue dans un vase de 2 décimètres cubes?

2607. Combien y a-t-il de décalitres, — de décilitres, — d'hectolitres dans une cuve de 8 mètres cubes?

2608. Quel est, en m³ et en dm³, le volume de 7.875 litres?

2609. Combien le décamètre carré vaut-il d'ares? — de centiares?

2610. Combien le kilomètre carré vaut-il d'hectares?

2611. Combien faut-il de décalitres pour remplir un vase d'un mètre cube, — d'un dixième de mètre cube?

2612. Combien le litre contient-il de centimètres cubes?

2613. Combien le centilitre contient-il de millimètres cubes?

2614. Quel est, en mètres cubes, le volume de 15 das. 96?

2615. Quel est, en décimètres cubes et en mètres cubes, le total des volumes de 2 s. 8 et 45 das. 75?

2616. Quel est, en cm^3, le volume occupé par 75 das. 25?

2617. Quel est le poids d'une somme composée de 30 pièces de 50 c., et 30 pièces de 2 fr.?

2618. Sachant qu'à valeur égale, l'or pèse 15 fois et demie moins que l'argent, calculer le poids des pièces de 10 fr. et de 20 fr.

2619. Combien faut-il de pièces de 1 décime pour peser 560 g.?

2620. Quels sont, en hectogrammes et en mètres cubes, le poids et le volume de 25 demi-hectolitres d'eau?

2621. Quels sont, en kilogrammes et en mètres cubes, le poids et le volume de 155 hl. d'eau, — de 28.756 l.?

2622. Combien faut-il de dm^2 pour avoir un ca., — un are?

2623. Combien faut-il de cm^2 pour avoir un ca., — 2 ares?

2624. Le poids d'une somme en or égale celui de 25 dal. d'eau. Quelle est cette somme?

2625. Quelle est la somme en or, — en argent, — en bronze, dont le poids égale celui de 687 dl. d'eau?

2626. Quel est le nombre de décimètres cubes d'eau qui pèse 3 hg. — 25 kg., — 680 dag.?

2627. Quel est en décimètres cubes et en décilitres, la quantité d'eau qui pèse 56 kg.?

2628. Combien le myriamètre carré vaut-il de ca., — d'a., — d'ha.?

2629. Combien faut-il de centiares pour avoir 1 dam^2, — 1 m^2?

2630. Quelle somme d'argent pèse autant que 3 litres d'eau?

2631. Quelle somme en or et en argent pèse autant que 350 fr. en bronze?

2632. Combien faut-il de centilitres d'eau pour avoir un poids de 25 g., — de 35 dg., — de 2.680 cg.?

2633. Combien faut-il de mètres cubes d'eau pour avoir un poids de 135.000 kg., — de 88.200 hg.?

2634. Combien un are vaut-il de mètres carrés, — de dam. carrés?

2635. Combien l'hectare vaut-il d'hm. carrés, de mètres carrés?

2636. Déterminer combien un vase de 154 dm^3 contiendrait de décalitres, — d'hectolitres?

2637. Dire en m^3 et en dm^3, l'espace occupé par 745 hl.

2638. Quelle est la somme en or et en bronze qui pèse autant que 28.000 fr. en argent?

2639. Quelle est la somme en argent et en bronze qui pèse autant que 4.650 fr. en or?

2640. Déterminer la différence entre 46 m^3 et 3.578 dm^3.

2641. Quelle est, en décimètres cubes, la différence de volume entre 151 hl. 765 et 4.587 cm^3?

2642. On a 3 m³ d'eau. Combien a-t-on de litres, — d'hectolitres?

2643. Exprimer en mètres cubes l'espace occupé par 375.458 cl.

2644. Quel est le poids du cuivre contenu dans 12 fr.en pièces de 2 fr.

2645. Quel est le poids de l'or contenu dans une somme qui pèse 16.129 grammes?

2646. Combien y a-t-il de stères dans un tas de bois ayant 8 m. de long, 7 m. 50 de large et 4 m. 85 de haut. (*Arith.*, n° 283.)

2647. Exprimer en hectolitres et en kilogrammes, la quantité et le poids de l'eau contenue dans un réservoir de 4 m. 60 de long, 3 m.25 de large et 2 m. 15 de haut.

2648. Quelle serait la valeur du vin contenu dans un réservoir de 2 m. sur 1 m. 75 et 1 m.85, à 35 fr. l'hectolitre?

2649. On achète un pré de 3 ha, 78 pour 5.670 fr. A combien revient le mètre carré, — le décamètre carré?

2650. Combien y a-t-il d'ares et d'hectares dans une terre de 385 mètres de long sur 267 de large? (*Arith.* n° 265.)

2651. Combien le côté du décamètre carré est-il contenu de fois dans celui de l'hectomètre carré?

2652. Le côté d'une mesure de surface est contenu 100 fois dans le côté d'une autre mesure. Combien de fois la première mesure est-elle contenue dans la seconde?

2653. Combien le côté du décimètre cube est-il contenu de fois dans le côté du mètre cube?

2654. Si le côté d'un cube est dix fois plus grand que celui d'un autre, combien ce dernier cube sera-t-il contenu de fois dans le premier?

2655. On a un cube de 3 dm de côté et un autre de 9 dm. Combien ce dernier est-il de fois plus grand que le premier?

RÉCAPITULATION

2656. Additionnez 2 hecto. 4 unités, 10 déca. 3 unités, 3 hecto. 24 unités, 154 unités 25 centi., 144 déca. 123 centi.

2657. Additionnez 34 hecto. 15 unités 18 milli., 125 hecto. 144 déci. 15 milli., 196 hecto. 18 unités 135 milli.

2658. Quelle est en milli la différence de 3 déca. 186 à 45 unités 193?

2659. De combien 166 kilo.375 surpassent-ils 136 déca.?

2660. Dire en kilo le produit de 79 déca par 389 déci.

2661. Combien 15 déci multipliés par 19 centi valent-ils de milli.?

2662. On a fait le produit de 974 kil. 749 par 138 déci.. Combien a-t-on de centi.?

2663. A quel rang écrit-on les décimètres, — les mm., — les dam.?

2664. Quel est le multiple du mètre qui égale les dizaines de décamètres, — les dizaines d'hectomètres?

2665. Faire le total des nombres suivants réduits en kilomètres : 1.568.754 cm., 13.765 dm., 176 dam. et 3.678 cm.

2666. Additionner 25 dam. 34 doubles dam., 567 doubles dm., 569 demi-dam., et donnez le total en mètres.

2667. Combien y a-t-il de mètres dans la somme des nombres suivants : 174 dam., 36 doubles m., 741 doubles dm., 5.684 demi-dam.?

2668. La hauteur du pont du Gard est de 47 mètres. Exprimez cette hauteur en doubles décimètres.

2669. Le Rhône a 860 km. de cours. Exprimez cette longueur en hectomètres et en doubles mètres.

2670. Deux voyageurs séparés par une distance de 6.489 hm. vont à la rencontre l'un de l'autre et font l'un 56 km. et l'autre 47 km. par jour. Dans combien de jours se rencontreront-ils ?

2671. On paye 0 fr. 50 pour un décamètre de fil de fer. Que payera-t-on pour 3 m. 50, — pour 1 m. 125 ?

2672. Combien le mètre carré vaut-il de dixièmes de mètre carré, — de centièmes de mètre carré, — de millièmes de mètre carré ?

2673. Combien le dixième du mètre carré vaut-il de cm² ?

2674. Quelle est la millième partie de l'hm², — du Mm² ?

2675. On a deux jardins, l'un de 325 m², l'autre de 425 m² 257. Quelle est en dam² et en dm² leur superficie totale ?

2676. Quelle est en centimètres carrés, la superficie totale de 2 feuilles de verre qui ont l'une 0 m² 39 et l'autre 0 m² 453 ?

2677. La peinture des 4 murs d'une salle a coûté 741 fr. Dites le prix du mètre carré, si la surface totale est de 190 m².

2678. Trois tables de marbre, ayant chacune 1 m² 25, ont coûté 135 fr. Quel est le prix du mètre carré, — du décimètre carré ?

2679. On achète deux pièces de drap ayant l'une 20 m. de long sur 0 m.80 de large, et l'autre 15 m. sur 1 m. 20. Combien coûtent-elles si on les paye 13 fr. le mètre carré ? (*Arith.*, n° 265.)

2680. La tapisserie d'un appartement s'est vendue 1 fr. 25 le mètre carré. Pour quelle somme en a-t-il fallu si les 4 murs ont ensemble 33 m. de long sur 3 m. 22 de haut ?

2681. Une classe carrée, ayant 6 m. 50 de côté et 4 m.25 de haut. a été badigeonnée à raison de 0 fr.55 le mètre carré. Combien a-t-on payé ? (*Arith.* n° 282.)

2682. Donner, en mètres carrés, la différence de 25 km² à 25 ha.

2683. Quelle est, en hectares, la différence entre 139 hm² 4 dam² et 13 km² 8 dam² 7 m² ?

2684. A 330 fr. l'are, quel est le prix de l'hectare, — du centiare ?

2685. A raison de 1 fr. 50 le centiare, quel est le prix d'un domaine de 268 m. de long sur 146 de large ? (*Arith.*, n° 265).

2686. Les murs extérieurs d'une maison qui a 15 m. de long, 8 de large et 11 de haut, ont été crépis à raison de 0 fr. 49 le mètre carré. Dites le prix de ce travail. (*Arith.*, n° 82).

2687. Quelle est, en ares, la surface qui est 1.000 fois plus petite que 256 ha, — que 149 km² ?

2688. Quelle est, en centiares, la surface qui est 10 fois plus grande que 35 ares, — que 28 dam² ?

2689. Pour avoir un dixième de mètre cube, combien faut-il de centièmes de mètre cube, — de décimètres cubes ?

2690. Combien faut-il de décimètres cubes, — de centimètres cubes, — de millimètres cubes pour avoir un centième de mètre cube ?

2691. A 0 fr. 60 le dixième du m³, quel est le prix de 754 cm³ ?

2692. A 10 fr. 55 les 8 m., quel est le prix de 156 cm. ?

2693. Une chambre a 7 m. de long, 6 m.25 de large et 3 m.10 de haut. Quel en est le volume ?

2694. Un madrier a 12 m. de long, 0 m.37 de large et 0 m. 15 d'épaisseur. Quel en serait le prix à 95 fr. le mètre cube ?

2695. On a 5 tas de bois ayant chacun 15 m. de long., 5 de large et 2 m.15 de haut. Combien ont-ils ensemble de mètres cubes, de das, et quel serait le prix à 16 fr. le stère ? (*Arith.*, n° 283.)

2696. Quel est le prix d'un tas de bois ayant 8 m. 50 sur 5 m.30 et 3 m. 75 à 34 fr. le double stère ?

2697. Le demi-litre étant vendu 0 fr. 10, quel sera le prix du demi-décalitre, — du demi-hectolitre ?

2698. Si le décilitre de vin vaut 0 fr.25, que vaut le vin qui remplit un vase d'un mètre cube, — d'un dixième de mètre cube ?

2699. Un réservoir contient 560 m³ 786 d'eau, on en prend 387 kl.; on demande : 1° le poids de l'eau contenue d'abord dans le réservoir ; 2° le poids et le volume de celle qui reste ?

2700. Combien y a-t-il d'années dans 22.680 mois ?

2701. Un vase plein d'eau pèse 35 kg.; le poids du vase seul étant de 8 kg. 25, on demande le poids de l'eau et la contenance du vase.

2702. Un revendeur gagne 10 centimes par franc sur une marchandise qu'il vend 1 fr. les 6 kg. Combien devra-t-il vendre de kilogrammes pour faire un bénéfice de 30 fr. ?

2703. Quelle est la somme renfermée dans un sac qui contient 135 pièces de 5 centimes, 70 pièces de 1 décime, 360 pièces de 50 centimes, 787 pièces de 1 fr. et 170 pièces de 2 fr. ?

2704. Quel est, en décimes, le total des sommes suivantes : 35 centimes, 11 fr. 25 et 140 fr. 15 ?

2705. Quel est, en centimes, le total des sommes suivantes : 1 fr. 2, 144 décimes, 25 fr. 75 et 2 fr. 35 ?

2706. Si de 3 fr. on retranche 5 décimes, combien reste-t-il de centimes ?

2707. Quelle est la somme en argent, — en or, — en bronze qui pèserait un gramme ?

2708. Quelle est la somme en argent, — en or, — en bronze qui pèse un kilogramme ?

2709. Quel est le poids de 2.860 fr. en argent, — en or ?

2710. On paye une dette de 50 fr. moitié en pièces d'or et moitié en pièces d'argent. Quel est le poids de chaque partie ?

2711. De quel poids est chargé celui qui porte 5.788 fr. en argent et 250 fr. en bronze ?

2712. Une somme en or pèse autant que 25 dm³ d'eau. Quel est le poids de l'or qu'elle contient ?

2713. Un vase rectangulaire a 36 dm² de base, 0 m.25 de haut. Quel est le poids de l'eau qu'il peut contenir ?

2714. Quelle est la distance du pôle à l'équateur ?

2715. Dites, en décamètres et en hm., la longueur du méridien ?

2716. La lieue géographique est de 4.444 m. 444. Combien est-elle contenue de fois dans le tour de la terre ?

2717. La lieue marine est de 5.555 m.555. Combien est-elle contenue de fois dans le tour de la terre?

2718. Quel est le prix de 25 pièces de vin contenant chacune 240 litres, à 47 fr. l'hectolitre?

2719. Quel est le poids de 2 hl. 25 d'eau?

2720. En France, l'impôt sur la poudre rapporte environ 8 millions de francs. Quel est le poids de cette somme en or?

2721. Combien y a-t-il de jours dans 13.608 heures?

2722. Sur une pièce de drap de 25 m., on a vendu d'abord 6 m. 15, puis 8 m.25. Combien en reste-t-il à vendre?

2723. Calculez le poids de 45 fr. en bronze?

2724. En 1817, il est mort en France 982.215 personnes. Combien en est-il mort par jour?

2725. Pour ensemencer un hectare de terrain, il faut 10 doubles dal. de blé. Combien en faut-il par are?, — par centiare?

2726. On coupe en deux endroits une corde de 25 m.; l'un des morceaux a 8 m. de long et un autre 7 m.05. Quelle est la longueur du troisième?

2727. Deux planches, l'une de 4 m.20 et l'autre de 3 m.15,ont été clouées bout à bout, en les faisant croiser de 0 m.40. Quelle longueur ont-elles ainsi réunies?

2728. Quelle est la capacité d'un tiroir qui a 0 m.35 de long, 0 m.25 de large et 0 m.42 de profondeur?

2729. Combien faudrait-il de planches de 3 m.45 de long sur 0 m.30 de large pour planchéier un appartement de 15 m. de long sur 7 m.50 de large?

2730. Quel est le poids d'un sac qui pèse 25 dag. quand il est vide et qui reçoit 268 fr. en argent?

2731. Quelle doit être la surface d'un tapis qu'on veut mettre dans une chambre de 6 m. de long sur 4 m.85 de large?

2732. Quel est le prix de 2 tapis de 1 m.25 à 6 fr.50 le demi-mètre?

2733. Quel est le prix d'une feuille de carton ayant 1 m.25 de long sur 0 m.90 de large, à 1 fr.25 le mètre carré?

2734. Avec un litre d'encre, combien pourra-t-on remplir de fois 5 encriers de chacun 20 cm^3?

2735. Une maison d'éducation comptant 145 personnes, paye le pain 0 fr. 35 le kilo. Pour combien lui en faut-il par an, si, en moyenne, chaque personne consomme 720 g. par jour?

2736. La façon d'une pièce de ruban de 25 m. est payée 0 fr.75 le mètre. Que gagne l'ouvrier qui en fait 5 m. par jour?

2737. Quel est le prix d'une feuille de verre de 0 m.55 de long sur 0 m.40 de large, à 2 fr. 50 le mètre carré?

2738. Un épicier reçoit 240 kg. de café à 1 fr. 80 le demi-kilo. Combien gagnera-t-il s'il revend ce café 810 fr.30?

2739. Calculez le volume de 36 kg. de liège, sachant qu'à volume égal, le liège pèse les 0,24 du poids de l'eau?

2740. Quel est le prix de 8 balles de coton pesant chacune 125 kg. à 3 fr. 20 le kilogramme?

2741. Combien faudrait-il de carreaux de 0 m 15 de côté pour carreler un appartement de 8 m 25 sur 6 m 17?

2742. Combien y a-t-il d'heures dans 186 jours?

2743. Un bassin de 360 m³ a été rempli en 6 heures. Combien a-t-il reçu d'hectolitres par minute?

2744. Quel bénéfice ferait-on sur une emplette de 758 l. d'huile payée 11 fr. le décalitre, si on la revendait 1 fr. 20 le litre?

2745. On a échangé une vigne ayant 120 m. de long sur 64 m. de large contre une autre qui est carrée et a 80 m. de côté. Dire la perte ou le bénéfice, si la 1re est estimée 96 fr. l'are et la seconde 84 fr.?

2746. Combien faudrait-il ajouter de cuivre à 15 kg. 3 d'argent, pour avoir de l'argent au titre de la monnaie?

2747. Louis porte 5 kg. de monnaie d'or ; Emile, 5 kg. de monnaie d'argent, et Henri 5 kg. de monnaie de bronze. Trouvez **combien** chacun porte de francs.

2748. Une propriété composée d'un pré de 420 a., d'une vigne de 64 a., d'un jardin de 8 a. 70 ca., a été vendue 1 fr. 50 le centiare. Quel en est le prix?

2749. On a 3 bassins qui contiennent chacun 520 m³ d'eau. Si on les vide chaque mois, dites combien ils ont contenu d'hectolitres dans un an.

2750. Un voyageur a fait 125 km. et il lui en reste à faire 1.228. Quelle sera sa dépense à 0 fr.25 par kilomètre?

2751. Quel temps faudrait-il pour faire le tour de la terre, à celui qui ferait régulièrement 100 m. par minute?

2752. Un cheval a consommé 2.000 kg. de foin, 1.200 kg. de paille et 23 hl. d'avoine. A 8 fr. les 100 kilos de foin, 5 fr. 25 les 100 kilos de paille et 0 fr. 60 le dal. d'avoine, combien a-t-il dépensé?

2753. Un employé porte une somme d'argent pesant 35 kg. 50. Combien porte-t-il de francs?

2754. Exprimer en ares et en mètres carrés la superficie d'un carré de 250 m. de côté?

2755. Un tableau a 2 m.70 de long et 1 m.25 de large. Quelle en est la surface?

2756. Un service placé dans l'un des plateaux d'une balance, donne un poids égal à celui de 14 pièces de 5 fr. en argent et 9 pièces de 1 c. Quel en est le poids?

2757. Un tonneau plein de vin pèse 180 kg.; vide, il pèse 35 kg. 25. Quel est le poids du vin qu'il contient?

2758. Une vigne rapporte 960 kg. de raisins qu'on vend 3 fr. 25. Quelle est la valeur de la récolte?

2759. Une vigne de 25 m. de long et 21 m. de large, rapporte par mètre carré 3 kg. de raisins qu'on vend 0 fr. 15 le kilogramme. Calculez la valeur de la récolte de cette vigne?

2760. On paye un tonneau d'eau-de-vie avec 5 pièces de 10 fr., 15 pièces de 1 fr., 70 pièces de 10 c. et 4 pièces de 20 fr. Quel est le prix de cette eau-de-vie?

2761. Combien y a-t-il de semaines dans 13.223 jours?

2762. On vend 38 m. de drap avec un bénéfice de 9 fr.50. Le prix de vente étant de 15 fr.35 le mètre, quel est le prix d'achat?

2763. Si 15 das. valent 840 fr., quel est le prix du stère?

2764. En vendant 360 fr., 36 quintaux métriques de foin, on a gagné 45 fr. Combien a-t-on gagné par kilogramme?

2765. Quel est le poids du cuivre contenu dans 4.340 f. en pièces de 10 f.?

2766. Combien 25 doubles dal. valent-ils de demi-litres?

2767. Lorsque 3.250 fr. sont le prix de 50 das., quel est le prix du double stère?

2768. A 50 fr. le dam², quel est le prix de 175 ha. 15 ares?

2769. Dire en centimètres cubes la capacité d'un vase de 7 lit. 25?

2770. Un train faisant 6 hm. par minute, part de Paris à 7 heures 5 minutes. A quelle heure arrive-t-il à Orléans, qui est éloigné de 121 km. de Paris?

2771. Une fontaine donne 3 doubles dal. par minute. Quel temps mettra-t-elle pour remplir un bassin cubique qui a 3 m. en tous sens?

2772. Un domaine de 903 ares a coûté 80.000 fr., pour l'améliorer on a dépensé 0 fr.03 par mètre carré. Combien devra-t-on le vendre pour ne rien perdre?

2773. Une vigne de 3 ha. 5 ares 18 ca. a produit 65 pièces de vin qu'on a vendues 4.900 fr. Combien cette vigne a-t-elle rapporté par are?

2774. Un apprenti reçoit de son patron 5 centimes par mètre d'ouvrage. Combien a-t-il fait de mètres s'il a reçu 13 fr.?

2775. On a payé 1.235 fr. pour 350 doubles dal. de blé. Combien devra-t-on revendre ce blé pour gagner 2 c. par litre?

2776. A combien revient le stère de bois, lorsqu'un tas de 8 m. de long, 3 m. de large et 3 m. de haut se vend 459 fr.?

2777. Calculez la différence d'une somme en argent qui pèse 5 hg. à une somme en bronze de même poids?

2778. Lorsqu'on parcourt 3 hm. en 4 minutes, quel temps faut-il pour faire 300 hm.?

2779. Un terrain de 15 a. 25 ca. a été divisé en 3 parts : l'une a 545 m² et les deux autres sont égales. Quelle est la superficie de chacune de ces dernières?

2780. On a payé 8 fr.40 pour 240 m. de fil de fer. Si on le revend 0 fr.38 le décamètre, quel sera le bénéfice?

2781. Sur 3 dal. on gagne 1 fr.50, quel gain ferait-on sur 23 m³?

2782. Combien y a-t-il de mois dans 75 ans et demi?

2783. Quel est le poids du cuivre contenu dans 1.000.000 fr. en or, — en argent?

2784. Quelle est la somme en or dont le poids est égal à celui de 25 litres d'eau?

2785. Quelle est la somme en argent qui pèse autant que 780 fr. en bronze?

2786. Quelle est, en ares, la superficie d'une vigne de 130 m. de long et 109 de large?

2787. Deux chevaux portent ensemble 9 quintaux métriques ; la différence de leurs charges étant de 75 kg., dites ce qu'ils portent chacun.

2788. Deux trains de marchandises partent ensemble d'une ville, le premier fait 35 km. à l'heure, et le second 44. Dites le total des kilomètres qu'ils auront parcourus après 6 heures de marche ?

2789. Combien y a-t-il d'années dans 490.560 heures ?

2790. Une vigne a rapporté pour 325 fr. de raisins qu'on a vendus 17 fr. 50 les 100 kg. Combien en a-t-on récolté de kilos ?

2791. Une bourse contient 25 pièces de 5 fr. en argent et 32 pièces de 2 fr. Calculer le poids et la valeur de cette somme.

2792. On a récolté dans une vigne de 784 a. 25 ca, 89 pièces de vin de 220 litres chacune. Combien a-t-elle rapporté de dl. par ca. ?

2793. Un voyageur a fait 208 km. en 8 jours. Combien a-t-il fait de mètres par jour ?

2794. Trois ouvriers travaillent ensemble ; en une heure, le premier fait 3 m.25 d'ouvrage ; le deuxième 4 m. 13, et le troisième, 4 m. 25. Après dix heures, combien auront-ils fait de dam. en tout ?

2795. Un menuisier fait 5 portes ayant chacune 2 m. 15 de haut et 1 m. 05 de large, à raison de 5 fr.50 le m². Combien recevra-t-il ?

2796. Un menuisier fait 36 volets de 1 m.90 de haut sur 0 m. 50 de large. A combien se monte ce travail s'il est payé 3 fr. 85 le m² ?

2797. Quel est le prix des plinthes d'une chambre de 7 m.15 de long sur 5 m. de large, à raison de 0 fr.50 le mètre ?

2798. Un fourneau consume 525 dm³ de charbon par jour, un second en consume 485 dm³. Quelle sera la quantité consumée dans un an par les deux fourneaux ?

2799. Il a fallu 56 journées pour défricher un champ de 2 ha. 8 a. Combien a-t-on défriché de m² par jour ?

2800. Dix-huit ouvriers ont mis 6 jours pour faucher un pré de 32 ha. 40 ares. A 3 fr. 25 la journée, combien les a-t-on payés ?

2801. A 0 fr.25 le dm³, quel est le prix d'un bloc de marbre ayant 1 m.35 de long et 0 m. 25 sur les deux autres dimensions ? (*Arith.* n° 279.)

2802. Huit hommes en 13 journées de 9 heures, ont bêché un terrain de 26 a. Combien un seul homme a-t-il bêché de m² ?

2803. Un lingot d'or, au titre de la monnaie, pèse 2 hg. 745. Quelle est la quantité d'or pur qu'il contient ?

2804. Un lingot, au titre de la monnaie divisionnaire, contient 45 hg. d'argent. Quel est le poids du cuivre ?

2805. Un lingot d'argent, au titre de la pièce de 5 fr., contient 2 hg. 25 de cuivre. Quel est le poids de l'argent seul ?

2806. A 0 fr.25 le mètre carré, que payera-t-on pour 35 a. 25 ?

2807. Un bloc de pierre en forme de prisme a 3 m³ 15 ; sa hauteur est de 1 m. 40. Trouvez la surface de sa base ?

2808. Un bloc de pierre en forme de prisme a 2 m² 15 de base et un volume de 1 m³ 376. Quelle est sa hauteur ?

2809. Une cantinière vend 0 fr. 10 le verre d'eau-de-vie, dont la contenance est de 4 cl. Si le prix du litre est de 1 fr.50, quel est son bénéfice par décalitre ?

2810. Un courrier met 4 minutes pour faire 1 km. Quel temps lui faudra-t-il pour en faire 125 ?

2811. Un tonneau contenant 215 litres de vin, coûte 62 fr. d'achat, 4 fr. de port et 6 fr. 70 de droits. Combien faudra-t-il vendre le litre pour gagner 9 fr. ?

2812. Quelle est la longueur d'une prairie rectangulaire dont la largeur est de 150 m. et la superficie de 2 ha, 35 a. 17 ca ?

2813. Quel est le nombre de décilitres dont le poids est égal à celui de 100.000 fr. en argent ?

2814. Les chevaux et les voitures de luxe payent 2.700.000 fr. d'impôt au gouvernement. Combien faudrait-il d'hommes pour porter cette somme, supposée en argent, si chacun était chargé de 75 kg. ?

2815. La toise égale 1 m.949. Quelle est en mètres la longueur d'un fossé de 25 toises ?

2816. Le pied égale 0 m.3248. Quelle est en pieds la longueur de 738 m.92 ?

2817. On a badigeonné d'un côté un mur de 35 m. sur 2 m. 15, à raison de 0 fr.20 le m². Quel est le prix de ce travail ?

2818. Quelle largeur doit avoir un tableau qui aura 1 m. 30 de long et 0 m² 91 de superficie ?

2819. Un tableau, payé 0 fr.08 le décimètre carré, a coûté 3 fr.30. Quelle en est la surface ?

2820. Un mur de 50 m.25 de long, 2 m. 20 de haut et 0 m.40 d'épaisseur, a été payé 11 fr.80 le mètre cube. Quel en est le prix ?

2821. Un ouvrier creuse une citerne qui doit avoir 3 m. 35 de long sur 2 m.15 de large et 2 m.50 de profondeur. Après qu'il a sorti 6 m³ de terre, quel est le volume qui reste à enlever ?

2822. Quel sera le prix de 35 voitures de foin à 8 fr. 25 les 100 kg. si chaque voiture pèse 1.250 kg. ?

2823. Un cheval mange 145 gr. de sel par jour. Pour quelle somme lui en faut-il dans un an, à 15 fr.50 les 100 kg. ?

2824. Un géomètre a arpenté un domaine de 25 ha. 15 a. 13 ca. Quel temps a-t-il employé à ce travail, s'il arpentait un décamètre carré en 2 minutes ?

2825. Il faut 140 journées de 8 heures à un ouvrier pour creuser un canal de 65 m. de long, 2 m. de large et 1 m.50 de profondeur. Quel est le prix de ce travail à 2 fr.35 le mètre cube ?

2826. Un marchand achète 12 pièces de calicot qu'il paye 620 fr. Quel sera le bénéfice s'il les revend 589 fr. ?

2827. Un menuisier achète 45 douzaines de planches ayant 3 m.20 sur 0 m.30. Combien payera-t-il à raison de 2 fr.50 le mètre carré ?

2828. Un laboureur met 12 jours pour ensemencer 9 ha. de terrain. Combien a-t-il ensemencé de centiares par jour ?

2829. On veut planter 3.357 arbres également espacés sur chacun des deux côtés d'une route longue de 167 hm. 85. Quelle distance auront-ils entre eux ?

2830. Combien y a-t-il de jours dans 45.264 heures ?

2831. On veut planter des arbres sur les deux côtés d'une allée de 252 mètres. Combien en faudra-t-il si on les met à 6 m. de distance?

2832. Deux marchands font un échange ; le premier donne 25 m. de drap estimé 8 fr.35 le mètre, et le second donne 22 m. de velours estimé 9 fr.10 le mètre. Quel est celui qui a gagné et combien ?

2833. Combien faudrait-il vendre le litre de vin pour gagner 20 fr. sur un double hectolitre qui a coûté 108 fr.?

2834. Une pièce de toile ayant 50 m. m'a été payée 85 fr. 30. Dites le prix du mètre et ce qu'on devra revendre la pièce entière pour gagner 2 fr. 50 tous les 10 mètres.

2835. Un voyageur fait 5 km. à l'heure, un autre en fait 5,50. A quelle distance seront-ils l'un de l'autre après 5 heures de marche s'ils partent ensemble du même point et vont dans un sens opposé?

2836. Deux voyageurs vont à la rencontre l'un de l'autre ; le premier fait 5 km. 80 à l'heure, et le deuxième en fait 6,50. De combien de kilomètres se sont-ils rapprochés après 6 heures de marche ?

2837. Deux voyageurs vont à la rencontre l'un de l'autre ; le premier fait 4 km. 60 à l'heure, et le deuxième en fait 5,20 ; la distance qui les sépare est de 205 km. 8. Dans combien d'heures se seront-ils rencontrés?

2838. Une bonbonne contient 26 litres d'une huile payée 1 fr.60 le litre. A combien revient le demi-litre?

2839. Trois ouvrers ont fait ensemble 36 m. d'un travail payé en tout 23 fr.40. Combien ont-ils reçu chacun, si le premier en a fait 3 mètres de plus que chacun des deux autres?

2840. Un menuisier achète 15 douzaines de planches à 18 fr. 50 la douzaine. Combien doit-il revendre chaque planche pour gagner 5 fr. 40 par douzaine?

2841. Dans une journée, un menuisier façonne 7 planches qui lui reviennent à 19 fr. 25. Combien doit-il les revendre chacune pour que sa journée soit de 4 fr.50?

2842. Dites le prix de 16 ha. de terrain à 0 fr.75 le mètre carré.

2843. Un ballot de marchandises pesant 285 kg. a coûté 254 fr. les 100 kg., plus 28 fr. de port et 35 fr. 35 d'emballage. Combien faudra-t-il revendre le kilo pour gagner 82 fr. sur le tout?

2844. Combien y a-t-il d'années dans 91.312 jours?

2845. Un robinet donne 2 hl. d'eau par heure. Combien lui faudra-t-il de temps pour remplir un bassin de 3 m. de long, 1 m. 33 de large et 1 m.50 de haut?

2846. Huit ouvriers bêchant chacun 2 a. 50 par jour ont employé 16 jours pour travailler une terre. Quelle en est la superficie?

2847. Six mètres cubes de maçonnerie se payent 61 fr.20. Quel sera le prix d'un mur de 42 m. 25 de long, 2 m. 50 de haut et 0 m.45 d'épaisseur?

2848. Un plâtrier fait un plafond de 4 m. 15 sur 4 m. 60, à 1 fr. 50 le mètre carré. Combien recevra-t-il pour ce travail?

2849. On a payé 355 dal. de blé 603 fr. 50. Combien devra-t-on vendre l'hectolitre pour gagner 0 fr. 01 par litre?

2850. Un gobelet en argent pèse autant que 2 pièces de 1 c., 3 pièces de 1 fr., et 2 pièces de 5 fr. en argent. Quel en est le poids?

2851. Un grenier de 5 m.25 de long, 4 m.25 de large et 2 m. de haut, est plein d'un blé que l'on vend 20 fr. l'hectolitre. Pour quelle somme en contient-il?

2852. Un marchand achète 850 hl. de blé à 1 fr. 80 le décalitre. Combien doit-il revendre le demi-hectolitre pour gagner 255 fr.?

2853. Lorsque 250 m³ de sable coûtent 380 fr., combien gagnera-t-on par demi-mètre cube, si l'on revend ce sable 420 fr.?

2854. Un manœuvre crible 6 m³ de sable par jour. Quel est le prix de sa journée, s'il reçoit 0 fr.65 par mètre cube?

2855. Il faut 13 ouvriers pour bêcher en un jour 2.225 m², combien en faudra-t-il pour bêcher 22 a. 25 ca. dans le même temps?

2856. On a payé 390 fr. pour un mur de 26 m. de long, 0 m.50 d'épaisseur et 3 m. de haut. A combien revient le mètre cube?

2857. Si le décimètre cube de vin pèse 0 kg. 9913, quelle est la capacité d'un tonneau qui en contient 270 kg. 6249?

2858. J'achète 125 kg. de châtaignes que je revends avec un bénéfice de 8 fr. Quel est mon gain par kilo?

2859. Avec un tombereau de 1 m. 50 de long, 0 m. 90 de large et 0 m. 50 de haut, on a fait 166 voyages pour transporter un tas de sable. Combien ce tas avait-il de mètres cubes?

2860. Un grenier plein de blé a 4 m. de long, 2 m.50 de large et 1 m. 20 de haut. Combien contient-il de mètres cubes et quelle est la valeur de ce blé, à 17 fr. 25 l'hectolitre?

2861. Que coûte la maçonnerie d'une maison qui a, dans l'œuvre, 25 m. de long sur 7 de large et 14 de hauteur, au prix de 13 fr. 50 le mètre cube, tant plein que vide, les murs ayant en moyenne 0 m.50 d'épaisseur?

2862. Dire s'il serait plus avantageux de payer la maçonnerie de la maison ci-dessus à raison de 17 fr. 50 le mètre cube, en déduisant les vides des ouvertures, qui sont : 4 portes de 3 m. 10 sur 1 m. 40 ; 14 croisées de 2 m. 20 sur 1 m. 20, et 16 croisées de 2 m. sur 1 m. 20.

2863. Une poutre ayant 7 m. 50 de long et 0 m. 36 pour chacune des deux autres dimensions, a été payée 85 fr. le mètre cube. Quel est le prix du décimètre cube?

2864. Un bassin de 3 m. 30 de long, 2 m. 50 de haut et 2 m. 60 de large a été rempli en 7 heures 9 minutes. Combien recevait-il de litres d'eau par minute?

CHAPITRE V

DES FRACTIONS ORDINAIRES

I

Notions préliminaires.

212. Une FRACTION est un nombre qui représente une ou plusieurs parties de l'unité DIVISÉE EN PARTIES ÉGALES.

Par exemple, si l'on partage une pomme en cinq parties égales, chaque partie est une fraction de la pomme et se nomme un *cinquième* ; si l'on prend trois de ces parties, on a *trois cinquièmes*.

213. On représente les fractions au moyen de deux nombres séparés par un trait, de cette manière : $\dfrac{3}{5}$ ou 3/5.

214. Le nombre supérieur s'appelle NUMÉRATEUR et le nombre inférieur DÉNOMINATEUR. Ces nombres s'appellent encore les deux TERMES de la fraction.

215. *Le numérateur indique combien la fraction contient de parties de l'unité, et le dénominateur indique en combien de parties égales l'unité est divisée ; c'est le nom des parties.*

Ainsi la fraction 7/9 indique que l'unité est partagée en neuf parties égales, et que la fraction contient 7 de ces parties.

216. Pour énoncer une fraction écrite, *on lit d'abord le numérateur*, puis le *dénominateur* auquel on ajoute la terminaison IÈME.

Ainsi 3/5 se lit *trois cinquièmes* ; 12/15 se lit *douze quinzièmes*. Il n'y a d'exceptés que les dénominateurs 2, 3 et 4 qui se lisent DEMI, TIERS et QUART ; ainsi 1/2, 2/3, 3/4, se lisent : *un demi, deux tiers, trois quarts*.

217. On peut encore considérer une fraction comme exprimant le quotient du numérateur divisé par le dénominateur ; et réciproquement, un dividende peut être considéré comme le numérateur d'une fraction ayant le diviseur pour dénominateur.

Ainsi la fraction 7/9 représente le quotient de 7 divisé par 9, et 7 divisé par 9 peut s'écrire 7/9 ; en effet, 7 fois la 9ᵉ partie d'une unité, la 9ᵉ partie de 7 et 7/9 sont des expressions qui signifient toutes la même chose.

218. Cette considération permet de compléter le quotient d'une division qui n'a pu se faire exactement. Par exemple, le nombre 38 divisé par 7 donne 5 pour quotient, et il reste 3 à diviser par 7, c'est-à-dire 3/7. Le quotient complet est donc 5 3/7 ou 5 unités plus 3/7.

219. *La grandeur d'une fraction dépend essentiellement du rapport qui existe entre le numérateur et le dénominateur.*

Ainsi, 1° Une fraction est plus grande que l'unité quand le numérateur est plus grand que le dénominateur ; et, au contraire, elle est plus petite que l'unité quand le dénominateur est plus grand que le numérateur.

2° Plus le numérateur devient grand, le dénominateur restant le même, plus la fraction a de valeur ; au contraire, plus le dénominateur devient grand, le numérateur restant le même, moins la fraction a de valeur.

220. D'où il suit : 1° Qu'on peut rendre une fraction un certain nombre de fois plus grande, soit en multipliant le numérateur soit en divisant le dénominateur par ce nombre.

2° Qu'on peut rendre une fraction un certain nombre de fois plus petite, soit en divisant le numérateur, soit en multipliant le dénominateur par ce nombre.

3° Qu'on ne change pas la valeur d'une fraction en multipliant ou en divisant ses deux termes par un même nombre, parce que les deux opérations se compensent et que le rapport des termes reste le même.

II

Réductions des fractions.

221. On appelle RÉDUCTIONS certaines transformations qu'on fait subir aux termes des fractions *sans changer la valeur des fractions.*

222. Il y a quatre réductions principales :

1° Réduire des entiers en expression fractionnaire ;

2° Extraire les entiers d'une expression fractionnaire ;

3° Simplifier les fractions, c'est-à-dire les réduire à de plus simples termes ou à leur plus simple expression ;

4° Réduire les fractions au même dénominateur.

Première réduction.

223. Réduire des entiers en expression fractionnaire, c'est les représenter sous forme de fraction.

224. Pour réduire des entiers en expression fractionnaire, *il faut les multiplier par le dénominateur donné, et,* s'il y a une fraction jointe aux entiers, *on ajoute le numérateur au produit, qui devient le numérateur de la nouvelle fraction.*

Soit à réduire 4 entiers en septièmes.

Puisque l'unité vaut 7 septièmes, 4 unités valent 4 fois plus

ou $\dfrac{7 \times 4}{7} = \dfrac{28}{7}$. Pour la même raison, 4 entiers 3/7 valent

$$\frac{4 \times 7 + 3}{7} = \frac{31}{7}$$

Deuxième réduction.

225. Pour extraire les entiers d'une expression fractionnaire, *il faut diviser le numérateur par le dénominateur ; le quotient donne des entiers.* S'il y a un reste, on en fait le numérateur d'une fraction qui a pour dénominateur celui de l'expression fractionnaire.

Soit à réduire 25/9 en entiers.

Puisque l'unité vaut 9 neuvièmes, il est clair qu'autant de fois 25 contiennent 9, autant il y a d'unités dans 25/9. La division donne 2 pour quotient et un reste, 7 ; donc, 25/9 valent 2 unités 7/9.

Troisième réduction.

226. Simplifier une fraction, c'est la représenter par des termes plus petits.

227. Pour *simplifier* une fraction, *il faut diviser ses deux termes par les diviseurs qui leur sont communs,* c'est-à-à-dire les nombres qui peuvent les diviser tous les deux sans reste.

Soit à simplifier la fraction 48/72.

On divise les deux termes d'abord par 2, ce qui donne 24/36 ; les nouveaux termes étant encore divisibles par 2 et même par 4, on les divise par ce dernier nombre, et l'on a 6/9 ; on divise ces nouveaux termes par 3, et l'on a enfin : 2/3 qui est *la plus simple expression* de la fraction proposée, parce que ses deux termes ne peuvent plus être divisés par un même nombre, c'est-à-dire qu'ils sont *premiers entre eux.*

228. *Un nombre est pair, c'est-à-dire divisible par 2, quand son premier chiffre à droite est pair ou zéro.*

229. *Un nombre est divisible par 3 ou par 9, lorsque la somme de ses chiffres, considérés selon leur valeur absolue, est divisible par 3 ou par 9.*

230. *Un nombre est divisible par 4, quand ses deux derniers chiffres à droite forment un nombre divisible par 4.*

231. *Un nombre est divisible par 5, quand il est terminé par 5 ou par 0.*

232. *Un nombre est divisible par 6, quand il est divisible par 2 et par 3.*

233. *Un nombre est divisible par 8, lorsque le nombre formé par ses trois derniers chiffres à droite est divisible par 8.*

234. On obtiendrait directement la plus simple expression d'une fraction *en divisant tout d'abord ses deux termes par* LEUR PLUS GRAND COMMUN DIVISEUR, c'est-à-dire par le plus grand nombre qui puisse les diviser sans reste.

235. Pour trouver le plus grand commun diviseur de deux nombres, il faut diviser le plus grand par le plus petit ; si la division se fait sans reste, le petit nombre est le plus grand commun diviseur ; s'il y a un reste, il faut diviser le petit nombre par ce reste, et continuer de diviser chaque diviseur par le reste correspondant, jusqu'à ce que la division se fasse exactement. Le dernier diviseur employé est le plus grand commun diviseur cherché.

Soit à trouver le plus grand commun diviseur de 112 et 42.

Opération.

Quotients :		2	1	2
Dividendes et diviseurs :	112	42	28	14
Restes :	28	14	0	

On dispose d'abord les nombres 112 et 42 comme pour une division ordinaire ; puis, ayant trouvé 2 pour quotient, on l'écrit au-dessus du diviseur 42, afin de ne pas le confondre avec le reste de la division suivante. On retranche du dividende 2 fois 42, ce qui donne pour reste 28. On divise ensuite 42 par 28, et l'on obtient pour quotient 1 et pour reste 14. Enfin, le nombre 28 divisé par 14 donne le quotient 2 et le reste 0. D'où l'on conclut que 14 est le plus grand commun diviseur ou le plus grand nombre qui divise à la fois 112 et 42.

Quatrième réduction.

236. Cette réduction a pour but de ramener plusieurs fractions à la MÊME ESPÈCE en leur donnant le même dénominateur.

237. Pour réduire plusieurs fractions au même dénominateur *il faut multiplier les deux termes de chacune par le produit des dénominateurs de toutes les autres.*

Soit à réduire au même dénominateur les deux fractions 3/5 et 4/7.

En multipliant les deux termes de chacune par le dénominateur de l'autre, on a :

$$\frac{3\times7}{5\times7} = \frac{21}{35} \text{ et } \frac{4\times5}{7\times5} = \frac{20}{35}$$

De même les fractions 2/3, 4/5 et 6/7 deviennent respectivement:

$$\frac{2\times5\times7}{3\times5\times7} = \frac{70}{105}, \frac{4\times3\times7}{5\times3\times7} = \frac{84}{105}, \frac{6\times3\times5}{7\times3\times5} = \frac{90}{105}$$

238. On peut encore opérer de la manière suivante :

On choisit un nombre appelé *dénominateur commun*, tel qu'il puisse être divisé sans reste par tous les dénominateurs des fractions données; on divise ce nombre par chacun de ces dénominateurs, et l'on multiplie le numérateur correspondant par le quotient.

On obtient un dénominateur commun en multipliant les uns par les autres, les dénominateurs des fractions proposées. Ou se dispense de multiplier ceux qui sont sous-multiples de quelque autre.

Soit à réduire au même dénominateur les fractions 3/4, 5/9 et 7/12.

Opération.

$$9 \times 12 = 108, \text{ dénom. commun.}$$

$$\frac{3 \times 27}{4 \times 27} = 81/108$$

$$\frac{5 \times 12}{9 \times 12} = 60/108$$

$$\frac{7 \times 9}{12 \times 9} = 63/108$$

On multiplie entre eux les dénominateurs 9 et 12, sans multiplier par 4 qui est sous-multiple de 12, et l'on met le produit 108, ou le dénominateur commun, en évidence. On divise ce nombre par les dénominateurs 4, 9 et 12 ; on a pour quotient 27, 12 et 9, on multiplie le numérateur de chacune de ces fractions par le quotient correspondant, et l'on obtient les trois nouvelles fractions ci-dessus qui sont équivalentes aux fractions primitives (n° 220, 3°).

EXERCICES ORAUX ET PROBLÈMES

2865. Si l'on partage l'unité en 8 parties égales, et que l'on prenne trois de ces parties, quelle fraction aura-t-on ?

2866. Dire ce qu'exprime la fraction 4/7.

2867. Qu'est-ce qu'un jour par rapport à la semaine ?

2868. Qu'est-ce qu'une heure par rapport au jour ?

2869. Quelle fraction de semaine présentent 3 jours ?

2870. Qu'est-ce que 7 mois par rapport à l'année ?

2871. Quelle fraction du jour représentent 8 heures ?

2872. Paul avait 12 fr., il en a donné 5 aux pauvres. Quelle fraction de son avoir a-t-il donnée ?

2873. J'ai 1 fr. à partager entre 4 pauvres. Quelle fraction de franc chacun aura-t-il ?

2874. Je partage également 3 pommes entre 5 enfants. Quelle fraction de pomme chacun aura-t-il ?

2875. Une fraction exprime des cinquièmes de l'unité. Quel en est le dénominateur ?

2876. Combien l'unité vaut-elle de neuvièmes ?

2877. Parmi les fractions suivantes, 3/4, 6/5, 2/2, 7/8, 3/2, 9/9, dites celles qui sont plus petites que l'unité, — celles qui sont égales à l'unité, — celles qui sont plus grandes que l'unité.

2878. Ecrire les fractions suivantes par ordre de grandeurs décroissantes : 4/5, 3/5, 6/5, 7/5, 2/5.

2879. Réduire 25 unités en neuvièmes.

2880. Réduire 13 kilos en quinzièmes de kilos.

2881. Réduire 18 mètres en douzièmes de mètre.

2882. Réduire 35 7/19 en expression fractionnaire.

2883. Convertir 15 kg. 9/13 en expression fractionnaire.

2884. Exprimer en vingt-cinquièmes 8 mois 19/25.

2885. Combien y a-t-il de demis dans 57 fr. 1/2 ?

2886. Combien y a-t-il de dix-septièmes dans 25 m. 13/17?

2887. Combien y a-t-il de quarts dans 18 heures 3/4?

2888. Combien y a-t-il de sixièmes de 13 5/6+10 1/6?

2889. Combien y a-t-il de septièmes dans 6 5/7+12 4/7?

2890. Extraire les entiers contenus dans 978/8.

2891. Combien y a-t-il d'unités dans 1.274/13?

2892. Combien y a-t-il de mètres dans 144/12 de mètre?

2893. Combien y a-t-il d'heures dans 16.974/9 d'heure?

2894. Combien y a-t-il de litres dans 81.968/97 de litre?

2895. Combien y a-t-il de kilos dans 167/16? — Dans 548/35?

2896. Combien y a-t-il de francs dans 618/11, — 267/9, — 167/12?

2897. Combien y a-t-il de jours dans 95.904/4 d'heure?

2898. Combien y a-t-il d'années dans 113.340/5 de mois?

2899. Combien y a-t-il de mois dans 69.930/3 de jour?

2900. Combien y a-t-il d'heures dans 105/7 de jour?

2901. Combien y a-t-il de minutes dans 375/15 d'heure?

2902. Combien y a-t-il de semaines dans 1.092/3 de jour?

2903. Simplifier les fractions 12/16, 20/25 et 36/54.

2904. Simplifier 189/324, 520/780 et 225/675.

2905. Simplifier 295/413, 360/480 et 178/979.

2906. Simplifier 172/774, 339/565 et 1.296/1.512.

2907. Simplifier 9.425/15.080 et 273/13.202.

2908. Simplifier 3.778/13.223 et 37.035/135.795.

2909. Exprimer la fraction 3/4 par des termes plus grands sans en changer la valeur.

2910. Exprimer la fraction 8/12 par des termes plus petits sans en changer la valeur.

2911. Combien y a-t-il de septièmes dans 35 unités?

2912. Combien y a-t-il de douzièmes dans 27 unités 8/12?

2913. Réduire 8 5/9 en une seule expression fractionnaire.

2914. Je donne tous les jours le quart d'un pain à un pauvre; j'ai 4 pains et 3/4 de pain. Combien durera ma provision?

2915. Combien y a-t-il d'unités dans 327/18?

2916. Combien y a-t-il de jours dans 348 heures?

2917. Une pièce de bois a, en longueur, 35 fois le quart du mètre. Combien a-t-elle de mètres?

2918. Chaque samedi, une dame charitable donne le sixième d'un pain à chacun des 23 pauvres de sa paroisse. Combien donne-t-elle de pains?

2919. Combien me faudrait-il de litres de vin pour en donner 2/3 de litre à chacun des 12 ouvriers qui bêchent mon jardin?

2920. Quelle est la plus simple expression de 34/36?

2921. Réduire à ses moindres termes la fraction 27/45.

2922. Trouver la plus simple expression de 360/540.

2923. Peut-on simplifier la fraction 7/14?

2924. Donner en moindres termes une fraction équivalente à 12/18.

2925. Réduire 2/5 et 6/7 au même dénominateur.

2926. Réduire 3/4, 2/3 et 5/6 au même dénominateur.

2927. Réduire 3/4, 7/9 et 6/7 au même dénominateur.

2928. Réduire 7/12, 3/4, 5/8 et 2/3 au même dénominateur.
2929. Réduire 10/35, 12/84 et 45/63 au même dénominateur.
2930. Réduire 28/36, 25/45 et 48/54 au même dénominateur.
2931. Réduire 36/48, 33/44 et 39/52 au même dénominateur.
2932. Réduire 5/6 et 12/22 au même dénominateur.
2933. Réduire 4/7, 5/9, 6/14 au même dénominateur.
2934. Des fractions 12/15, 6/7 et 18/24, quelle est la plus grande ?
2635. Paul a reçu les 13/15 d'une somme d'argent, et Louis les 19/25. Quel est celui qui a reçu la plus grande part ?
2936. Des quatre fractions 5/8, 3/9, 3/4 et 8/12, quelle est la plus grande, — la plus petite ?

III

Opérations sur les fractions

Addition.

239. Pour faire l'addition des fractions, *il faut d'abord les réduire au même dénominateur, si elles n'y sont pas ; ensuite additionner tous les numérateurs et donner à la somme le dénominateur commun.* On extrait ensuite les entiers s'il y a lieu.

$$\text{Ainsi, } \frac{5}{12} + \frac{7}{12} + \frac{11}{12} = \frac{5 \div 7 \div 11}{12} = \frac{23}{12} = 1\frac{11}{12}$$

240. Si l'on a des entiers joints aux fractions, on *additionne d'abord les fractions, puis les entiers, en y ajoutant les entiers obtenus dans l'addition des fractions.*

EXERCICES SUR L'ADDITION

2937. Additionner les fractions 7/12 et 5/6.
2938. Quelle est la somme des fractions 6/7 et 11/14 ?
2939. Additionner 7/8, 3/5, 2/3 et 5/6.
2940. Additionner les fractions 1/5, 2/3, 4/12 et 7/8.
2941. Additionner 3/5, 5/8, 0,75 et 0,5.
2942. Additionner 0,25, 0,6, 0,8, 3/4, 7/8 et 2/5.
2943. Additionner 15 2/3, 39 5/7 et 75 1/2.
2944. Une personne vend 15 m.2/3 de toile et 25 m.5/6 de cotonnade. Combien vend-elle de mètres en tout ?
2945. Une horloge indique 8 heures 1/4, mais elle retarde de 2 heures 1/2. Quelle heure est-il ?
2946. J'ai 7 ans 2/3 de plus que mon frère qui a 9 ans 1/2. Quel est mon âge ?
2947. Quelle est la longueur de deux cordes dont l'une a 67 m. 3/7 et l'autre 49 m. 5/6 ?
2948. Quel est le poids total de 2 veaux, si l'un pèse 62 kg. 3/4 et l'autre 75 kg. 2/3.
2949. Paul a le 1/3 d'un gâteau, André en a le 1/4. Combien ont-ils en tout ?

2950. Après avoir retranché 2 m. 2/3 d'une baguette, il en reste encore 3/4 de mètre. Quelle était sa longueur ?

2951. En 1/2 heure, un élève fait 3/5 d'une page, un autre en fait les 5/6. Combien en font-ils ensemble ?

2952. Je dois 7 fr. 1/4, plus 12 fr. 3/5, plus 12 fr. 1/2. Combien dois-je en tout ?

2953. Que valent ensemble 3 pièces de toile si la première coûte 160 fr. 2/3, la deuxième 186 fr. 5/6 et la troisième 275 fr. 1/2 ?

2954. Un cheval coûte 720 fr. 3/4. Combien faut-il le revendre pour gagner 250 fr. 4/5 ?

2955. Une caisse vide pèse 18 kg. 2/3 et l'on y met 275 kg. 5/7 de savon. Quel est alors son poids ?

2956. J'ai payé 25 fr. 2/3 et il me reste 47 fr. 4/5. Combien avais-je ?

2957. Deux ouvriers ont gagné l'un 109 fr. 7/8, l'autre 136 fr. 5/6. Combien ont-ils gagné en tout ?

2958. Trois tonneaux contiennent le premier 247 litres 2/3, le deuxième 286 litres 1/4 et le troisième 315 litres 4/7. Combien contiennent-ils en tout ?

2959. Si le mètre de toile coûte 2 fr. 3/4, combien faut-il le revendre pour gagner 3/8 de franc ?

2960. Chaque jour un ouvrier dépense 2 fr. 3/4 et économise 1 fr. 4/5. Quel est le prix de sa journée ?

2961. J'avais 35 fr. 1/2 ; j'ai reçu 15 fr. 3/4 et 28 fr. 60. Combien ai-je maintenant ?

2962. Je dois 65 fr. 3/4 au boulanger, 25 fr. 1/2 au menuisier, 67 fr. 4/5 au boucher et 18 fr. 7/10 à l'épicier. Combien dois-je ?

2963. J'ai payé 86 fr. 3/5 pour 250 litres de vin. Combien faut-il revendre ce vin pour gagner 18 fr. 3/4 ?

2964. En revendant une armoire 58 fr. 2/5, j'ai perdu 37 fr. 1/2. Combien m'avait-elle coûté ?

2965. Une fontaine donne 25 litres 3/4 en 1 heure ; une seconde en donne 66 2/3. Combien les deux fontaines, coulant ensemble, donnent-elles de litres d'eau en une heure ?

2966. Trois ouvriers font respectivement 1/3, 1/4 et 1/5 de mètre d'un certain ouvrage. Combien en font-ils ensemble ?

2967. Pour faire un pantalon, il manque 2/7 de mètre à un tailleur qui a déjà 1 m. 3/13. Combien lui en faut-il en tout ?

2968. On a vidé dans un vase 1 litre 2/5, 3 litres 1/8, 1 litre 2/3, et il peut encore contenir 3 litres 2/9. Combien peut contenir ce vase ?

2969. Quelle est la longueur totale de 3 coupons de drap qui ont respectivement 12 m. 3/5, 8 m. 2/9, 15 m. 1/3 ?

2970. On jette dans un creuset 35 kg. 2/5 d'étain, 80 kg. 1/5 de cuivre, 1 kg. 3/4 de zinc. Quel est le poids du métal fondu ?

2971. Quelle est la hauteur d'une maison dont le rez-de-chaussée a 3 m. 1/5, le premier étage 3 m. 1/9, et le second, 2 m. 1/3 ?

2972. Une femme fait 2/5 d'un mètre de ruban par heure, ses deux filles en font chacune les 2/6. Combien ces trois personnes font-elles de mètres de ruban en une heure ?

2973. Un bourgeois dépense le 1/3 de son revenu pour son entretien, le 1/4 en bonnes œuvres, le 1/6 en voyages. Quelle fraction de son revenu dépense-t-il?

2974. Une cuisinière achète pour 1 fr. 1/5 de beurre, pour 1 fr. 2/8 de fromage, pour 3 fr. 1/4 d'œufs, pour 2 fr. 2/5 d'herbage. Combien en tout?

2975. Une fruitière a vendu pour 15 fr. 1/10 de pommes, 12 fr. 1/4 de châtaignes, 3 fr. 1/8 de raisins, 14 fr. 5/6 d'oranges. Combien a-t-elle reçu en tout?

2976. Un joueur perd, le premier jour de la semaine, 30 fr. 1/5 ; le second, 15 fr. 10/20 ; le 3e 10 fr. 2/8. A combien s'élève sa perte?

Soustraction.

241. Pour faire la soustraction des fractions, *il faut d'abord les réduire au même dénominateur, si elles n'y sont pas ; puis prendre la différence des numérateurs et lui donner le dénominateur commun.*

$$\text{Ainsi,} \quad \frac{15}{18} - \frac{7}{18} = \frac{15-7}{18} = \frac{8}{18}$$

242. Quand on a des entiers joints aux fractions, *on fait d'abord la soustraction des fractions, puis celle des entiers.* Si la fraction du petit nombre est plus grande que celle du grand nombre, *on augmente celle-ci d'une unité, en ajoutant le dénominateur au numérateur,* et, par compensation, *on ajoute aussi une unité au nombre inférieur.*

EXERCICES SUR LA SOUSTRACTION

2977. Soustraire 7/9 de 9/11.

2978. Retrancher 11/13 de 8/9.

2979. De 7 5/6 ôter 2 3/4.

2980. De 0,63 retrancher 2/7.

2981. Du nombre 15 2/3 retrancher 9/37.

2982. Soustraire 37 3/4 de 45 2/5.

2983. Retrancher 12,50 de 67 4/5.

2984. Que faut-il ajouter à 3/4 pour avoir 4/5?

2985. Que reste-t-il d'une somme après qu'on a dépensé 1/4?

2986. Un voyageur a fait les 3/5 de sa route. Combien lui en reste-t-il à faire?

2987. Que faut-il ajouter à 3/8 pour avoir 2/3?

2988. Paul a 9 ans 7/12, Henri a 7 ans 3/4. Quelle est la différence de leurs âges?

2989. Une personne emprunte 15 fr. 1/4 pour payer une dette de 77 fr. Combien avait-elle avant son emprunt?

2990. Un voiturier a 365 quintaux de charbon à transporter ; il a fait 5 voyages pour en transporter 175 quintaux 4/7. Combien lui en reste-t-il à transporter?

2991. Jean a 3 fr. 2/5 et il veut payer 7 fr. 1/4. Combien doit-il emprunter ?

2992. Il faut 3 heures 2/3 pour la confection d'un gilet. Dans combien de temps sera-t-il fait, si l'on y travaille depuis 2 h. 2/9 ?

2993. Un écolier a écrit les 7/9 de son devoir. Que lui reste-t-il encore à faire ?

2994. Un journalier gagne 2 fr. 3/4 et dépense 1 fr. 1/5 par jour. Combien économise-t-il chaque jour ?

2995. Une poutre de 10 m. 3/4 de long est enfoncée en terre de 2 m. 2/9. A quelle hauteur s'élève-t-elle au-dessus du sol ?

2996. Pierre a fait les 4/7 de son devoir en 1 heure 1/5. Combien lui en reste-t-il à faire ?

2997. Que faut-il ajouter à la somme des fractions 2/3 et 2/9 pour avoir 12/13 ?

2998. Un joueur gagne 3 fr. 1/10 dans une première partie, 10 fr. 3/4 dans une seconde, et il perd 18 fr. 4/5 dans une troisième. Quel est, en fin de compte, son gain ou sa perte ?

2999. Une poutre en bois vert pesait 10 quintaux 2/7, sèche elle ne pèse que 7 quintaux 7/11. Que pesait l'eau qu'elle a perdue ?

3000. Il manque 10 fr. 7/10 à un voyageur qui doit payer 25 fr. 2/5. Combien a-t-il ?

3001. La somme de 2 fractions est 25/26 ; quelle est la plus grande si la plus petite égale la différence de 1/4 à 1/3 ?

3002. Une barrière doit avoir 10 m. 2/5 : un premier ouvrier en a fait 2 m. 3/9, et un second, 4 m. 6/7. Que reste-t-il à chacun ?

3003. Deux coupons de drap avaient 15 m. 3/7 et 19 m. 5/15 ; on a vendu 3 m. 9/10 de chacun. Que reste-t-il à chacun ?

3004. Que manque-t-il à 4/9 pour égaler 5 unités ?

3005. Que faut-il retrancher de 2/3 pour avoir 4/7 ?

3006. Je devais faire les 5/6 d'un ouvrage ; je n'en ai fait que les 7/9. Que me reste-t-il à faire ?

3007. Je devais 15 fr. 2/3, et j'ai payé 12 fr. 4/5. Que me reste-t-il encore à payer ?

3008. Sur 4 fr. 4/5, on prend 3 fr. 1/2. Que reste-t-il ?

3009. Si de 26 m. 3/4 on retranche 19 m. 3/5, que reste-t-il ?

3010. La somme de deux nombres est 1 2/3, l'un de ces nombres est 5/7. Quel est l'autre ?

3011. D'un ruban qui a 4 m. 3/4, on ôte un morceau de 1 m. 2/3. Quelle est la longueur du reste ?

3012. Si j'avais 25 fr. 3/7 de plus, j'aurais 60 fr. 2/3. Combien ai-je ?

3013. Une montre a coûté 68 fr. 7/8 ; on l'a revendue 49 fr. 4/5. Combien a-t-on perdu ?

3014. Un joueur avait 125 fr. 2/5, et il a perdu 89 fr. 3/4. Que lui reste-t-il ?

3015. Il me manque 18 fr. 3/4 pour payer une dette de 25 fr. 4/5. Combien ai-je ?

3016. Un ouvrier gagne 3 fr. 2/3 par jour et dépense 1 fr. 3/4. Combien économise-t-il par jour ?

3017. Que manque-t-il à 7 2/5 pour égaler 9 4/7 ?

3018. La somme de deux fractions est 9/12 ; la plus petite est 1/6. Quelle est la plus grande ?

3019. Louis a fait les 5/8 de son devoir en 3/4 d'heure. Que lui reste-t-il à faire ?

ADDITION ET SOUSTRACTION

3020. De quel nombre faut-il retrancher 8 2/3 pour avoir 12 3/4 ?

3021. Combien faut-il ajouter à 15 fr. 5/7 pour avoir 38 fr. 3/4 ?

3022. Quel est le nombre qui a 7 unités 3/8 de plus que 15 7/9 ?

3023. Quelle est la somme qui renferme 36 fr. 7/12 de moins que 56 fr. 5/6 ?

3024. Que manque-t-il à 10/12 pour égaler 7/8 ?

3025. Si j'avais 12 fr.5/7 de moins, j'aurais 28 fr. 2/3. Combien ai-je ?

3026. Paul a 7 ans 2/3 et Joseph 12 ans 3/4. Quelle est la différence de leurs âges ?

3027. Partagez 7/8 en deux parties dont l'une soit 3/4.

3028. Quel est le nombre qui surpasse 8 3/4 de 3 1/4 ?

3029. Quelle est la fraction qui contient 2/9 de plus que 3/7 ?

3030. Quelle est la somme des fractions 2/3, 3/4, 5/8 et 1/2 ?

3031. Quel est le nombre auquel il manque 5 2/3 pour égaler 12 ?

3032. Que faut-il ajouter à 7/8 pour avoir 11/12 ?

3033. Que faut-il retrancher de 8/9 pour avoir 5/6 ?

3034. On a versé 6 litres 2/3 dans un vase qui en contenait 12 1/2, il faudrait encore 10 litres 5/6 pour le remplir. Combien ce vase peut-il contenir de litres ?

3035. Une caisse pèse 65 kg. 3/7, une autre pèse 89 kg. 2/9. Calculez la somme et la différence de leurs poids.

3036. Une pièce de drap contenait 68 m. 5/7 ; on en a vendu 49 m. 2/3. Que reste-t-il de la pièce ?

3037. Deux porcs pèsent l'un 95 kg. 3/4, et l'autre 87 kg. 2/3. Quelle est la différence de leurs poids ?

3038. Quelle est la fraction qui a 7/18 de moins que 5/6 ?

3039. Quelle est la fraction qui a 2/9 de plus que 3/8 ?

3040. De combien 7/8 surpassent-ils 3/5 ?

3041. La somme de deux fractions est 8/9 ; la plus petite est 2/5. Quelle est la plus grande ?

3042. Une montre indique 4 heures 1/2, mais elle avance de 3/4 d'heure. Quelle heure est-il ?

3043. Quelle est la fraction à laquelle il manque 5/8 pour égaler 2/3

3044. Quelle est la fraction de laquelle il faut retrancher 1/5 pour avoir 3/4 ?

3045. Quelle est la fraction qui devient 1/2 quand on l'augmente de 2/7 ?

3046. Une pièce de soie a 45 m. 3/5 ; si on en vend 19 m. 2/3 Combien en reste-t-il ?

3047. La somme de trois fractions est 9/12 ; la première est 1/3, la deuxième 1/4. Quelle est la troisième ?

3048. Je devais 83 fr.; j'ai payé d'abord 15 fr. 3/4, puis 35 fr. 4/5 Combien dois-je encore ?

3049. Une pièce de drap avait 47 m. 2/3 ; on en vend 25 m. 4/5. Combien en reste-t-il ?

3050. Que manque-t-il à 5/12 pour égaler 3/4 ?

3051. Que faut-il ajouter à 5 fr. 3/7 pour payer 8 fr. 2/5 ?

3052. En revendant une montre 27 fr. 1/2 je perds 15 fr. 3/4. Combien m'avait-elle coûté ?

Multiplication des fractions

243. Pour multiplier une fraction par un nombre entier, ou un nombre entier par une fraction, *il faut multiplier le nombre entier par le numérateur de la fraction, et donner pour dénominateur au produit le dénominateur de la fraction* (n° 220, 1°).

$$\text{Ainsi, } 5/8 \times 3 = \frac{5 \times 3}{8} = \frac{15}{8}, \text{ et } 3 \times 5/8 = \frac{3 \times 5}{8} = \frac{15}{8}$$

244. Pour multiplier une fraction par une fraction, il *faut multiplier numérateur par numérateur et dénominateur par dénominateur, et donner le second produit pour dénominateur au premier.*

$$\text{Ainsi, } 5/8 \text{ multiplié par } 3/4 \text{ donne : } \frac{5 \times 3}{8 \times 4} = \frac{15}{32}$$

En effet, multiplier 5/8 par 3/4, c'est prendre trois fois le quart de 5/8; or, le quart de 5/8 est $\dfrac{5}{8 \times 4}$, et 3 fois ce quart valent $\dfrac{5 \times 3}{8 \times 4}$

245. Si les fractions sont accompagnées d'entiers, *on réduit ces entiers en expressions fractionnaires, puis on opère comme ci-dessus.*

EXERCICES ORAUX ET PROBLÈMES

3053. Quel est le produit de 3/4 par 5/6 ?

3054. Quel est le dividende d'une division dont le diviseur est 54 3/4 et le quotient 2 1/8 ?

3055. De combien de manières peut-on rendre la fraction 5/9 trois fois plus grande ?

3056. Quel est le produit de 7/9 par 15/21 ?

3057. Quel est le produit de 75 2/3 par 9 ?

3058. Quel est le produit de 15 3/8 par 45 2/3 ?

3059. Quels sont les 4/5 de 35 fr. 80 ?

3060. Que valent 18 m³ 2/7 de pierre de taille à 109 fr. 3/8 le m³ ?

3061. A 1 fr. 5/7 le kilo de jambon, combien coûtent 19 kg. 2/3 ?

3062. Quel est le prix de 25 journées 1/3 à 3 fr. 1/2 la journée ?

3063. Dire le prix de 78 m. 1/8 de drap à 12 fr. 4/5 le mètre.

3064. J'ai vendu les 2/3 d'une pièce de drap et il m'en reste 23 m. 3/4. Quelle était la longueur de la pièce ?

3065. Quelle est la valeur des 5/8 de 24 fr. 80 ?

3066. Un ouvrier fait les 3/4 d'un ouvrage estimé 372 fr. Combien lui doit-on ?

3067. Combien doit-on à un ouvrier pour 2/3 de journée à 4 fr. 35 ?

3068. Quel est le prix de 25 m. 2/3 de drap à 18 fr. 4/5 le mètre ?

3069. Un orage a détruit les 7/9 d'une récolte estimée 5.400 fr. Quelle est la valeur de ce qui reste ?

3070. Quelle heure est-il quand il s'est écoulé les 3/4 de la journée ?

3071. Que doit-on pour 6 journées 1/2 de travail à 4 fr. 2/3 par jour ?

3072. Que coûtent les 5/9 de 1 m. de soie à 18 fr. 2/5 le mètre ?

3073. Combien y a-t-il de minutes dans les 5/8 d'un jour ?

3074. Que doit-on à un ouvrier pour 25 jours 3/4 de travail à raison de 3 fr. 4/5 par jour ?

3075. Un ouvrier gagne 3/5 de fr. à l'heure. Combien lui doit-on pour 8 journées de 10 heures 1/2 ?

3076. Un ouvrier a travaillé 3 jours 1/2, puis 5 jours 3/4, et enfin 2 jours 1/3. Que lui doit-on à 3 fr. 80 par jour ?

3077. Quel est le prix des 5/8 d'une pièce de vin qui contient 240 litres à 0 fr. 50 le litre ?

3078. Quand les pommes valent 8 fr. 3/4 l'hectolitre, quel est le prix de 12 hl. 1/2 ?

3079. Que doit-on à un ouvrier pour 6 journées 2/3 à 3 fr. 1/2 ?

3080. Quel est le prix de 3 kg. 1/4 de viande à 1 fr. 1/8 le kilo ?

3081. Quel est le prix de 5/7 de mètre de drap à 9 fr. 25 le m. ?

3082. Je devais 65 fr. au tailleur ; je lui ai payé les 3/5 de cette somme. Combien lui dois-je encore ?

3083. Quel est le nombre qui est 35 fois 3/4 plus grand que 8 5/6 ?

3084. Un jardin a 7 ares 2/3. Combien vaut-il à 85 fr. 1/2 l'are ?

3085. Combien coûtent les 13/15 d'une pièce de drap longue de 30 m. 45, si le mètre vaut 20 fr. ?

3086. Un ouvrier devait faire un travail pour 136 fr., mais il n'en a fait que les 5/8. Combien lui doit-on ?

8087. A 3 fr. 2/3 le mètre de toile, quel est le prix de 5/7 de mètre ?

3088. Quel est le prix de 8 kg. de pain à 2/5 de fr. le kilo ?

3089. Un tisserand fait 5/8 de mètre de toile en 1/2 heure. Combien en aura-t-il fait au bout de 4 heures 2/3 ?

3090. Une personne achète 3 coupons de drap à 5 fr. 65 le mètre ; le premier de ces coupons a 1 m. 2/3 ; le second, 1 m. 5/6, et le troisième 2 m. 7/8. Combien cette personne doit-elle ?

3091. Le lait de bonne qualité contient les 4/25 de son poids de crème. Quel poids de crème retirera-t-on de 6 kg. 3/8 de bon lait ?

3092. Quel est le prix de 5 m. 2/3 de toile à 2 fr. 3/4 le mètre ?

3093. Quels sont les 4/5 des 2/3 de 60 fr. ?

3094. Quelle est la valeur des 2/3 des 5/6 de 360 fr. ?

3095. Dire la valeur des 2/5 des 7/8 des 3/4 de 18 fr. ?

3096. Quels sont les 4/5 de la moitié de 25 ?

3097. Quel est le prix des 7/8 de 160 m. 40 à 3 fr. 4/5 le mètre ?

3098. Un cheval coûte 840 fr. Combien faut-il le revendre pour gagner les 2/3 du cinquième du prix d'achat ?

3099. Quels sont les 2/3 des 5/8 de 240 fr. ?

3100. Quels sont les 3/4 des 2/5 de 36 fr.80 ?

3101. Quelle est la moitié des 7/8 de 324 fr. 50 ?

3102. Un propriétaire a payé les 5/12 de ses contributions qui s'élèvent annuellement à 1.800 fr. Combien doit-il encore ?

3103. A 0 fr. 70 l'heure, combien doit-on à un ouvrier pour 8 heures 3/4 ?

3104. Combien doit-on à un ouvrier pour 18 journées 2/3 à raison de 3 fr.75 par jour ?

3105. A 0 fr. 90 le demi-kilogramme de viande, quel est le prix de 2 kg. 1/4 ?

3106. Un épicier avait acheté 5 caisses de riz de 125 kg. chacune à 0 fr. 60 le kilo. Quelle est la valeur de ce qui lui reste, s'il en a vendu les 4/5 ?

3107. Quelle est la fraction qui devient 5/8 si on la divise par 3/4 ?

3108. Un père de famille gagne 3 fr.3/4 par jour. Combien gagne-t-il en 6 jours ?

3109. Les dépenses journalières d'une famille sont de 5 fr. 2/5. Que dépense-t-elle par an ?

3110. Une montre avance de 3 minutes 2/5 par heure. De combien avance-t-elle en 24 heures ?

3111. Un postillon fait 6 km. 1/8 par heure. Combien en fera-t-il en 18 journées de 10 heures ?

3112. Un ouvrier fait 3 m. 2/5 d'un certain ouvrage par jour. Combien en fera-t-il en 29 jours ?

3113. Une roue fait 15 tours 1/7 par minute. Combien en fait-elle en 3 heures 4/5 ?

3114. Quelle est la valeur des 2/3 de 25 entiers ?

3115. Une propriété a coûté 54.000 fr., l'acheteur en a payé les 4/9. Quelle somme a-t-il donnée ?

3116. Un voyageur avait 25 km. à faire, il en a fait les 5/6. Combien de kilomètres lui reste-t-il à faire ?

3117. On a pris les 3/4 d'une pièce de drap de 25 m. Combien a-t-on pris de mètres ?

3118. Sur les deux côtés d'une allée, il y a 178 arbres qui sont plantés à 4 m. 2/7 de distance. Dites la longueur de cette allée ?

3119. Un marchand de vin vend à raison de 3/11 de franc le litre, 5 pièces de 2 hl. 1/3, 6 de 2 hl. 1/7 et 4 de 2 hl. 1/4. Quelle somme recevra-t-il ?

3120. On règle une montre à midi. Quelle heure marquera-t-elle à 6 heures 1/5 du soir, si elle avance de 13 minutes par heure ?

3121. Combien coûtent les 5/9 d'une marchandise qui vaut 25 fr. ?

3122. Un robinet donne 150 l. 2/5 d'eau en 3/4 d'heure ; dans le même temps, un second robinet en donne 168 l. 3/7. Combien en donneront-ils ensemble s'ils coulent 4 fois plus de temps ?

3123. Un élève copie 2 pages 1/5 en 1 heure. Combien en copiera-t-il en 8 jours, s'il travaille la moitié du temps 4 heures 2/8 par jour, et le reste du temps, 5 heures 2/9 ?

3124. Une personne achète 3 m. 2/5 de drap à 10 fr. le mètre ; elle le revend 10 fr. 2/5. Quel est son bénéfice ?

3125. Chaque jour, un homme fume pour 1/10 de franc : sa femme prise pour 1/25 de franc ; deux de leurs enfants dépensent en futilités chacun 4/25 de franc. Quel sera, à la fin de l'année, le total des dépenses inutiles de cette famille ?

3126. Une montre qui retarde de 3 minutes par demi-heure, a été réglée à midi. Quelle heure sera-t-il lorsqu'elle marquera 8 heures 3/4 ?

3127. Deux associés se partagent 9.600 fr.; le premier en prend les 7/12 et le deuxième a le reste. Quelle est la part de chacun ?

3128. Quelle est la surface d'un tableau dont la longueur est de 1 m. 2/3 et la largeur les 4/5 de la longueur ?

3129. Un jardin a 65 m. de long. Quelle en est la surface en décamètres carrés si la largeur est égale aux 3/8 de la longueur ?

3130. En 5 minutes, un premier copiste écrit le 1/5 d'une page, et un deuxième en écrit les 2/7. Quel sera le nombre de pages écrites par les deux copistes en 18 jours de 5 heures ?

Division des fractions

246. Pour diviser une fraction par un nombre entier, *on multiplie le dénominateur par le nombre entier.*

Soit à diviser 5/7 par 3.

$$\text{Le quotient égale } \frac{5}{7\times3}=\frac{5}{21}.$$

On diviserait encore une fraction par un nombre entier *en divisant le numérateur par le nombre entier*, quand le numérateur est un multiple de ce nombre entier.

Soit à diviser 9/11 par 3.

$$\text{Le quotient égale } \frac{9:3}{11}=\frac{3}{11}$$

247. Pour diviser un nombre entier par une fraction, *on multiplie le nombre entier par le dénominateur de la fraction et l'on écrit le numérateur sous le produit, en forme de dénominateur.*
On dit plus simplement : *qu'il faut multiplier le nombre entier par la fraction diviseur renversée.*

Soit à diviser 3 entiers par 6/7.

$$\text{Le quotient égale } \frac{3\times7}{6}=\frac{21}{6}=3\frac{3}{6}=3\frac{1}{2}.$$

248. Pour diviser une fraction par une fraction, *il faut multiplier la fraction dividende par la fraction diviseur renversée.*

Soit à diviser 5/8 par 3/4.

$$\text{Le quotient égale } \frac{5\times4}{8\times3}=\frac{20}{24}=\frac{5}{6}$$

Si les fractions sont accompagnées d'entiers, *on réduit ces entiers en expressions fractionnaires et l'on opère comme ci-dessus.*

EXERCICES ORAUX ET PROBLÈMES

3131. De combien de manières peut-on rendre la fraction 8/9 quatre fois plus petite?

3132. Quel est le quotient de 6/7 par 3/4?

3133. Quel est le quotient de 8 1/3 par 5 5/9?

3134. Diviser 9 9/35 par 1 11/70.

3135. Le produit de deux nombres est 76 1/3 ; si l'un est 4/9, quel est l'autre?

3136. Quel nombre doit multiplier 76 pour donner 1/7?

3137. Quel est le nombre qui, étant multiplié par 7/9, égale 8/15?

3138. Quel est le nombre qui est 5 fois plus petit que 9/11?

3139. On donne 36 objets pour 22 fr. 3/5. Quel est le prix d'un seul?

3140. On paye 35 fr. 1/5 pour 3 m. 15 de drap. Que coûte le m.?

3141. Un élève fait 15 problèmes en 1 heure 1/4. Combien en fait-il en un quart d'heure?

3142. Un voyageur a fait 265 km. 2/7 en 5 jours de 10 heures 1/5. Combien en a-t-il fait par heure?

3143. On a payé 25 fr. pour 6 m. 1/3 de drap. Quel est le prix du mètre?

3144. Pour 350 fr. 1/2 on a 84 mesures 1/5 de froment. Combien en a-t-on pour 1 fr.?

3145. Un ouvrier a gagné 6 fr. 1/5 en 12 heures 1/4. Combien a-t-il gagné par heure?

3146. Trouver le quotient de 8,5 par 2/3.

3147. Trouver le quotient de 15 5/7 par 0,4.

3148. Combien de fois 7/8 contiennent-ils 2/9?

3149. Par quel nombre faut-il multiplier 4/5 pour avoir 2 3/4?

3150. Quelle est la somme dont les 4/5 égalent 1.512 fr.?

3151. Il faut 21 jours pour faire les 3/11 d'un ouvrage. Combien faut-il de jours pour faire tout l'ouvrage?

3152. Les 2/5 d'une pièce de vin valent 49 fr. Quel est le prix de la pièce entière?

3153. En 3/4 d'heure un ouvrier fait 7/8 de mètre. Combien en fait-il par heure?

3154. Quel est le prix d'un mètre, si 2/9 coûtent 5/6 de franc?

3155. Dire le prix d'une journée, si l'on paye 1 fr. 80 pour les 3/5?

3156. Si les 4/5 d'un travail coûtent 180 fr., combien coûte le travail entier?

3157. Les 5/13 d'une marchandise ont coûté 725 fr. Quel est le prix total de cette marchandise?

3158. En tirant 25 litres 5/7 d'un fût de vin, on en réduit le contenu à ses 3/7. Combien ce fût renfermait-il de litres de vin ?

3159. En 5/6 d'heure une fontaine remplit les 2/9 d'un bassin. Quelle partie du bassin remplit-elle en une heure ?

3160. Les 3/5 d'un nombre valent 1.131. Quel est ce nombre ?

3161. Quel est le nombre dont les 2/7 égalent 420 ?

3162. Quelle est la fraction dont les 3/11 égalent 1/9 ?

3163. Les 3/4 d'un m. de drap coûtent 18 fr. Que coûtent les 7/8 ?

3164. Les 2/3 d'une pièce de vin coûtent 64 fr. Que coûte la pièce ?

3165. Les 4/5 d'une journée valent 2 fr. 60. Que coûte la journée ?

3166. Si 2/3 de mètre se payent 2 fr. 40, combien vaut le mètre ?

3167. Par quel nombre faut-il diviser 4/5 pour avoir 5/4 ?

3168. Par quel nombre faut-il multiplier 75 3/5 pour avoir 10 ?

3169. Quel est le nombre qui est 16 fois 1/2 plus petit que 87 2/3 ?

3170. Une personne qui devait 650 fr. a payé les 4/5 de sa dette. Que lui reste-t-il à payer ?

3171. Les 7/8 d'une propriété coûtent 35.000 fr. Quel est le prix de cette propriété ?

3172. Quel est le nombre dont les 5/8 égalent 3/4 d'unité ?

3173. Quels sont les 2/5 d'un nombre dont les 3/4 égalent 375 ?

3174. Les 2/7 d'un nombre égalent les 4/5 de 175. Quel est ce nombre ?

3175. Quel est le nombre dont les 3/4 égalent 72 ?

3176. J'ai payé 16 fr. 3/4 pour 6 journées 2/3. Combien ai-je payé par journée ?

3177. Un ouvrier en 5 heures 3/4, fait 12 m. 2/3. Combien en fait-il en une heure ?

3178. Une montre, en 3 jours 2/3, avance de 10 minutes 3/4. De combien avance-t-elle en un jour ?

3179. Une roue fait 105 tours en 5/7 de minute. Combien fait-elle de tours en une minute ?

3180. En 3/4 d'heure un ouvrier a fait 15 m. 2/3. Combien fait-il de mètres dans une heure ?

3181. Quel est le nombre dont les 2/3 divisés par 7 donnent 6 ?

3182. Quelle est la fraction qui est 4 fois 2/3 plus petite que 8/9 ?

3183. Quelle fraction devient 7/9 quand on la multiplie par 2/3 ?

3184. Pendant les 2/3 de l'année, un domestique économise 365 fr. Quelle somme économisera-t-il en un an ?

3185. Avec 5 pièces de toile de chacune 51 m. 1/2, combien fera-t-on de chemises, s'il faut 2 m. 1/3 pour chacune ?

3186. En combien de temps un tonneau de 248 litres sera-t-il vidé par un robinet qui donne 15 litres 3/4 par minute ?

3187. Une personne charitable lègue à 36 pauvres 12 pièces de toile de 45 m. 3/4. Quelle sera la part de chacun ?

3188. Un écrivain a 360 pages à copier. Quel temps lui faudra-t-il, s'il écrit 2 pages 1/5 en une demi-heure ?

3189. Quel temps faudra-t-il pour remplir un bassin de 950 m³ à une fontaine qui donne par heure 1 m³ 2/5 ?

3190. Les 3/5 d'une marchandise valent 4 fr. 1/4. Quel est le prix de cette marchandise?

3191. Une pièce de ruban ayant 15 m. 2/3 a été payée 54 fr. Combien coûte le mètre?

3192. Une montre retarde de 3 heures 25 minutes en 54 h. 1/3. De combien retardera-t-elle par heure?

3193. En 15 minutes 1/3, une roue fait 368 tours 1/4. Combien en fait-elle par minute?

3194. Sur les deux côtés d'une route de 7 km. 3/4, on doit faire planter 3.100 arbres. A quelle distance seront-ils?

3195. Un ouvrier doit faire 120 m. de velours ; il en fait 5/8 de mètre par jour. Quel temps lui faudra-t-il?

3196. Un passementier met 4 heures pour faire les 3/5 d'un mètre de galon. Combien de jours de 12 heures emploiera-t-il pour en faire 118 m. 3/4?

3197. Un coquetier a gagné 25 fr. sur la vente d'un certain nombre d'œufs qui lui avaient coûté 4/100 de franc pièce et qu'il a revendus les uns dans les autres 15/25 de franc la douzaine. Combien en avait-il acheté?

3198. Une pompe donne 15 litres d'eau en 20 coups de piston ; une seconde en donne 25 litres en 30 coups. Quelle est la plus abondante, et de combien par coup de piston?

3199. Une règle a 1 m. 2/5 de long , on la partage en 5 morceaux égaux. Quelle est la longueur totale de 3 morceaux?

3200. Une corde avait 13 m. 1/4, elle a été coupée en trois parties égales. Quelle est la longueur totale de deux parties?

3201. On a mis 833 litres de vin dans trois pièces 2/5. Combien chaque pièce contient-elle de litres?

3202. Quel est le nombre qui est 15 fois 1/3 plus petit que 67 1/2?

IV

Conversion des fractions ordinaires en décimales et réciproquement.

249. Pour CONVERTIR UNE FRACTION ORDINAIRE EN FRACTION DÉCIMALE, *il faut diviser le numérateur par le dénominateur de la manière indiquée aux numéros 109 et suivants.*

250. Pour CONVERTIR UNE FRACTION DÉCIMALE EN FRACTION ORDINAIRE, *il faut prendre pour numérateur l'ensemble des chiffres décimaux, et pour dénominateur l'unité, suivie d'autant de zéros qu'il y a de décimales.* On simplifie ensuite la fraction, s'il est possible.

Par exemple, la fraction $0,75 = \dfrac{75}{100} = \dfrac{3}{4}$. On aurait de même

$$4,35 = 4\dfrac{35}{100} \text{ ou } \dfrac{435}{100} = 4\dfrac{7}{20} \text{ ou } \dfrac{87}{20}$$

RÉCAPITULATION

3203. J'ai fait les 3/5 et les 2/9 d'un ouvrage. Que me reste-t-il encore à faire?

3204. J'ai payé les 2/7 plus les 4/11 de mes dettes. Que me reste-t-il à payer?

3205. Quels sont les 5/8 des 2/3 de 9 fr. 3/4?

3206. Quelle est la fraction qui devient 7/8 si on l'augmente de 2/3?

3207. Quelle est la fraction qui devient 1/9 si on la diminue de 3/5?

3208. Quelle est la fraction qui devient 2/15 si on la divise par 5/8?

3209. Quel est le nombre qui est 12 fois 3/5 plus grand que 40 4/5?

3210. Si d'un tas de pierres de 6 m³ 4/5 on ôte 2 tombereaux de 1 m³ 6/8, combien restera-t-il?

3211. Quelle est la valeur des 13/15 de 60 ares de terrain, à 4 fr. 3/4 le mètre carré?

3212. L'hectolitre de graines de colza produit 25 kg. d'huile. Combien en produisent 2 hl. 3/4?

3213. Un ouvrier a travaillé pendant 8 jours 1/4 plus 6 jours 2/3, plus 7 jours 3/4 et 9 jours 1/3, à raison de 4 fr. par jour. Combien lui doit-on?

3214. Une personne hérite des 4/5 d'une succession s'élevant à 15.600 fr. et dépense les 2/3 de ce qu'elle reçoit. Combien lui reste-t-il?

3215. Quel est le prix de 16 m. 1/5 de drap, à 13 fr. 8/9 le mètre?

3216. Si 4 m. 7/12 de toile coûtent 9 fr. 1/6, que vaut le mètre?

3217. Des 3/4 de 8 ôtez les 5/8 de 4.

3218. Quel est le nombre dont les 2/3 moins les 3/5 égalent 4?

3219. Quel est le nombre dont les 5/8 plus les 2/7 égalent 102?

3220. Quel est le tiers des 5/8 de 480?

3221. Quel est le nombre qui surpasse ses 5/7 de 18?

3222. Trouver un nombre tel qu'il y ait 5 de différence entre ses 2/3 et ses 5/8?

3223. Les 2/3 d'un ouvrage coûtent 64 fr. Quel est le prix des 5/6?

3224. De quel nombre 728 est-il les 7/9?

3225. Mon âge augmenté de sa moitié donnerait 57 ans. Quel est mon âge?

3226. Quelle différence y a-t-il entre le 1/20 et le 1/25 de 12.000 fr.

3227. En payant 12 fr.75 j'acquitte les 4/5 d'une dette. Quelle est cette dette?

3228. Je devais 18 fr. 2/3, j'ai payé 13 fr. 5/8. Que me reste-t-il à payer?

3229. Une pièce de drap a 38 m. 4/5. On en vend 17 m. 1/2 à 21 fr. le mètre, et le reste à 24 fr. 3/4 le mètre. Quelle somme a-t-on reçue?

3230. Il faut chaque jour 2/3 d'hectolitre de charbon pour chauffer un appartement. Quelle sera la dépense pour 180 jours, si l'hectolitre coûte 2 fr. 80?

3231. Un ouvrier gagne 3/5 de franc à l'heure. Que lui doit-on pour 3/4 d'heure?

3232. J'ai payé le tiers et le quart d'une dette et je dois encore 787 fr. 50. Combien devais-je?

3233. Combien faut-il de bouteilles de 2/3 de litre pour soutirer un tonneau de vin de 530 litres?

3234. Combien doit-on à un ouvrier pour 25 journées 3/4 à 4 fr.50?

3235. Deux ouvriers ont fait ensemble un travail pour 120 fr. Le premier y a employé 10 jours 1/4 et le deuxième 13 jours 3/4. Combien chacun doit-il recevoir?

3236. J'ai payé les 3/4 d'une dette sur laquelle je dois encore 3.645 fr. Quelle était cette dette?

3237. Partager 4.500 fr. entre deux personnes, de manière que l'une ait les 3/5 de cette somme et l'autre le reste? ,

3238. Les 3/5 plus les 3/4 moins les 3/7 d'un tonneau de vin égalent 161 litres 1/4. Quelle est la contenance du tonneau entier?

3239. Les 2/3 plus le 1/4 moins les 5/8 de mon loyer s'élèvent à 29 fr. 75. Quel est le total de ce loyer?

3240. Calculez la somme, la différence, le produit et le quotient des nombres 10 2/7 et 3 8/9.

3241. Quelle était la longueur d'une corde, si, après en avoir coupé 5 m. 2/3, il en reste 12 m. 5/6?

3242. Une roue fait 18 tours 1/2 par minute. Combien en fera-t-elle en 5 heures 3/4?

3243. Après avoir fait le 1/3 et le 1/4 d'un travail, qu'en reste-t-il?

3244. Un ouvrier gagne 4 fr.80 par journée de 12 heures. Il a perdu 3/4 d'heure le matin et 1 heure 1/2 le soir. Combien lui doit-on?

3245. Combien doit-on payer pour 35 journées dont les 2/5 à 4 fr. 25 et le reste à 3 fr. 50?

3246. Partager 280 fr. en deux parties dont la petite soit les 2/5 de la plus grande.

3247. Quels sont les 3/5 des 7/8 de 40 fr?

3248. Quel est le nombre qui, augmenté de ses 3/4 égale 70?

3249. Quel est le nombre dont les 7/8 égalent 140?

3250. Quel est le nombre dont les 8/9 diminués de 7 égalent 2?

3251. Trouver le nombre dont les 3/5 égalent les 3/4 de 720.

3252. Un nombre, augmenté de ses 2/3 égale 3.140. Quel est-il?

3253. Un nombre, diminué de ses 3/4, égale 471. Quel est-il?

3254. Les 2/5 plus les 7/8 d'un nombre font 510. Quel est ce nombre?

3255. Quel est le nombre dont les 3/4 plus les 4/5 font 62?

3256. En vendant une maison 10.374 fr., on gagne le vingtième du prix d'achat. Combien l'avait-on achetée?

3257. Quel est le nombre qui est 25 fois 1/2 plus petit que 216 3/4?

3258. Les 7/8 d'un nombre égalent 5.600. Quel est-il?

3259. Quels sont les 3/7 et demi de 13 entiers?

3260. Les 3/4 de ce que je gagne dans un mois égalent 210 fr. Quel est mon gain annuel?

3261. Un ouvrier gagne 3 fr. 4/5 par journée de 10 h. 1/3. Combien gagne-t-il à l'heure?

3262. Un voyageur a fait 35 km. en 7 h. 2/3. Combien a-t-il fait de kilomètres à l'heure ?

3263. La différence de deux nombres est 1/8 ; leur somme est 9/11. Quels sont ces nombres ?

3264. Le tiers d'une demi-pièce de vin est payé 20 fr. Combien vaut la pièce entière ?

3265. Quelle est la somme dont les 4/5 suffisent pour payer un champ de 7 ha. 6 ares, à 45 fr. l'are ?

3266. Quel est le nombre qui, étant multiplié par les 2/3 de 162 donne au produit les 3/5 de 185 ?

3267. De quel nombre 45 est-il les 5/8 ?

3268. Un homme boit 4/5 de litre de vin à chacun de ses trois repas. Dans combien de jours aura-t-il bu 325 litres ?

3269. Quel est le nombre dont les 5/7 sont égaux aux 3/4 de 19 1/2 ?

3270. Quel est le nombre dont les 3/4 moins les 2/3 égalent 28 ?

3271. Les deux tiers d'une pièce de vin ont été payés 96 fr. Combien valait la pièce entière ?

3272. Une personne a payé 348 fr. pour les 9/12 de ses contributions. Combien payera-t-elle à la fin de l'année ?

3273. Les 3/4 d'un nombre surpassent les 5/7 de ce même nombre de 67. Quel est ce nombre ?

3274. Si mon argent augmentait de ses 2/5, j'aurais 2.639 fr. Combien ai-je ?

3275. Quel est le nombre qui dépasse ses 4/5 de 104 unités ?

3276. Quel nombre diminué de ses 5/8 se réduit à 180 ?

2377. Une somme augmentée de ses 3/8 et de ses 2/9 vaut 1.150 fr. Quelle est cette somme ?

3278. Quelle est la somme qui, diminuée de son quart et de ses 2/5, devient 140 fr. ?

3279. Quel est le tiers et demi de 11 ?

3280. J'ai payé 18 fr. 4/5 pour 8 m. 2/3 de toile. Combien m'a coûté le mètre ?

3281. Il faut 287 bouteilles pour contenir le vin d'un tonneau de 215 litres 1/4. Quelle est la contenance d'une bouteille ?

3282. Quelle est la longueur d'une pièce de toile dont les 2/5 vendus 3 fr. 80 le mètre ont rapporté 114 fr. ?

3283. Quelle est la distance qui sépare deux villes, si les 3/11 de la route qui les unit ont 5 km. 2/5 ?

3284. La différence entre les 6/7 et les 5/8 d'une somme en or est de 4.030 fr. Quelle est cette somme ?

3285. Quelle est la capacité d'un tonneau dont les 3/8 sont de 90 litres ?

3286. Les 3/4 d'une pièce d'étoffe coûtent 96 fr. Quel est le prix de la pièce entière ?

3287. J'ai payé les 3/4 des 5/6 d'une dette et je dois encore 150 fr. Combien devais-je ?

3288. Le quart d'une somme surpasse le cinquième de cette même somme de 26 fr. Quelle est cette somme ?

3289. Un ouvrier fait 1 m. 2/7 d'ouvrage en 2 heures. Combien en ferait-il en 5 heures ?

3290. Un tisserand fait 2 m. 1/3 en 1 heure 1/4. Combien mettra-t-il d'heures pour faire 24 m. ?

3291. Si l'on augmentait mon âge de ses 2/3 et de ses 3/4, j'aurais 58 ans. Quel est mon âge ?

3292. Le double d'un nombre, augmenté de ses 2/3 égale 72. Quel est ce nombre ?

3293. Les 3/7 plus les 2/5 d'une pièce de toile ont coûté 116 fr. Quel est le prix de la pièce entière ?

3294. Par quel nombre faut-il diviser 7/8 pour avoir 3/4 ?

3295. On remplit une cuve aux 3/4 en y versant 27 hl. Quelle est la capacité de cette cuve ?

3296. Un ouvrier fait 9 m. d'ouvrage en 3/4 d'heure. Combien en peut-il faire en 6 h. 1/2 ?

3297. Les 2/3 plus les 3/5 d'une somme égalent 3.800 fr. Quelle est cette somme ?

3298. Une source remplit les 3/20 d'un bassin en 6/7 de jour. Combien de temps lui faut-il pour le remplir tout entier ?

3299. La somme de deux nombres est 45 ; le plus petit égale les 4/5 du plus grand. Quels sont ces nombres ?

3300. Quel est le prix d'une maison dont le 1/3 du 1/5 de la valeur égale 3.000 fr. ?

3301. Quel est le nombre qui diminué de ses 2/7 devient 350 ?

3302. Avec 1/6 de mètre de drap on fait une casquette. Combien en fera-t-on avec 7 mètres 5/6 ?

3303. La somme de trois quantités égales est 42/75. Quelles sont-elles ?

3304. Si j'avais 22/4 de francs, combien aurais-je de francs ?

3305. Combien y a-t-il de mètres dans 96/8 de mètre ?

3306. Une roue fait 8 tours 1/4 dans la première minute, 14 tours 2/5 dans la seconde, et 18 3/5 dans la troisième. Combien en a-t-elle fait en tout ?

3307. J'avais 12 mesures 1/2 de blé. J'en ai consommé 7 1/4. Combien m'en reste-t-il ?

3308. J'ai acheté 8 caisses de savon pesant chacune 42 kg. 2/3. Quel est le poids total de ces 8 caisses ?

3309. En dépensant 25 fr. et demi, j'ai diminué ma bourse de ses 3/5. Combien avais-je ?

3310. Avec 3/4 de mètre de drap on fait une veste à un enfant. Combien en fera-t-on avec 18 m. ?

3311. Avec 15.000 fr. on a payé les 3/4 d'une propriété. Quelle est sa valeur totale ?

3312. Un homme a fait 1/2 journée plus 1/4+3/4+2/8 de journée. Combien de journées a-t-il faites en tout ?

3313. J'ai acheté 12 m. 1/4 de drap à 15 fr. 1/2 le mètre. Pour quelle somme en ai-je pris ?

3314. J'ai dépensé les 2/5 et les 3/8 de mon avoir, et il me reste encore 3.478 fr. 45. Combien avais-je?

3315. J'avais 35 fr. dans ma bourse, j'en ai donné les 4/7 à un pauvre. Dites ce que j'ai donné et ce qui me reste?

3316. J'ai vendu en trois fois 12 m. 1/4, 6 m. 7/8 et 9 m. 3/7. Combien de mètres ai-je vendus en tout?

3317. Quelle est la somme dont les 3/4 valent 7 fr. 1/2?

3318. Le 6e d'un nombre est 37. Quel est ce nombre?

3319. La somme de deux fractions est 13/18 ; si l'une est 2/5, quelle est l'autre?

3320. Quelle est la fraction dont le double est 5/6?

3321. Trouver le nombre dont le quintuple est 70 1/3?

3322. De quel nombre 36 est-il le sextuple?

3323. On veut partager 36 en 5 parties égales. Dites la valeur de chaque partie?

3324. Un associé reçoit 3.600 fr. pour sa part de bénéfice. Quel a été le gain de la société, si cette part en est la 17e partie?

3325. Quelle est la fraction dont le quadruple est 9/10?

3326. Quelle est la fraction qui devient 2/3 si on l'augmente de 3/5?

3327. Quelle est la fraction qui devient 5/6 si on la multiplie par 2?

3328. Quel est le nombre qui devient 7/9 quand on le divise par 13?

3329. Quelle est la fraction qui devient 6/9 si on la multiplie par 4/5?

3330. Quelle fraction est 3 fois plus petite que 2/5?

3331. De quel nombre 25 est-il le cinquième?

3332. Une pièce de drap a 18 m. 5/7 ; on en vend 7 m. 3/5. Dites ce qu'il en reste?

3333. Un meuble coûte 175 fr.; j'en ai payé les 5/8. Comb en dois-je encore?

3334. Les 2/5 de ce que je gagne dans un mois égalent 150 fr. Quel est mon gain par an?

3335. Un voiturier a transporté 240 kg. de pommes de terre ; si on lui donne les 3/17, combien aura-t-il de kg.?

3336. J'avais 35 fr.; j'en ai dépensé d'abord 8 3/5, puis 12 5/8. Combien me reste-t-il?

3337. Un marchand a vendu 3 m. 1/4, 5 m. 3/5 et 4 m. 3/4. Combien a-t-il vendu de mètres en tout?

3338. On a 3 m. 1/5 de drap et il en faudrait 7 m. 2/9. Combien en manque-t-il?

3339. Une mère donne le 1/10 d'un cornet de dragées à sa petite fille, le 1/9 au plus jeune de ses fils, le 1/8 à l'aîné, et garde le reste pour une autre fois. Quelle partie du cornet reste-t-il?

3340. Un professeur donne le 1/6 d'un panier de cerises au premier de ses élèves, le 1/5 du reste au deuxième, et le 1/4 du reste au troisième. Quel est celui qui reçoit le plus?

3341. Quel est le nombre dont le 1/5 est 3/9?

3342. Lorsque la douzaine de mouchoirs coûte 8 fr. 25, quel est le prix des 5/6 d'une douzaine?

3343. A 2 fr. 55 le 1/3 de mètre, quel est le prix du mètre ?

3344. A 5 fr. 50 la grosse de crayons, quel est le prix des 4/5 de la grosse ?

3345. Lorsque la douzaine d'écrevisses se vend 0 fr.20, quel est le prix de 25 douzaines 1/3 ?

3346. Il faut 7 jours pour faire un certain ouvrage. Combien en fera-t-on en 2 jours ?

3347. En trois mois de 25 jours de travail, un ouvrier a fait un ouvrage. Combien en a-t-il fait en 1/3 de mois ?

3348. En 15 heures une roue fait 3.600 tours : si elle allait trois fois moins vite, combien en ferait-elle en une heure ?

3349. Un tailleur met 3/4 de jour pour faire un pantalon. Quel temps mettra-t-il pour en faire 3 douzaines 1/4 ?

3350. Un charpentier met 5 heures pour équarrir une poutre. Combien en équarrit-il en 25 minutes ?

3351. Un laboureur ensemence 1 are de terrain en 2/18 d'heure. Quel temps lui faudra-t-il pour ensemencer 8 ha ?

3352. Un voyageur ayant 195 km. à parcourir, en fait le premier jour 1/10; le second, 2/13, et le troisième 2/15. Combien lui en reste-t-il à parcourir après ces trois jours ?

3353. Combien reste-t-il à un homme qui avait 42 fr., et qui a dépensé 6 fr. 1/15, 8 fr. 1/4, et enfin 9 fr. 1/5 ?

3354. Dans une caisse renfermant 54 kg. 3/7 de figues, on en a pris 21 kg. 3/8. Combien en reste-t-il ?

3355. Un épicier, ayant acheté 45 kg. de savon, en a vendu 8 kg. 1/4, plus 7 kg. 1/2. Combien en reste-t-il ?

3356. Un marchand a vendu 6 mesures 1/2 de blé, plus 9 mesures 3/4, et 15 mesures 8/9. Combien en a-t-il vendu en tout ?

3357. Quatre ouvriers ont employé à un travail, le premier, 14 jours 3/5 ; le second, 18 jours 2/3 ; le troisième, 22 jours 5/6, et le quatrième, 25 jours 2/3. Combien ont-ils fait de journées en tout ? -

3358. D'une pièce de toile ayant 25 m. 1/2, on a vendu 4 m. 3/8, puis 7 m. 2/3. Calculez ce qu'il en reste ?

3359. D'un tonneau contenant 85 litres de vin, on soutire d'abord 18 litres 3/4, puis on y verse 8 litres d'eau. Combien reste-t-il de litres dans le tonneau ?

3360. Une source donne 9 litres d'eau par minute. Dites combien elle mettra pour remplir un tonneau qui contient 165 litres 1/4 ?

3361. Un homme écrit tous les jours les 2/19 d'un livre qu'il doit copier. Où en sera-t-il de son travail dans 7 jours 1/2 ?

3362. J'avais 8 dames-jeannes contenant ensemble 144 litres 1/2 de vin ; on en a pris une fois 7 litres 1/2, puis 22 litres 3/4, et enfin 24 litres 3/7. Combien m'en reste-t-il encore ?

3363. J'avais dans mon grenier 45 mesures 1/4 de blé, j'en ai pris, à différentes fois, 3 mesures 1/2, puis 8 1/4 et 9 2/5. Combien m'en reste-t-il encore ?

3364. Trois fontaines donnent : la première, 22 litres 1/2 par minute ; la seconde, 32 litres 5/8 ; la troisième 44 litres 2/3. Combien donneront-elles d'hectolitres par heure si elles coulent ensemble ?

3365. J'ai prêté 24 mesures 1/2 de blé pour une semence : on m'en a rendu une fois 7 mesures 1/4 et une autre fois 9 mesures 1/2, puis j'en ai prêté encore 12 mesures 3/4. Combien m'en est-il dû actuellement ?

3366. J'ai 3510 fr. à payer par neuvièmes. De combien sera chaque paiement ?

3367. Un épicier avait 3 balles de riz de 150 kg. chacune à 0 fr.55 le kilo. Pour quelle somme en a-t-il vendu, s'il ne lui en reste que les 3/7 ?

3368. Un épicier fait venir pour 175 fr. de marchandises sur lesquelles il gagne 1/7 ; il en fait encore venir pour 235 fr. et y gagne les 2/8 ; enfin il en fait encore venir pour 325 fr. et y gagne les 2/15. Quel est son gain total ?

3369. Un marchand achète 4 tonneaux de chacun 225 litres de vin à 0 fr. 20 le litre ; il en donne 12 litres aux pauvres et gagne les 2/9 du reste. Quel est son bénéfice ?

3370. Un joueur a commencé le jeu avec 550 fr. : à la première partie il a gagné 1/22 de la somme qu'il possédait, et à la deuxième il a perdu le 1/11 de la même somme. Combien a-t-il actuellement ?

3371. Un général français avec 25.470 soldats avait à combattre un ennemi qui en comptait 22.869 ; dans un premier combat, le Français perdit les 2/13 de son monde et l'ennemi les 2/11 du sien ; dans un second combat, le Français perdit 1/11 et l'ennemi 2/9 des hommes qui étaient restés. Dites la perte totale de chacun ?

3372. Une source donne 1/30 d'hectolitre d'eau par minute. Quel temps mettra-t-elle pour en donner 2 hl. ?

3373. Quelle est la valeur des 2/5 de 3 fr. 75 ?

3374. Une armée de 200.000 hommes perd les 5/16 de ses soldats au combat. Combien lui en reste-t-il ?

3375. Quelle est la somme dont les 5/7 suffisent pour acheter une propriété de 45.000 fr. ?

3376. Quels sont les 6/18 de 3/4 ?

3377. De quel nombre 40 est-il les 5/8 ?

3378. Quel est le nombre dont les 7/8 valent 9/10 ?

3379. Une paire de chandeliers a coûté les 2/8 d'une paire de candélabres dont le prix est de 360 fr. Quel est le prix des chandeliers ?

3280. La longueur d'une table est de 2 m. 3/4, sa largeur est les 2/5 de sa longueur. Quelle est cette largeur ?

3381. Une terre a coûté 135.000 fr., et elle contient 15 ha. 30 a. 34 ca. Quels sont le prix et l'étendue du 1/3 de cette terre ?

3382. Quel est le nombre qui a 5 de différence entre son 1/6 et son 1/4 ?

3383. Quel est le nombre dont les 5/6 sont égaux au 1/3 de 14 ?

3384. Dans une heure je n'aurai plus que le 1/3 de mon devoir à faire, et dans 2 heures il sera terminé. Combien aurai-je mis de temps pour le faire ?

3385. Une fontaine donne 2 litres 1/5 par seconde. Quel temps mettra-t-elle pour remplir un bassin de 8 m. de long, 5 m. de large et 2 m. de haut?

3386. Dans 3 mois l'âge de ma sœur sera augmenté de 1/8. Quel âge a-t-elle maintenant?

3387. Que reste-t-il des 7/8 d'une marchandise dont on a vendu les 3/5?

3388. De quel nombre 56 est-il les 2/5?

3389. Un ouvrier, pendant la première heure, fait le 1/3 de son ouvrage, et pendant la seconde heure il en fait les 2/5. Combien en a-t-il fait en ces deux heures?

3390. La somme de 40 fr. 1/5 a été partagée entre un certain nombre de pauvres qui ont eu chacun 3/5 de francs. Combien étaient-ils?

3391. J'ai vendu les 3/4 d'une pièce de toile et il m'en reste encore 13 m. Quelle était la longueur de la pièce?

3392. Un homme boit les 3/4 d'un litre de vin à chacun de ses repas. Dans combien de jours aura-t-il bu 160 litres 3/4?

3393. J'ai entrepris un ouvrage depuis 3 jours ; le premier jour, j'en ai fait les 2/17 ; le second, les 2/9, et le troisième, les 3/11. Combien en ai-je fait et combien m'en reste-t-il à faire?

3394. Quel est le nombre qui, multiplié par les 4/9 de 234, donne au produit les 9/10 de 200?

3395. De quel nombre 25 est-il les 5/18?

3396. Trois ouvriers se présentent pour faire un ouvrage : le premier peut le faire en 9 jours, le deuxième en 12 et le troisième en 8. S'ils y travaillent ensemble, combien mettront-ils de jours pour le faire?

3397. Un ouvrage est fait par deux ateliers dont l'un fournit 15 ouvriers et l'autre 18. Quelle sera la part de chaque atelier, si le travail est payé 957 fr. 33?

3398. Ma maison vaut 18.500 fr.; celle de Paul ne vaut que les 3/4 de la moitié de la mienne. Combien vaut-elle?

3399. Le seau d'un puits monte chaque fois 8 litres 1/3. Combien faudra-t-il tirer de fois pour remplir 6 tonneaux de chacun 70 l. 12/21?

3400. Un marchand achète 35 hl. 3/14 de blé ; il en vend d'abord 12 hl. 1/12, puis 15 hl. 2/5. Pour quelle somme lui en reste-t-il, s'il le vend 18 fr. l'hectolitre?

3401. Dans une heure j'aurai gagné 0 fr. 55 ou le 1/5 de ma journée. Combien me paye-t-on par jour?

3402. Un propriétaire a fait une coupe de bois qui a produit 835 s. 2/9; il en a vendu à un maître de forge 165 s. 1/2, à chacun de 3 particuliers 75 s. 3/4, et à un autre 86 s. 1/4. Pour quelle somme en a-t-il vendu, si l'on a payé 12 fr. 50 le stère?

3403. Pour vider un bassin qui contient 34 m³ 1/2, on ouvre 3 robinets : le premier vide 12 litres 3/4 en une minute, le second 10 litres 1/2, le troisième 9 litres 1/3. Dans combien de temps le bassin sera-t-il vidé?

3404. Cinq ouvriers travaillant ensemble font chacun 3 m. 2/5 d'ouvrage par jour. Combien mettront-ils de temps pour faire un travail de 275 m. 3/7?

3405. Si je reçois 3 fr. pour les 5/6 d'une journée, combien gagné-je dans une semaine entière?

3406. J'avais les 6/7 de 49 fr., j'en ai donné les 2/8. Que me reste-t-il?

3407. Combien coûteraient 22 tonneaux, si les 3/4 d'un seul valent les 4/5 de 300 fr.?

3408. Une citerne contenant 135 m³ d'eau est munie de deux robinets : le premier donne 45 l. par minute, le second donne les 7/9 du premier. Si on les ouvre en même temps, quand la citerne sera-t-elle vidée? — Combien de litres chaque robinet aura-t-il donnés?

3409. J'ai une terre et une maison ; la terre ne vaut que les 4/9 de la maison. Quelle est la valeur de cette terre, si la maison vaut les 5/7 de 56.770 fr.?

3410. Réduire 3/4, 4/5 et 7/8 en fractions décimales.

3411. Réduire en décimales 9/10, 5/8, 12/16, 20/25.

3412. Réduire en millièmes 3/8, 15/24, 2/3.

3413. Réduire en centièmes 165/620 et 975/1280.

3414. Réduire en millièmes 12 5/11 et 8 13/17.

3415. Réduire en cent-millièmes 7/19, 12/13 et 3 4/7.

3416. Réduire 0,7 ; 0,23 ; 0,519 en fractions ordinaires.

3417. Réduire 0,75 ; 0,125 ; 0,625 et 0,875 en fractions ordinaires réduites à leur plus simple expression.

CHAPITRE VI

PROBLÈMES DIVERS

Résolus par la méthode de l'unité.

251. La MÉTHODE DE L'UNITÉ est l'application des principes des quatre règles et des fractions à la résolution des problèmes.

252. Elle est ainsi appelée, parce que, pour l'ordinaire, on cherche d'abord la valeur d'UNE SEULE UNITÉ, pour avoir ensuite celle de plusieurs, En voici des exemples :

I. Quel est le prix de 85 couteaux à 9 fr. la douzaine?

Solution. Si 12 couteaux coûtent 9 fr., un seul couteau vaut 12 fois moins, ou 9/12 de franc, et les 85 couteaux valent 85 fois plus, ou

$$\frac{9 \times 85}{12} = 63,75$$

Réponse. Les 85 couteaux coûtent 63 fr. 75.

II. Un commerçant donne 5 fr. aux pauvres toutes les fois qu'il gagne 60 fr. Combien aura-t-il gagné quand il aura donné 3.725 fr.?

Solution. Lorsque le commerçant donne 1 fr., il a gagné le cinquième de 60 ou 60/5 de francs ; quand il aura donné 3.725 francs, il aura gagné 3.725 fois plus, ou $\frac{60 \times 3.725}{5} = 44.700$.

Réponse. Le commerçant aura gagné 44.700 fr.

III. Un marchand a vendu le 1/3 et le 1/4 d'une pièce de drap et il en reste encore 10 m. Quelle était la longueur de cette pièce?

Solution. Le marchand a vendu 1/3+1/4=4/12+3/12=7/12 ; donc 5/12 de la pièce égalent 10 mètres ; 1/12 de la pièce =10/5 de mètre, et les 12/12 ou la pièce entière $= \frac{10 \times 12}{5} = \frac{120}{5} = 24$.

Réponse. La pièce de drap avait 24 mètres.

IV. En 4 jours, 6 ouvriers ont fait 150 mètres d'ouvrage. Combien de mètres du même ouvrage feraient 8 ouvriers en 5 jours?

Solution. En un seul jour, les 6 ouvriers auraient fait 4 fois moins d'ouvrage, 150/4, et un seul ouvrier en aurait fait 6 fois moins, c'est-à-dire $\frac{150}{4 \times 6}$. L'expression $\frac{150}{4 \times 6}$ représente l'ouvrage fait par un seul ouvrier en un seul jour. Or, 8 ouvriers, en un jour, en feraient 8 fois plus, ou $\frac{150 \times 8}{4 \times 6}$, et en 5 jours ils en feraient encore 5 fois plus, ou $\frac{150 \times 8 \times 5}{4 \times 6} = 250$.

Réponse. Les 8 ouvriers en 5 jours, feraient 250 mètres d'ouvrage.

V. En supposant que 2 hl 47 de blé donnent 125 kg. de farine, et 100 kg. de farine 133 kg. de pain, combien 39 hl de blé donneront-ils de kilos de pain?

Solution. Puisque 100 kg. de farine donnent 133 kg. de pain, 1 kg. de farine en donne $\frac{133}{100}$ de kg. et 125 kilos de farine en donnent 125 fois plus ou $\frac{133 \times 125}{100}$. Mais 125 kg. de farine sont donnés par 2 hl. 47 ; l'expression $\frac{133 \times 125}{100}$ représente donc la quantité de pain donnée par 2 hl. 47 de blé. Or, un seul hectolitre de blé donne $\frac{133 \times 125}{100 \times 2,47}$ et 39 hectolitres donneront 39 fois plus, ou $\frac{133 \times 125 \times 39}{100 \times 2,47} = 2.625$.

Réponse. Les 39 hectolitres de blé donneront 2.625 kilos de pain.

253. Lorsqu'on prête de l'argent, on en retire ordinairement un bénéfice qu'on appelle INTÉRÊT ; la somme prêtée s'appelle CAPITAL, et ce que l'on retire annuellement pour 100 francs est ce qu'on appelle le TAUX de l'intérêt.

VI. Une personne prête 500 fr. à la condition qu'il lui sera donné, chaque année, un intérêt de 5 fr. pour cent. Combien cette personne recevra-t-elle d'intérêt?

Solution. Pour 100 fr. cette personne recevra 5 fr. ; pour un seul franc elle recevra 100 fois moins ou 5/100 de franc, et pour 500 fr. elle recevra 500 fois plus, ou $\frac{5 \times 500}{100} = 25$ fr.

Réponse. Cette personne retirera de son prêt 25 fr. par an.

VII. Quel sera, après 4 ans, l'intérêt de 1.200 fr. prêtés à 3 %? (% signifie pour cent).

Solution. En un an 100 fr. rapportent 3 fr.; 1 fr. rapporte 3/100 de franc, et 1.200 fr. rapportent $\frac{3 \times 1.200}{100}$. En 4 ans, l'intérêt sera 4 fois plus fort, ou $\frac{1.200 \times 3 \times 4}{100} = 144$.

Réponse. L'intérêt demandé sera de 144 fr.

VIII. Quel sera l'intérêt de 800 fr. prêtés à 3 % pendant 2 ans 3 mois?

Solution. On trouverait comme ci-dessus, qu'en un an les 800 fr. rapportent $\frac{3 \times 800}{100}$. Deux ans trois mois font en tout $12 \times 2 + 3 = 27$ mois; or, pour 1 mois, l'intérêt est 12 fois plus petit que pour un an, ou $\frac{3 \times 800}{100 \times 12}$, et pour 27 mois il est 27 fois plus grand, ou $\frac{3 \times 800 \times 27}{100 \times 12} = 54$ fr.

Réponse. L'intérêt demandé sera de 54 fr.

IX. Quelle somme faudrait-il placer à 2,5 %, pour avoir une rente ou bénéfice annuel de 850 fr.?

Solution. Pour avoir 2 fr. 50 il faudrait prêter 100 fr.; pour avoir un seul franc il faudrait 2,5 fois moins, ou 100/2,5, et pour avoir 850 fr. il faudrait 850 fois plus, ou $\frac{100 \times 850}{2,5} = 34.000$ fr.

Réponse. Pour avoir 850 fr. de rente, il faudrait placer 34.000 fr.

X. A quel taux faudrait-il placer 12.000 fr. pour avoir 600 fr. de rente?

Solution. 12.000 fr. devant rapporter 600 fr. un seul franc rapporterait 600/12000, et 100 fr. rapporteraient $\frac{600 \times 100}{12.000} = 5$.

Réponse. Pour avoir 600 fr. de rente, il faudrait prêter les 12.000 fr. à 5 %.

254. Lorsqu'on paye une dette ou un effet de commerce avant son échéance, on fait ordinairement une retenue qui s'appelle ESCOMPTE.

On calcule l'escompte comme l'intérêt, d'après le temps et le TAUX D'ESCOMPTE, c'est-à-dire la remise ou retenue faite sur 100 fr.

XI. Un marchand achète 156 mètres de drap à 15 fr. le mètre. Combien doit-il débourser si le vendeur lui fait une remise de 5 %.

Solution. Le prix du drap est de $15 \times 156 = 2.340$ fr. Sur 100 fr., la remise étant de 5 fr., sur 1 fr. elle sera de $\frac{5}{100}$, et pour 2.340 fr. elle sera de $\frac{2.340 \times 5}{100} = 117$ fr.

Réponse. Le marchand devra payer $2.340 - 117 = 2.223$ fr.

XII. Une personne reçoit un billet de 850 fr. payable dans 6 mois. Elle fait une remise de 4 % à celui qui le lui payera comptant. Quelle sera la remise faite sur le billet?

Solution. Sur 100 fr. la remise est de 4 fr.; sur 1 fr. elle sera de $\frac{4}{100}$, et sur 850 fr. elle sera de $\frac{4\times850}{100} = 34$ fr.

Réponse. La remise faite sur le billet sera de 34 fr.

La somme portée sur le billet se nomme *valeur nominale*. Cette somme diminuée de l'escompte est la *valeur actuelle*

XIII. On veut partager 360 fr. entre 3 personnes de manière que les parts soient proportionnelles aux nombres 3, 4 et 5. Quelle sera la part de chacune ?

Solution. Si l'on avait 3+4+5=12 fr. à partager, la première personne aurait 3 fr.; la deuxième, 4, et la troisième, 5. Si l'on n'avait que 1 fr. à partager, les trois parts seraient 3/12, 4/12 et 5/12. Mais comme on a 360 francs, les parts seront 360 fois plus grandes, c'est-à-dire $\frac{3\times360}{12}$, $\frac{4\times360}{12}$, $\frac{5\times360}{12}$, et, en effectuant les calculs :

Réponse. La part de la première personne sera 90 fr.; celle de la deuxième, de 120 fr., et celle de la troisième, de 150 fr.

XIV. Trois commerçants associés ont fait un bénéfice de 1.200 fr. Le premier avait mis dans la société 900 fr., le deuxième 600 fr., et le troisième, 1.500 fr. Quelle est la part de bénéfice qui revient à chacun?

Solution. Les parts doivent être proportionnelles aux mises de chaque associé, et, par suite, la question revient à partager 1.200 fr. proportionnellement aux nombres 900, 600 et 1.500. Or, 900+600+1500 ou 3.000 fr. ayant produit 1.200 fr. de bénéfice, 1 seul franc produit $\frac{1.200}{3000}$; ce qui donne $\frac{1.200\times900}{3000}$ pour la première part, $\frac{1.200\times600}{3000}$ pour la deuxième, et $\frac{1.200\times1.500}{3.000}$ pour la troisième, ou, en effectuant les calculs :

Réponse. La part du premier commerçant est de 360 fr.; celle du deuxième, de 240 fr., et celle du troisième, de 600 fr.

XV. Trois négociants se sont associés pour une entreprise : le premier a mis 12.000 fr. ; 4 mois plus tard, le second a mis 15.000 fr., 8 mois plus tard, le troisième a mis 2.000 fr. Au bout de 2 ans, les associés ont gagné 5.800 fr. Que revient-il à chacun?

Solution. La mise du premier pendant 2 ans ou 24 mois, revient à 12.000×24=288.000 fr. placés pendant un mois ; celle du second revient de même à 15.000×20=300.000 fr. et celle du troisième, à 2.000×12=24.000 fr. Le bénéfice total est donc égal à celui que produiraient 288.000+300.000+24.000=612.000 fr. pendant 1 mois. Or, 1 fr. donnerait, dans le même temps, $\frac{5\,800}{612.000}$; les parts de bénéfice sont donc $\frac{5.800\times288.000}{612.000}$, $\frac{5.800\times300.000}{612.000}$, $\frac{5.800\times24.000}{612.000}$, et, en effectuant les calculs :

Réponse. Il revient au premier commerçant 2.729 fr. 40 ; au deuxième 2.843 fr. 15, et au troisième, 227 fr. 45.

XVI. Une personne veut donner 36 fr. à trois pauvres ; mais

elle veut que le premier ait la 1/2 ; le deuxième le 1/3, et le troisième le 1/4 de cette somme. Dites quelle sera la part de chacun?

Solution. Les trois pauvres doivent avoir ensemble 1/2+1/3+1/4 ou 6/12+4/12+3/12=13/12 de la somme ; ces 13/12 valent 36 fr.; 1/12 vaut 36/13 de franc ; et les 6/12 que doit avoir le premier valent $\frac{36\times6}{13}$. On trouverait de même, pour les deux autres $\frac{36\times4}{13}$ et $\frac{36\times3}{13}$. Effectuant les calculs, on a :

Réponse. Première part, 16 fr. 615 ; deuxième part, 11 fr. 077 ; troisième part, 8 fr. 308.

255. Dans les cas semblables, on ramène les réponses à renfermer un nombre exact de fois 5 centimes, parce que la pièce de cinq centimes est la plus petite pièce usuelle. On aurait ainsi 16 fr. 60 pour le premier pauvre, 11 fr. 10 pour le deuxième et 8 fr. 30 pour le troisième.

XVII. Un négociant ayant placé à 5 % un capital que l'on ne connaît pas, reçut au bout de 4 ans tant pour le capital que pour les intérêts, 10.305 fr. Quel était ce capital ?

Solution. La valeur du capital 100 fr. pour 4 ans et à 5 % est de 100+5×4=120 fr. Si la valeur de 120 fr. vient du capital 100 fr., celle de 1 fr. viendrait de 100/120 et celle de 10.305 fr. vient de $\frac{100\times10.305}{120}$ ou 8.587 fr. 50.

Réponse. Le capital demandé est de 8.587 fr. 50.

PROBLÈMES

3418. A 1 fr. les 100 pommes, combien valent les 12?

3419. A 1 fr. 25 les 100 pommes combien valent 26?

3420. A 1 fr.50 les 100 pommes, combien valent 29?

3421. A 1 fr.75 les 100 pommes, combien valent 156?

3422. A 1 fr.80 les 100 pommes, combien valent 285?

3423. Combien de poires pour 6 fr., si le cent vaut 1 fr.?

3424. Combien de poires pour 10 fr., si le cent vaut 1 fr. 60?

3425. Combien de poires pour 12 fr.24, si le cent vaut 1 fr.20?

3426. Combien de poires pour 35 fr. 20, si le cent vaut 1 fr.60?

3427. Combien de poires pour 75 fr.60, si le cent vaut 1 fr.80?

3428. A 50 fr. les 5 m. d'étoffe, combien coûtent 75 m.?

3429. A 60 fr. les 6 m. d'étoffe, combien coûtent 95 m.?

3430. A 525 fr. les 28 m. d'étoffe, combien coûtent 88 m.?

3431. A 450 fr. les 300 m. d'étoffe, combien coûtent 950 m. 20?

3432. A 875 fr. 50 les 412 m. d'étoffe, combien coûtent 1975 m. 85?

3433. Combien de mètres pour 736 fr., à 75 fr. les 5 m.?

3434. Combien de mètres pour 9.730 fr., à 308 fr. les 11 m.?

3435. Combien de mètres pour 2.125 fr. 30, à 265 fr. les 25 m.?

3436. Combien de mètres pour 1.764 fr. 45, à 4.500 fr. les 2.500 m.?

3437. Combien de mètres pour 3.723 fr., à 1.368 fr. 75 les 125 m.?

3438. Les 9 journées coûtant 36 fr. combien coûtent 18?

3439. Les 18 journées coûtant 90 fr., combien coûtent 36?

3440. Les 15 journées coûtant 45 fr., combien coûtent 74 ?

3441. Les 24 journées coûtant 48 fr., combien coûteraient 178?

3442. Les 34 journées coûtant 185 fr., combien valent 969?

3443. A 9 fr. les 100 kg., combien vaudraient 125 kg.?

3444. A 27 fr. les 200 kg., combien vaudraient 964 kg.?

3445. A 380 fr. les 950 kg., combien vaudraient 25 kg.20?

3446. A 75 fr. les 400 kg., combien vaudraient 8 kg. 80?

3447. A 84 fr. les 560 kg., combien payerait-on 1 kg. 800?

3448. Pour 84 fr., combien aurait-on de kilos à 12 fr. les 100 kg.?

3449. Pour 102 fr., combien de kilos à 13 fr.60 les 500 kg.?

3450. Pour 8 fr.50, combien aurait-on de kilos à 5 fr. les 41 kg.?

3451. Pour 9 fr. 10, combien de kilos à 0 fr.75 les 4 kg. 50?

3452. Pour 8 fr. 75, combien de kilos à 0 fr.35 les 2 kg. 50?

3453. A 9 fr. les 3 journées, combien en payerait-on avec 960 fr.?

3454. A 13 fr. les 4 journées, combien en payerait-on avec 754 fr.?

3455. A 15 fr. les 8 journées, combien en payerait-on avec 360 fr.?

3456. A 117 fr. les 36 journées, combien en paye-t-on avec 9767 fr.80?

3457. A 130 fr. les 65 journées combien en paye-t-on avec 10.860 fr?

3458. A 860 fr. les 25 mètres, combien coûteraient 100 m.?

3459. A 3 fr. les 30 mètres, combien coûteraient 525 m.?

3460. A 4 fr. les 150 mètres, combien coûteraient 15 m.?

3461. A 12 fr. les 90 mètres, combien coûteraient 30 m.?

3462. A 15 fr. les 150 mètres, combien coûteraient 180 m.?

3463. Combien aurait-on de cents pour 15 fr., à 0 fr.25 les 5?

3464. Combien aurait-on de cents pour 13 fr., à 0 fr.80 les 4?

3465. Combien aurait-on de cents pour 19 fr.20, à 4 fr.80 les 9?

3466. Combien aurait-on de cents pour 9 fr.90 à 3 fr.30 les 21?

3467. Combien aurait-on de cents pour 13 fr., à 3 fr.25 les 43?

3468. Quel sera le prix de 100 m. d'étoffe, lorsque 8 m. coûtent 80?

3469. Lorsque 40 ouvriers font 120 m. d'ouvrage, combien 30 ouvriers en feront-ils?

3470. Une diligence parcourt 80 Mm. en 10 jours. Quelle distance parcourra-t-elle en 65 jours?

3471. Combien payera-t-on pour 48 kg. de pain, lorsque 75 kg. coûtent 25 fr.?

3472. On a payé 65 fr. pour une douzaine de chemises, combien payera-t-on pour 8 douzaines et demie?

3473. Que payera-t-on pour 84 journées à 13 fr. 60 les 5?

3474. Huit pièces de vin contiennent ensemble 1.632 litres. Combien 25 pièces semblables en contiennent-elles?

3475. Quatre mètres de drap coûtent 38 fr. Que payera-t-on pour 135 mètres?

3476. Deux pièces de drap contiennent chacune 36 m. et coûtent 748 fr. Combien coûteraient 12 pièces semblables?

3477 On a gagné 39 fr. en vendant 185 m. de drap. Combien gagnerait-on sur 765 m. 90 du même drap?

3478. Combien faudrait-il de jours à 24 ouvriers pour faire autant d'ouvrage que 8 en 15 jours?

3479. Il faut 20 jours à 6 ouvriers pour creuser un réservoir. Combien faudrait-il d'ouvriers pour le creuser en 5 jours?

3480. Il faut 130 journées de 10 heures pour défricher un champ. Combien faudrait-il de journées de 12 heures?

3481. Il faut 8 journées de 12 heures à 15 moissonneurs pour lever une récolte. Combien de journées mettraient-ils s'ils étaient 3 hommes de plus?

3482. Pour bêcher une terre de 250 ares, 5 ouvriers ont travaillé 15 jours. Combien mettraient-ils de jours pour en bêcher une de 6 ha.?

3483. Combien faut-il de jours à 4 ouvriers pour faire autant d'ouvrage que 16 ouvriers en 12 jours?

3484. Combien 8 ouvriers mettront-ils de jours pour faire autant d'ouvrage que 16 ouvriers en 74 jours?

3485. En 72 jours, 29 ouvriers ont creusé une cave. Combien aurait-il fallu de jours à 12 ouvriers?

3486. Combien un ouvrier devra-t-il faire de journées de 8 heures pour faire autant de travail qu'un autre en 15 journées de 7 heures?

3487. Dire le prix de 3 hl. de blé, à 0 fr. 13 les 5/6 de litre.

3488. A 25 fr. les 7/5 d'une voiture de bois, trouvez le prix de 25 voitures pareilles.

3489. On a payé 117 fr. les 3/4 d'une pièce de drap. Quel est le prix de toute la pièce?

3490. Deux enfants payent 0 fr.45 pour les 3/7 d'un panier de cerises. Combien auraient-ils payé pour le panier entier?

3491. Avec 3.640 fr. on paye 56 ouvriers qui ont travaillé 4 mois. Quelle somme faudra-t-il pour en solder 18 pour le même temps?

3492. En 15 jours, 18 ouvriers ont creusé un canal. Quel temps auraient-ils mis s'ils n'avaient été que 12?

3493. Pour 16 fr., on a 28 doubles décalitres de pommes de terre. Combien payera-t-on pour 13 hl. 30?

3494. Un des héritiers d'une succession a touché pour sa part 18.656 fr. Quel est le montant de cette succession, si cet héritier a touché les 8/27 de l'héritage?

3495. Trente-deux ouvriers peuvent faire un ouvrage en 55 jours. Combien faudrait-il d'ouvriers pour le faire en 36 jours?

3496. Un mur de 20 m. de long, 1 m. 20 d'épaisseur et 3 m. de haut a été payé 980 fr. Quel sera le prix d'un mur de 11 m. de long, 9 m. de haut et 0 m.64 d'épaisseur?

3497. Pour 750 fr., on fait faire un ouvrage de 25 m. de long sur 1 m. 50 de large. Quelle sera la longueur d'un autre ouvrage de même nature qui a 0 m. 80 de large et qui est payé 80 fr.?

3498. Les 3/4 d'une propriété ont rapporté 525 hl. de blé, vendu 3 fr.50 le double décalitre. Dites la quantité et le prix du blé récolté dans toute la propriété?

3499. Deux compagnies de 30 hommes chacune ont travaillé, la première 25 jours de 10 heures, et la deuxième 35 jours de 11 heures, pour faire une percée de chemin de fer, qui a été payée 7.500 fr. Combien ont dû recevoir chaque compagnie et chaque homme?

3500. Deux pièces de ruban de même qualité coûtent l'une 65 fr. et l'autre 81 fr. Quelle est la longueur de chaque pièce, si la seconde a 8 m. de plus que la première?

3501. Douze ouvriers payés 3 fr.60 par jour, ont construit un pont qui a coûté 43.200 fr. Quel temps leur a-t-il fallu, et combien ont-ils reçu chacun?

3502. Pendant 4 mois, 215 maçons ont travaillé pour faire un mur de fortification ayant 60 m. de long, 2 m. de haut et 1 m. 50 d'épaisseur. Quel temps faudra-t-il à 172 maçons pour en faire un second de 50 m. sur 4 m. 50 et 2 m.?

3503. Un capitaine a des fonds pour solder 525 soldats pendant 4 mois, en donnant à chacun 0 fr.75 tous les jours ; mais comme il est obligé de garder ses hommes 5 mois, à combien devra-t-il réduire la paye?

3504. On a payé 200 fr. pour le transport de 1.875 kg. à 80 km. A quelle distance ferait-on transporter 2.500 kg. pour la même somme?

3505. A 48 fr. les 3/4 d'un mètre cube, combien coûte le m³?

3506. Les 3/4 d'un nombre égalent 39. Quel est ce nombre?

3507. Quel est le nombre dont le 1/3 plus le 1/4 égalent 28?

3508. La valeur des 3/5 d'un nombre augmentée du 1/4 de ce nombre est 34. Quel est ce nombre?

3509. Quel est le nombre dont le 1/3 moins le 1/4 égale 35?

3510. Quel est le nombre qui a 25 de différence entre son tiers et son quart?

3511. Quel est le nombre dont 5 fois le 1/3 égalent 700?

3512. Quel est le nombre dont le 1/4 divisé par 8 égale 500?

3513. Quel est le nombre dont les 3/5 des 8/9 égalent 16?

3514. Quel est le nombre dont le 1/5 augmenté de 8 égale 72?

3515. Deux copistes copieraient un ouvrage ; le premier en 15 jours et le deuxième en 18 jours. Dans combien de jours ce travail sera-t-il fini, s'ils travaillent tous les deux 11 heures par jour?

3516. Deux hommes font chacun le 1/5 d'un ouvrage, l'un en 5 jours et l'autre en 7. Quel temps mettraient-ils pour le faire, s'ils travaillaient ensemble 12 heures par jour?

3517. Un ouvrier, en 15 jours de 9 heures, a creusé un fossé de 30 m. de long, 1 m.35 de large et 0 m.56 de profondeur. En 28 jours de 6 heures, un deuxième ouvrier en a creusé un autre de 25 m. de long, 2 m. 10 de large et 0 m.80 de profondeur. Quel est celui qui a fait le plus d'ouvrage et combien en a-t-il fait de plus par heure?

Intérêts — Escompte

3518. Trouver l'intérêt annuel de 6.540 fr. placés à 4 %.

3519. Dire l'intérêt annuel de 1.275 fr. placés à 6 %.

3520. On demande l'intérêt annuel de 2.980 fr. placés à 5 %.

3521. Quel est l'intérêt de 1.780 fr. placés à 5 %?

3522. Quel est l'intérêt de 860 fr. placés à 5 % pour 2 ans?

3523. Dire l'intérêt de 4.580 fr. placés à 4 % pour 3 ans.

3524. Trouver l'intérêt de 1.865 fr. à 5 % pour 3 ans.

3525. Quel est l'intérêt de 975 fr. à 4,50 % pour 4 ans?

3526. Quel est l'intérêt de 7.850 fr. à 5 % pour 3 ans?

3527. Dire l'intérêt de 3.747 fr. placés à 5 % pour 8 mois.

3528. Quel est l'intérêt de 19.725 fr. à 4 % pour 10 mois?

3529. Dire l'intérêt de 968 fr. placés à 4 % pour 2 ans ½.

3530. Dire l'intérêt de 726 fr. placés à 5 % pour 9 mois.

3531. Chercher l'intérêt de 576 fr. à 4 % pour 5 mois ½.

3532. Trouver l'intérêt de 1.270 fr. à 4 % pour 15 mois.

3533. Quel est l'intérêt de 528 fr. à 4 % pour 6 mois ½?

3534. Dire l'intérêt de 960 fr. à 4 % pour 3 ans 7 mois.

3535. Quel est l'intérêt de 25.455 fr. à 5 % pour 3 ans 5 mois?

3536. Dire l'intérêt de 1.950 fr. à 4,50 % pour 7 mois ½.

3537. Trouver l'intérêt de 5.280 fr. à 5 % pour 18 mois ½.

3538. Quel est l'intérêt de 78 fr. placés à 5 % pour 20 mois?

3539. Dire l'intérêt de 920 fr. à 4 % pour 7 mois ½.

3540. Dire l'intérêt de 7.350 fr. à 4 ½ % pour 5 mois.

3541. Quel est l'intérêt de 18.000 fr. à 5 % pour 80 jours?

3542. Dites l'intérêt de 1.080 fr. à 4 % pour 158 jours.

3543. Dire l'intérêt de 86.724 fr. à 5 % pour 25 jours.

3544. Quel est l'intérêt de 8.280 fr. à 5 % pour 18 jours?

3545. Trouver l'intérêt de 2.520 fr. à 4,50 % pour 36 jours.

3546. Dire l'intérêt de 12.000 fr. à 4,25 % pour 25 jours.

3547. Dire l'intérêt de 2.880 fr. à 6 % pour 5 mois 20 jours.

3548. Quel est l'intérêt de 7.500 fr. à 4,50 % pour 154 jours?

3549. Dire l'intérêt de 8.400 fr. à 5 ½ % pour 8 mois 15 jours.

3550. Chercher l'intérêt de 658 fr. 25 à 4 ½ % pour 8 mois 12 jours.

3551. Quel est l'intérêt de 1.850 fr. à 4 ½ % pour 2 ans 20 jours?

3552. Quel est l'intérêt de 45.000 fr. à 5,25 % pour 7 ans 3 mois?

3553. Quel est l'intérêt de 6.460 fr. à 3 ½ % pour 2 ans 1/4?

3554. Dire l'intérêt de 2.400 fr. à 6 % pour 15 jours.

3555. Quel est l'intérêt pour 10 mois de 1.884 fr. à 5 %?

3556. Dire l'intérêt de 3.500 fr. à 4,75 % pour 8 mois.

3557. Quel est l'intérêt pour un jour de 13.490 fr. à 4 ½ %?

3558. Quel est l'intérêt de 1.580 fr. à 4 % pour 7 mois?

3559. Quel capital placé à 5 % rapporte 284 fr. par an?

3560. Dire le capital qui, placé à 6 %, rapporte 57 fr. par an.

3561. Combien faut-il placer à 4 % pour avoir 186 fr. de revenu?

3562. Quel capital placé à 4 % rapporte 124 fr. en 2 ans?

3563. Quel capital placé à 5 % rapporte 729 fr. en 3 ans?

3564. Quel capital placé à 5 % rapporte 943 fr. en 10 ans?

3565. Quelle somme placée à 5 % rapporte 2 fr. par mois?

3566. Quelle somme placée à 4 % rapporte 15 fr. par mois?

3567. Quel capital placé à 6 % rapporte 4 fr. 50 par mois?

3568. Quel capital placé à 5 % rapporte 300 fr. en 15 mois?

3569. Quel capital placé à 4 % rapporte 36 fr. en 18 mois?

3570. Quel capital placé à 4 ½ % rapporte 405 fr. en 7 mois ½ ?

3571. Quel capital placé à 5 % rapporte 60 fr. en 40 jours ?

3572. Quel capital placé à 4, 5 % rapporte 72 fr. en 10 mois 20 jours ?

3573. Quel capital placé à 3 % rapporte 273 fr. 60 en 7 mois 18 jours ?

3574. Quel capital placé à 5 % rapporte 12 fr. par mois ?

3575. Quel capital placé à 4 % rapporte 16 fr. par semaine ?

3576. Quel capital placé à 4 % rapporte 0 fr. 85 par jour ?

3577. Quel capital placé à 5 % rapporte 0 fr. 25 par heure ?

3578. Quel capital placé à 4 % rapporte 0 fr. 05 par minute ?

3579. Si 960 fr. rapportent 38 fr. 40 par an, quel est le taux pour cent ?

3580. Si 1.520 fr. rapportent 76 fr. par an, quel est le taux ?

3581. Si 2.760 fr. rapportent 96 fr. 60 par an, quel est le taux ?

3582. Lorsque 98.650 fr. rapportent 3.946 fr. par an, quel est le taux ?

3583. A quel taux faut-il placer 25.840 fr pour avoir 1.292 fr. l'an ?

3584. Si 8.256 fr. rapportent 660 fr. 48 en 2 ans, quel est le taux ?

3585. Si 1.980 fr. rapportent 326 fr. 70 en 3 ans, quel est le taux ?

3586. Si 8.540 fr. rapportent 1708 fr. en 4 ans, quel est le taux ?

3587. Si 2.760 fr. rapportent 276 fr. en 2 ans ½, quel est le taux ?

3588. A quel taux 4.800 fr. rapportent-ils 24 fr. par mois ?

3589. A quel taux 7.200 fr. rapportent-ils 150 fr. en 5 mois ?

3590. Si 7.650 fr. rapportent 688 fr. 50 en 18 mois, dites le taux ?

3591. Si 1.200 fr. rapportent 6 fr. en 45 jours quel en est le taux ?

3592. A quel taux 1.440 fr. rapportent-ils 57 fr. 20 en 8 mois 20 jours ?

3593. A quel taux faut-il placer 2.520 fr. pour avoir un intérêt de 359 fr. 80 en 2 ans 10 mois 8 jours ?

3594. Quel temps faut-il à 9.650 fr. à 4 % pour rapporter 1930 fr. ?

3595. Quel temps faut-il à 7.680 fr. à 5 % pour rapporter 1.536 fr. ?

3596. Pendant combien de temps faut-il placer 24.000 fr. à 4,50 % pour qu'ils rapportent 2.160 fr. ?

3597. Quel temps faut-il à 2.400 fr. pour rapporter 64 fr. à 4 % ?

3598. Quel temps faut-il à 6.000 fr. à 4 % pour rapporter 200 fr. ?

3599. En quel temps 4.800 fr. placés à 5 % rapportent-ils 400 fr. ?

3600. Combien faut-il de temps à 96.300 fr. placés à 4 %, pour produire 267 fr. 50 d'intérêt ?

3601. Quel est l'intérêt de 8.192 fr. à 6 % pendant 5 ans 2 mois, 15 jours ?

3602. Calculer l'intérêt de 45.056 fr. à 4,50 % pendant 6 ans 11 mois, 10 jours.

3603. Quel est le capital qui, placé à 4,50 % rapporte 789 fr. en 2 ans, 2 mois, 20 jours ?

3604. Si 8.160 fr. rapportent 1.122 fr., en 3 ans 9 mois, 25 jours, quel est le taux ?

3605. Pendant quel temps faut-il placer 3.125 fr. à 5 % pour obtenir 375 fr. d'intérêt ?

3606. Calculer le capital qui, placé à 6,25 %, rapporte 4.936 fr. en 3 ans 2 mois 12 jours.

3607. A quel taux faut-il placer 8.960 fr. pour obtenir 1.232 fr. d'intérêt en 3 ans 1 mois 15 jours ?

3608. Quel capital faut-il placer à 5 % pour avoir un revenu mensuel de 300 fr. ?

3609. Un rentier possède un capital de 36.500 fr. placé à 5 %. Quel est son revenu par jour ?

3610. Quel est l'intérêt produit en 3 ans 5 mois par un capital de 48.650 fr. placé à 6 % ?

3611. Quel capital faut-il placer à 5 % pour avoir 10 fr. de rente par jour ?

3612. Combien de temps faut-il pour que 1.500 fr. placés à 6 %, deviennent 2.000 fr. intérêts compris ?

3613. Une personne a emprunté 2.500 fr. à 4 ½ %. Combien doit-elle rendre en tout après 5 mois ?

3614. Quel est le capital qui, placé à 4 ½ %, rapporte 225 fr. en 5 mois ?

3615. Combien faut-il placer à 4 %, pour avoir 20 fr. d'intérêt par mois ?

3616. A quel taux sont placés 1.200 fr., si l'intérêt est de 6 fr. par mois ?

3617. Quel est l'intérêt de 2.870 fr. à 5 % pour 2 ans ½ ?

3618. Quel capital placé à 4 % rapporte 224 fr. en 8 mois ?

3619. Si 780 fr. rapportent 39 fr. par an, quel est le taux ?

3620. Quel est l'intérêt mensuel de 7.200 fr. placés à 4 % ?

3621. Quel capital, placé à 5 %, rapporte 15 fr. par mois ?

3622. A quel taux sont placés 815 fr., si leurs intérêts pour 3 ans sont de 97 fr. 80 ?

3623. Quel intérêt rapportent 1.680 fr. placés à 4 % pendant 2 ans 4 mois ?

3624. Quel capital placé à 5 % rapporte 294 fr. en 3 ans ?

3625. Si 1.856 fr. rapportent 371 fr. 20 en 4 ans, quel est le taux ?

3626. Combien rapportent 5.800 fr. placés à 5 % pendant 4 ans 8 mois ?

3627. Trouver l'intérêt de 16.590 fr. à 4 % pour 18 mois.

3628. Dire l'intérêt de 3.780 fr. placés à 5 % pendant 10 mois ½.

3629. Trouver le capital qui, placé à 5 %, rapporte 1.377 fr. en 2 ans 10 mois.

3630. Combien faut-il placer à 4 ½ % pour avoir une rente annuelle de 8.478 fr. ?

3631. Que rapportent 25.600 fr. à 3,75 % pendant 8 ans 4 mois ?

3632. Quel capital placé à 5 % rapporte 2.642 fr. en 7 mois ?

3633. A quel taux faut-il placer 10.000 fr. pour recevoir 460 fr. d'intérêt au bout de 8 mois ?

3634. En combien de temps 14.860 fr. placés à 6 % rapporteront-ils 1.260 fr. ?

3635. Quel est le capital qui, placé à ½ % par mois rapporte 1.312 fr. 65 en 2 ans 3 mois ?

3636. Quel temps faut-il à 2.500 fr. placés à 4 %, pour rapporter 625 fr. ?

3637. Trouver l'intérêt de 3.600 fr. placés à 5 % pendant 45 jours ?

3638. Une personne reçoit une rente annuelle de 6.325 fr. Quel capital a-t-elle placé à 5 % ?

3639. En 4 ans 8 mois, 2.460 fr. ont produit 574 fr. d'intérêt. Quel est le taux ?

3640. Combien de temps faut-il laisser placé un capital de 5.400 fr. à 5 ½ %, pour avoir un intérêt de 2.376 fr. ?

3641. Quel capital faut-il placer à 4 % pour avoir 20 fr. de rente par semaine ?

3642. Quelle somme faut-il placer à 5 % pour avoir 3 fr. 25 à dépenser par jour ?

3643. En combien de temps 1.885 fr. placés à 4 % rapporteront-ils 377 fr. ?

3644. En combien de temps un capital quelconque placé à 3, à 4, à 5 % est-il doublé par ses intérêts ?

3645. Quel est le capital qui, placé pendant 3 ans 6 mois 8 jours à 5,75 %, a rapporté 9.407 fr. ?

3646. Quel capital placé à 5 ½ % a produit 1.864 fr. 50 en 11 mois 9 jours ?

3647. Une personne, après 12 ans de travail, possède une rente annuelle de 2.043 fr. 90. Quel est son capital placé à 4 ½ % ?

3648. Pendant combien de temps ont été placés 25.000 fr. qui, à 6 %, ont rapporté 10.500 fr. ?

3649. Je prête 14.825 fr. 50 à 5 %. Dans combien de temps recevrai-je 4.447 fr. 65 d'intérêts ?

3650. A quel taux est placée une somme de 2.500 fr. qui, en 15 mois, a rapporté 156 fr. 25 ?

3651. Une personne loue 750 fr. une maison achetée 12.000 fr. A quel taux se trouve placé son argent ?

3652. Quelle somme faut-il placer à 5 % pour avoir 90 fr. de revenu mensuel ?

3653. Combien de temps faut-il à une somme de 12.000 fr. placée à 5 %, pour rapporter 1.600 fr. ?

3654. J'emprunte 2.000 fr. pour 8 mois, et à 5 %. Quelle somme totale aurai-je à rembourser ?

3655. Quel capital placé à 5 1/4 % produit 1.470 fr. en 3 ans ½ ?

3656. Un rentier reçoit 5.530 fr. 50 d'intérêts d'une somme placée à 5 % pendant 6 ans. Quelle est cette somme ?

3657. Combien de temps ont été placés 45.000 fr. à 4 %, si leurs intérêts s'élèvent à 6.210 fr. ?

3658. Un militaire a placé 11.600 fr. pendant 8 ans ; il reçoit pour capital et intérêts réunis 15.312 fr. A quel taux avait-il prêté ?

3659. Une prairie achetée 5.000 fr. rapporte chaque année 245 fr. A quel taux l'argent est-il placé ?

3660. Une maison qui a coûté 70.000 fr. rapporte chaque année 2.940 fr. de location. A quel taux l'argent du propriétaire est-il placé ?

3661. En combien de temps 4.700 fr. placés à 6 % produiraient-ils 1.128 fr. d'intérêt ?

3662. Pour une construction d'école, les honoraires de l'architecte, calculés à 5 % de la dépense, ont été de 1.087 fr. Combien la maison a-t-elle coûté ?

3663. Un propriétaire veut qu'une maison achetée 25.000 fr. lui rapporte 5 %. Combien doit-il la louer ?

3664. Quelle somme faut-il placer à 5 % pour avoir 375 fr. de revenu par trimestre ?

3665. Une personne a retiré 1.020 fr. de bénéfice pour 8.500 fr. placés dans une entreprise. A quel taux son argent s'est-il trouvé placé ?

3666. Quand on loue 122 fr. 50 un pré acheté 3.500 fr., à quel taux place-t-on son argent ?

3667. Quel capital placé à 6 % pour 3 mois, a rapporté 180 fr. ?

3668. A quel taux faut-il placer 12.000 fr. pour recevoir 300 fr. tous les semestres ?

3669. En plaçant 18.000 fr. à 4 ½ %, j'ai reçu 28.125 fr. pour capital et intérêts réunis. Après quel temps ai-je reçu cette somme ?

3670. Pour une somme de 4.850 fr., prêtée pendant 3 ans 4 mois, on a reçu 5.820 fr. pour capital et intérêts réunis. Quel est le taux ?

3671. Quel capital placé à 5 1/4 % donne 525 fr. de rente tous les 15 mois ?

3672. Quel est l'intérêt de 658 fr. 25 placés à 4 ½ % pendant 8 mois 12 jours ?

3673. Un pré acheté 1.950 fr. est loué 60 fr. par an. Quel est pour cent le revenu net du capital, si le propriétaire paie pour ce pré 5 fr. 75 d'impositions ?

3674. Quel est le capital qui, placé à 4 % pendant 3 ans ½, est devenu 2.154 fr. 60, intérêt compris ?

3675. Quel est le capital qui, augmenté de ses intérêts à 4 %, est devenu, en 18 jours, 8.466 fr. 90 ?

3676. Au bout de 11 ans, un capital réuni à ses intérêts est devenu 35.650 fr. Quel est ce capital, le taux étant 5 % ?

3677. Quelle somme placée à 5 % pendant 5 ans, est devenue 2.360 fr. intérêt compris ?

3678. Combien faut-il placer à 6 % pendant 2 ans 10 mois, pour avoir 221.013 fr., capital et intérêt compris ?

3679. Quel est le capital qui, augmenté de ses intérêts à 5 % pendant 10 ans, est devenu 2.829 fr. ?

3680. Combien rapportent par jour 85.860 fr. à 4 ½ % ?

3681. Combien faut-il placer à 5 % pour avoir 15 fr. 25 de rente par semaine ?

3682. Combien faudrait-il placer pendant 5 mois à 6 % pour avoir 188 fr. d'intérêt ?

3683. Quel capital faudrait-il placer à 6 % pendant 1 an 4 mois 20 jours pour avoir un intérêt de 478 fr. 1/3 ?

3684. Calculer le capital qu'il faudrait placer pendant 250 jours à 5 % pour avoir 223 fr. 43 d'intérêt ?

3685. Dire en combien de temps 4.460 fr., placés à 5 %, ont produit 669 fr. d'intérêt ?

3686. Combien a-t-on laissé de temps 22.450 fr. à 4 % pour avoir un intérêt de 3.143 fr. ?

3687. Au bout d'un an, 9.500 fr. ont produit 475 fr. d'intérêt. Quel était le taux du placement ?

3688. En 2 ans, 8.040 fr. ont produit 723 fr. 60. A quel taux était placée cette somme ?

3689. A quel taux était placée la somme de 4.500 fr. si elle a produit 21 fr. d'intérêt en 48 jours ?

3690. Une personne reçoit une rente annuelle de 850 fr. Quel capital a-t-elle placé à 5 % ?

3691. Un officier a une pension égale aux intérêts de 12.600 fr. à 6 % pendant 3 ans 4 mois 10 jours. Quelle est cette pension ?

3692. On place 12.500 fr. pendant 8 mois, à 3/5 de franc par mois. Quel intérêt retirera-t-on ?

3693. On a placé 8.740 fr. à 5 % ; au bout d'un certain temps, on a retiré 10.488 fr., tant pour le capital que pour les intérêts. Quel est ce temps ?

3694. On a placé à 5 ½ % une somme égale à la valeur de 48 hectares de terrain à 36 fr. l'are. On demande l'intérêt au bout de 7 ans 7 mois 25 jours ?

3695. Je revends 15 fr. le mètre d'un drap qui me coûtait 12 fr.50 Combien dois-je en revendre de mètres pour avoir un bénéfice égal à l'intérêt annuel de 1.680 fr. placés à 6 % ?

3696. Après 20 ans de commerce, un homme a fait une fortune qu'il place à 4 ½ % et qui lui rapporte 3.120 fr. par an. Quelle est la fortune de cet homme ?

3697. Quel capital faut-il placer à 6 % pour avoir 120 fr. de rente par mois ?

3698. Quel capital faut-il placer à 4 ½ % pour avoir 27 fr. de rente par semaine ?

3699. Un domaine, estimé 160.000 fr., est loué sur le pied de 2 fr.50 pour cent. Quel est le prix du fermage ?

3700. Une vigne produit 75 hectolitres de vin à 0 fr.65 le litre. Quelle sera la part du vigneron, s'il reçoit 35 % sur le prix de vente ?

3701. Quel serait l'intérêt de 10 fr. placés à 5 % pendant 50 ans ?

3702. A combien se réduit une facture de 2.315 fr., si l'on accorde 6 % d'escompte ?

3703. Je dois 7.800 fr. payables dans 4 mois ; si je paye comptant, j'ai 7 % d'escompte. Quel sera cet escompte ?

3704. Un billet de 8.480 fr. n'est payable que dans deux ans ; si l'on paye comptant on obtient 5 % d'escompte par année. Combien payera-t-on ?

3705. J'ai acheté 41 pièces de toile de chacune 52 m. à 1 fr.25 le mètre ; 12 pièces de drap de chacune 48 m. à 6 fr. Que payerai-je si l'on m'accorde 5 % d'escompte ?

3706. Un billet de 2.500 fr. est escompté à 3/4 de franc %. Calculez l'escompte.

3707. On doit les trois sommes suivantes : 1.000 fr. payables dans

8 mois ; 2.400 fr. payables dans 1 an 4 mois, et 3.500 fr. payables dans 2 ans. Si l'on obtient 0,25 % d'escompte par mois, combien payera-t-on ?

3708. Quel sera l'escompte de 6.430 fr. payables dans 6 ans 9 mois 15 jours, à 4 ½ % par an ?

3709. Paul achète pour 12.500 fr. de marchandise avec escompte de 4 % en payant comptant. Combien payera-t-il ?

3710. A quel taux a été escomptée une somme de 8.500 fr. qui se trouve réduite à 7.990 fr. ?

3711. Sur un billet de 2.566 fr., escompté 6 %, on retient 196 fr. Quelle est l'avance du payement ?

3712. A quoi se réduisent les quatre factures suivantes si on les escompte au taux indiqué pour chacune, savoir : 1° 484 fr. à 6 % ; 2° 985 fr. à 4 % ; 3° 8.416 fr. à 3 ½ % ; 4° 1.648 fr. à 5 ½ % ?

3713. Sur mes marchandises, j'ai un bénéfice de 11,50 %. Combien gagnerai-je sur une vente de 9.416 fr. ?

3714. Un billet de 480 fr. est payable dans 65 jours. Quel serait l'escompte de ce billet au taux 6 % ?

3715. Un banquier a pris 7 fr.50 d'escompte pour un billet de 500 fr. payable dans 90 jours. Quel a été le taux de l'escompte ?

3716. J'emprunte 2.500 fr. à 5 % et je m'engage à rembourser cette somme et ses intérêts par un billet payable dans 3 mois. Quel sera le montant de ce billet ?

3717. Un banquier donne 507 fr. pour un billet de 520 fr. payable dans 6 mois. A quel taux l'a-t-il escompté ?

3718. Un billet de 675 fr. payable le 30 juin est présenté le 16 mai à l'escompte chez un banquier. Combien vaut-il, l'escompte étant à 6 % par an ?

3719. Je paie 14 fr.60 pour l'assurance de ma maison, à raison de 0 fr.55 par mille. Combien vaut-elle ?

3720. Une personne a besoin d'une lettre de change de Lyon sur Paris pour recevoir 24.000 fr. Combien doit-elle donner au banquier de Lyon qui demande une commission de ½ % ?

3721. Le prix de l'adjudication d'une maison a été fixé à 8.560 fr.; un entrepreneur offre 8 % de rabais. Quelle diminution fera-t-il ?

3722. La mise à prix d'un domaine de 32 ha. 40 ares est de 65 fr. l'are ; un acquéreur offre 5 fr.25 % de bénéfice. Combien le payera-t-il de plus ?

3723. Calculer le montant de l'assurance d'une fabrique estimée 150.000 fr. qui paye 0 fr.80 par 1.000 fr.

3724. Vingt-quatre chevaux m'ont coûté 14.000 fr.; je les ai revendus 15.552 fr. Combien ai-je gagné pour cent ?

3725. Un domaine de 108 ha. coûtait 864.000 fr.; il a été revendu 564.840 fr. Combien a-t-on perdu pour cent ?

3726. Dire la valeur actuelle de 1.550 fr. payables dans 150 jours, si l'on accorde un escompte de 3 % l'an ?

Répartition. — Société. — Mélanges.

3727. Partager 721 proportionnellement à 6 et 8.

3728. Partager de même 720 en parties proportionnelles aux nombres 3, 6 et 7.

3729. Partager 6.000 en parties proportionnelles aux nombres 5, 10 et 15.

3730. Partager 1.800 proportionnellement à 3, 6, 9 et 12.

3731. Partager 91.000 fr. en trois parties qui soient entre elles comme les nombres 6, 8 et 12.

3732. Deux personnes se partagent 350 fr. de manière que quand l'une a 3 fr., l'autre en a 4. Quelle est la part de chacune?

3733. Trois ouvriers conviennent de se partager 735 fr. de manière que le premier ayant 7 fr., le deuxième en ait 5 et le troisième 3. Déterminez la part de chacun.

3734. Deux ouvriers ont fait ensemble 128 m. d'ouvrage et ont gagné 192 fr. ; le premier a fait 75 m. et le deuxième le reste. Que revient-il à chacun?

3735. Quatre propriétaires doivent payer ensemble 2.100 fr. d'impositions : le premier possède pour 24.000 fr. d'immeubles ; le deuxième pour 36.000 fr. ; le troisième pour 48.000 fr., et le quatrième pour 60.000 fr. On demande ce que chacun doit payer.

3736. Deux associés ont gagné dans une entreprise 265 fr. Quelle doit être la part de chacun, si le premier avait mis 1.200 fr. dans cette affaire et le deuxième 1.450 fr.?

3737. Un testament porte que Paul doit avoir 18.000 fr., Pierre 22.100 fr., et Antoine 25.700 fr. Déterminez ce qui revient à chacun, si le testateur ne laisse que 39.480 fr.?

3738. Cinq personnes ont à se partager 7.765 fr. La première doit avoir une part, la deuxième deux parts, la troisième trois parts, la quatrième quatre parts et la cinquième cinq parts. Dites ce qui revient à chacune.

3739. Quatre associés ont fait un bénéfice de 7.680 fr. Le premier a eu 1.200 fr., le deuxième 1.920 fr., le troisième 2.160 fr. et le quatrième 2.580 fr. Dites la mise de chacun, s'ils ont gagné 5 %.

3740. Quatre associés ont gagné dans une affaire 36.000 fr. Le deuxième a eu le double du premier, le troisième quatre fois plus que le premier, et le quatrième le double du troisième. On demande ce qui revient à chacun.

3741. Trois associés ont essuyé une perte de 557 fr. Dites la part que chacun doit supporter, sachant que le premier avait mis 950 fr., le deuxième 1.220 fr. et le troisième 3.400 fr.

3742. Trois associés retirent à la fin de leur société une somme de 47.404 fr., tant pour le capital que pour les bénéfices. Que revient-il à chacun, si le premier avait mis 12.500 fr., le deuxième 9.860 fr., et le troisième 11.500 fr.?

3743. Un commerçant mort insolvable devait à quatre personnes les sommes suivantes : 8.500 fr., 5.400 fr., 4.800 fr. et 10.500 fr. On demande ce qui revient à chacune, s'il ne laisse que 16.060 fr., tous frais payés.

3744. Les frais de construction d'un pont ont été supportés par trois associés qui avaient mis 100.000 fr., 150.000 fr. et 200.000 fr. dans cette entreprise. Que revient-il à chacun au bout de 9 ans, si le pont se loue annuellement 40.000 fr. ?

3745. Trois entrepreneurs ont gagné ensemble dans une affaire, 15.000 fr. Quelle doit être la part de chacun, si le premier avait mis dans cette affaire 30.000 fr., le deuxième 25.000 fr. et le troisième 20.000 fr. ?

3746. Trois associés font un bénéfice de 4.671 fr. 40. Le premier a eu 1.900 fr., le deuxième 1.685 fr. et le troisième le reste. Quelles étaient leurs mises, s'ils ont gagné 4 %.

3747. Quatre associés achètent 550 chevaux au prix de 640 fr, pièce ; ils les revendent 750 fr. l'un. Quel sera le bénéfice de chacun si le premier a dépensé 80.000 fr., le deuxième 101.000 fr.., le troisième 107.000 fr. et le quatrième le reste ?

3748. Quatre actionnaires ont fait un fonds de 240.000 fr. pour une exploitation. Le premier a mis 60.000 fr., le deuxième 55.000 fr., le troisième 85.000 fr. et le quatrième le reste. Que revient-il à chacun, si le gain a répondu à 6 % ?

3749. Deux ouvriers ont fait un ouvrage pour lequel ils ont reçu 266 fr. ; le premier y a fait 15 journées de 12 heures et le second 18 journées de 9 heures. Que revient-il à chacun ?

3750. Deux menuisiers ont loué une remise pour 170 fr. 40. Le premier y laisse 1.500 planches pendant 7 mois, et le deuxième en laisse 1.200 pendant 9 mois. Que doivent-ils payer chacun ?

3751. Trois marchands ont gagné 2.993 fr. Le premier avait mis 950 fr. pendant deux ans, le deuxième 1.120 fr. pendant 18 mois et le troisième 1.300 fr. pendant 13 mois. Quelle est la part de chacun ?

3752. On mêle 20 litres de vin à 0 fr. 35 avec 15 litres à 0 fr. 60. A combien revient le litre de ce mélange ?

3753. On a mêlé 2 litres d'eau-de-vie à 2 fr. avec 3 litres à 1 fr. 50. Quel est le prix d'un litre de ce mélange ?

3754. Un tonneau de 315 litres a été rempli avec 25 litres de vin à 0 fr. 80 le litre, 40 litres à 0 fr. 50, et le reste à 0 fr. 35. A combien revient le litre du mélange ?

3755. Si l'on mêle 25 kg. d'huile d'olive à 2 fr. 25 avec 10 kg. d'huile de navette à 0 fr. 80, combien coûtera le kilo du mélange ?

3756. Un marchand de grain a mélangé 10 hl. de blé à 17 fr. l'hectolitre, 15 hl. à 15 fr. et 8 hl. à 18 fr. Combien vaut le décalitre du mélange ?

3757. On mêle 65 l. de vin à 0 fr. 40 avec 80 l. à 0 fr. 60. Combien faut-il vendre le litre du mélange pour gagner 15 fr. sur le tout ?

3758. Un aubergiste a du vin à 0 fr. 35 et du vin à 0 fr. 55. S'il le mélange par parties égales, combien devra-t-il le revendre pour gagner 5 centimes par litre ?

3759. On mélange 30 hl. de blé à 17 fr. 50 avec 50 hl. à 16 fr. Combien faut-il vendre le décalitre du mélange pour gagner 15 % sur le tout?

3760. Un cafetier fait un litre de liqueur en mêlant 1/4 de litre à 3 fr., 1/3 de litre à 4 fr. et le reste à 5 fr. Combien doit-il vendre le décilitre pour gagner 0 fr. 75 sur le tout?

3761. Dans un tonneau contenant 195 litres de vin à 0 fr. 60, on met 5 litres d'eau-de-vie à 1 fr. 75 et 25 litres d'eau. A combien revient le litre du mélange?

CHAPITRE VII

CALCUL DE QUELQUES SURFACES ET VOLUMES

256. Un TRIANGLE est une surface plane limitée par trois lignes droites qui en sont les CÔTÉS.

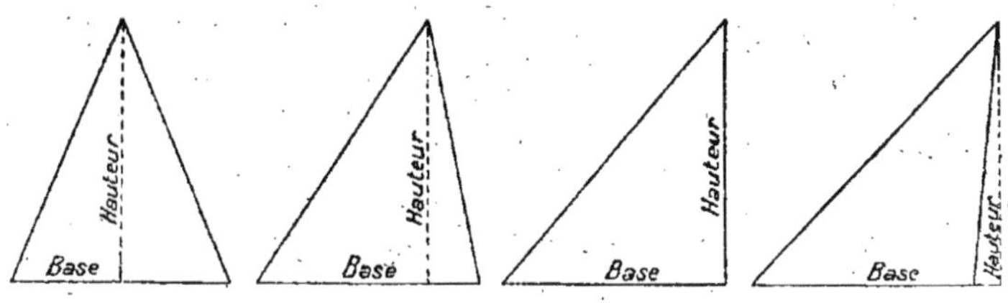

Fig. 12 à 15. — Triangles.

257. Le CÔTÉ sur lequel le triangle semble posé se nomme ordinairement BASE ; mais pour calculer la surface du triangle, on peut choisir pour base l'un quelconque de ses côtés.

258. La HAUTEUR d'un triangle est la perpendiculaire qui joint la base au sommet opposé.

259. *La* SURFACE *d'un triangle est égale à la moitié du produit de sa base par sa hauteur.*

Fig. 16. — Carré.

260. Une surface plane limitée par quatre lignes droites se nomme QUADRILATÈRE.

261. Le CARRÉ est un quadrilatère dont les côtés et les angles sont égaux.

262. *La* SURFACE *du carré est égale au produit de l'un de ses côtés par lui-même.*

263. Le RECTANGLE est un quadrilatère qui a tous ses angles égaux et deux côtés plus longs que les deux autres; on le nomme souvent à tort CARRÉ LONG.

Fig. 17. — Rectangle.

264. Le côté sur lequel le rectangle semble posé est sa BASE ; chacun des deux côtés perpendiculaires à la base du rectangle est sa HAUTEUR.

265. La SURFACE *du rectangle est égale au produit de sa base par sa hauteur.*

266. Le PARALLÉLOGRAMME est un quadrilatère dont les côtés opposés sont parallèles.

267. *La* SURFACE *du parallélogramme est égale au produit de sa base par sa hauteur.*

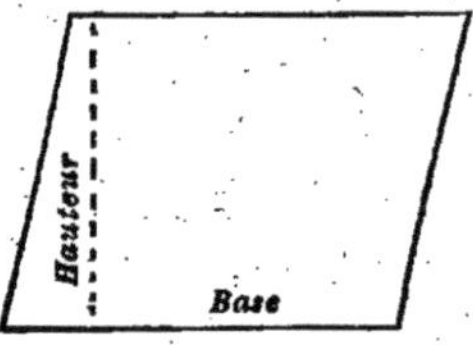

Fig. 18. — Parallélogramme.

268. Le LOSANGE est un parallélogramme dont les côtés sont tous égaux, mais dont les angles ne sont égaux que deux à deux.

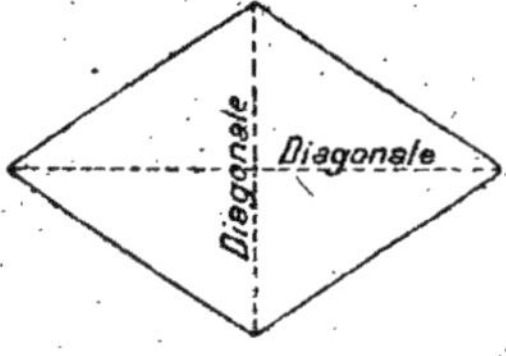

Fig. 19. — Losange.

269. *La* SURFACE *du losange est encore égale à la moitié du produit de ses deux diagonales,* ou ce qui revient au même, *elle est égale au produit de l'une des diagonales par la moitié de l'autre.*

270. Le TRAPÈZE est un quadrilatère qui a deux de ses côtés parallèles et inégaux.

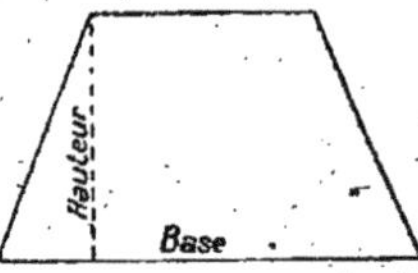
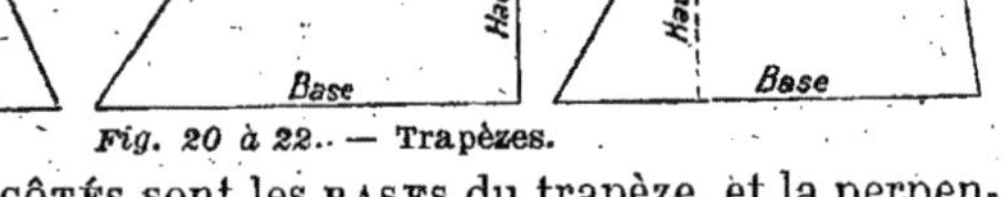

Fig. 20 à 22. — Trapèzes.

271. Ces deux côtés sont les BASES du trapèze. et la perpendiculaire qui les joint en est la HAUTEUR.

272. *La* SURFACE *du trapèze est égale à la moitié du produit de sa hauteur par la somme de ses bases ;* ce qui égale le produit de la hauteur par la base moyenne.

273. Le CERCLE est la surface plane renfermée dans une CIRCONFÉRENCE. La ligne droite qui partage le cercle en deux parties égales est son DIAMÈTRE et vaut deux RAYONS.

274. *La* LONGUEUR *d'une circonférence est égale au produit de son diamètre par* 3.1416.

275. *La* SURFACE *du cercle est égale à la moitié du produit de sa circonférence par son rayon.*

276. On obtient encore la même surface *en multipliant le rayon par lui-même et par* 3,1416.

277. Le CUBE est un solide limité par six carrés égaux.

278. Les côtés de ces carrés sont les côtés ou ARÊTES du cube ; comme ils sont tous égaux, on n'en considère qu'un lorsqu'il s'agit de calculer.

279. *La* SURFACE *totale d'un cube est égale à six fois le produit de l'un de ses côtés par lui-même.*

280. *Le* VOLUME *du cube est égal au produit de son côté pris trois fois comme facteur.*

281. Le PRISME droit est un corps limité par deux surfaces planes égales qui en sont les BASES et par des rectangles qui réunissent les bases et forment la surface latérale du prisme. Les murs, les solives, les briques, l'intérieur des appartements, etc., sont ordinairement des prismes droits à bases quadrilatères.

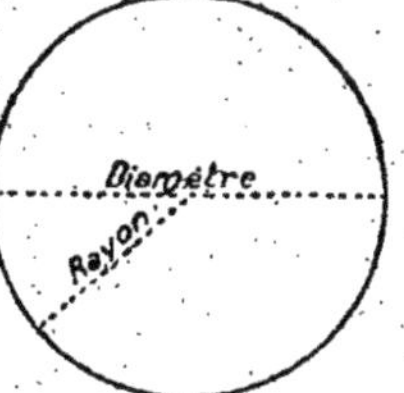

Fig. 23. — Cercle.

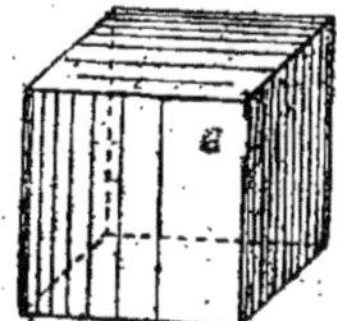

Fig. 24. — Cube.

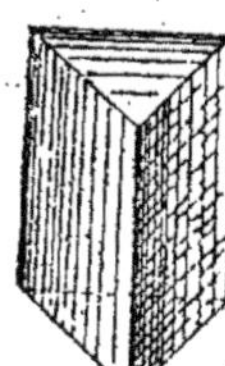 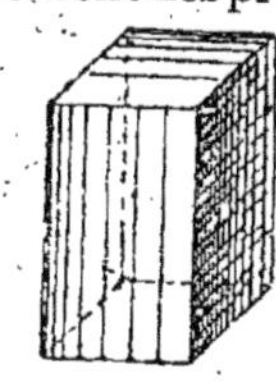 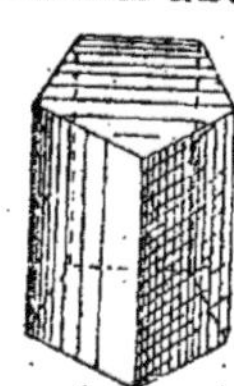 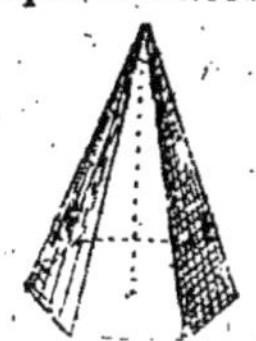

Fig. 25 à 27. — Prismes droits.   Fig. 28 - Pyramide.

282. *La* SURFACE *latérale d'un prisme droit est égale au produit du contour de l'une de ses bases par sa hauteur.*

283. *Le* VOLUME *d'un prisme est égal au produit de la surface de l'une de ses bases par sa hauteur.*

284. *Le* VOLUME *d'une pyramide est le tiers de celui du prisme de même base et de même hauteur.*

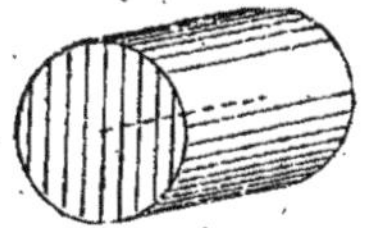 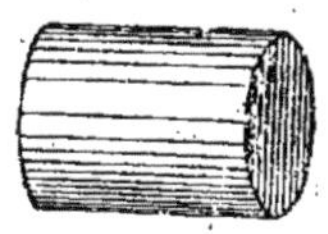  

Fig. 29 à 31. — Cylindres.   Fig. 32. — Cône droit.

285. Le CYLINDRE est une sorte de prisme qui a pour bases deux cercles.

286. *La* SURFACE LATÉRALE *et le volume du cylindre se calculent comme ceux du prisme.*

287. *La* SURFACE LATÉRALE *d'un cône droit est égale à la moitié du produit de la circonférence de sa base par son côté ou apothème.*

288. Le CÔTÉ ou APOTHÈME du cône est la droite qui joint son sommet à un point quelconque de la circonférence de sa base.

289. *Le* VOLUME *d'un cône est le tiers du cylindre qui aurait même base et même hauteur.*

290. *On obtient la* SURFACE *d'une sphère ou boule en multi-*

pliant son diamètre par lui-même et par 3,1416, ou encore en multipliant sa circonférence par son diamètre.

291. Le DIAMÈTRE d'une sphère est la ligne droite qui traverserait cette sphère en passant par son centre ; le RAYON de la sphère est la moitié de son diamètre.

Fig. 33. — Sphère.

292. *Le* VOLUME *de la sphère est le tiers du produit de sa surface par son rayon.*

293. On obtient encore le VOLUME de la sphère *en faisant le produit de son rayon pris trois fois comme facteur et le multipliant par* 3,1416 *et par* 4/3.

PROBLÈMES

3762. Quelle est la surface d'un triangle dont la base a 46 m. et la hauteur 18 m. ?

3763. Calculer la surface d'un triangle dont la hauteur a 17 m. et la base 22 m. 80.

3764. Trouver la surface d'un pré formant un triangle de 187 m. de base sur 98 m. 60 de hauteur.

3765. A 158 fr. l'are, quel est le prix d'un verger triangulaire ayant 62 m. 50 de base sur 37 m. de hauteur ?

3766. Un jardin forme un triangle de 62 m. de base sur 45 m. de hauteur. Combien vaut-il à 136 fr. l'are ?

3767. Quelle est la surface d'un triangle qui a 184 m. de base et 68 m. de hauteur ?

3768. Un triangle a 126 m. de base et 82 m. de hauteur. Quelle en est la surface ?

3769. Quelle est la base d'un triangle de 60 m. de hauteur et contenant 7 a. 50 ?

3770. Quelle base doit-on donner à un terrain formant un triangle de 125 m. de hauteur pour obtenir une surface de 73 ares ?

3771. La surface d'un pré triangulaire est de 12 ares 60 ; la base a 42 m. Quelle en est la hauteur ?

3772. Quelle est la hauteur d'un triangle dont la base a 23 m. 12 et dont la surface est de 180 m. carrés ?

5773. Quelle est la surface d'un carré de 17 m. 85 de côté ?

3774. Quel est le prix d'un terrain carré ayant 125 m. 75 de côté, si l'are vaut 45 fr. ?

3775. Quelle est la surface d'un carré de 85 m. 80 de côté ?

3776. A 85 fr. 25 l'are, quel est le prix d'un jardin carré de 65 m. de côté ?

3777. Un tapis carré a 3 m. 25 de côté. On demande la surface et le prix de ce tapis à 12 fr. 80 le mètre carré ?

3778. Calculer la surface d'une table de 3 m. 75 de longueur sur 1 m. 08 de largeur.

3779. Quelle est la surface d'une porte de 2 m. 68 de hauteur sur 0 m. 95 de largeur ?

3780. Quelle est, en décimètres carrés, la surface d'une feuille de papier dont les dimensions sont 0 m. 35 et 0 m. 18 ?

3781. Quel est le prix de 158 planches de chacune 3 m. 80 de longueur sur 0 m. 25 de largeur, à 1 fr. 80 le mètre carré ?

3782. Une glace de 0 m. 85 de longueur sur 0 m. 64 de largeur coûte 27 fr. 20. Combien coûte le décimètre carré de cette glace ?

3783. Combien coûtera le carrelage d'un appartement de 12 m. 70 de longueur sur 7 m. 80 de largeur, si l'on paie 3 fr. 50 le m² ?

3784. Un tapis de 2 m. 25 de longueur sur 1 m. 20 de largeur a coûté 21 fr. 60. A combien revient le mètre carré ?

3785. Combien faut-il de pavés carrés de 2 décimètres de côté pour paver une cour carrée de 8 m. 75 de côté ?

3786. A 18 fr. 50 le mètre carré, quel est le prix d'un tapis de 3 m. 50 de longueur sur 2 m. 80 de largeur ?

3787. Combien faut-il de carreaux de 0 m. 14 de côté pour carreler un salon de 5 m. 60 sur 4 m. 20 ?

3788. Quel est le prix d'une feuille de verre de 0 m. 60 de longueur sur 0 m. 45 de largeur à 3 fr. 80 le mètre carré ?

3789. Quel est le prix de 18 feuilles de carton ayant chacune 1 m. 40 de longueur sur 0 m. 80 de largeur, à 1 fr. 60 le mètre carré ?

3790. Combien faut-il de pavés, à raison de 38 par mètre carré, pour paver une rue de 1.500 mètres de longueur sur 8 m. 1/2 ?

3791. Quelle largeur doit-on retrancher d'une pièce de terre de 248 m. de longueur pour la diminuer de 12 a. 40 ?

3792. Une chambre mesure 5 m. 60 de longueur sur 4 m. 50 de largeur. Que doit-on payer au menuisier qui a fait le parquet à raison de 5 fr. 80 le mètre carré ?

3793. Quel est le prix d'un jardin rectangulaire de 128 m. 70 de long sur 38 m. 50 de large à 52 fr. 80 l'are ?

3794. Quelle est, en hectares, la surface d'une route de 275 km. de longueur et 12 m. 80 de largeur?

3795. Combien coûte un parquet de 6 m. 80 de longueur sur 5 m. 45 de largeur, à 12 fr. 60 le mètre carré?

3796. Une terre a 68 m. 50 de longueur sur 48 m. de largeur. Combien vaut-elle à 35 fr. 80 l'are?

3797. A 1 fr. 20 le mètre carré, quel est le prix d'un jardin de 37 m. 80 de longueur sur 26 m. 50 de largeur?

3798. Quelle est, en ares, la superficie d'un bois de 3.750 m. de longueur sur 2.580 de largeur?

3799. Un boulevard a 3.748 m. de longueur sur 25 m. de largeur. Quelle en est la superficie?

3800. Quelle est la valeur d'une vigne de 187 m. de longueur sur 68 m. de largeur, si l'on paye 0 fr. 75 le mètre carré?

3801. Une porte de 2 m. 05 de hauteur sur 0 m. 85 de largeur a coûté 11 fr. 30. Quel a été le prix du mètre carré?

3802. Quelle est, en ares, la surface d'un pré ayant 182 m. de longueur sur 135 de largeur?

3803. Quelle est la valeur d'un champ de 225 m. de longueur sur 158 m. de largeur à 0 fr. 58 le centiare?

3804. Quelle est la surface d'un carré dont le contour égale 128 m.?

3805. Quelle est la valeur d'un jardin carré de 46 m. de côté à 0 fr. 75 le centiare?

3806. Calculer le prix d'une glace de 1 m. 85 de longueur sur 1 m. 24 de largeur à 1 fr. 80 le décimètre carré?

3807. Quelle est la surface d'un losange dont les diagonales ont 0 m. 80 et 1 m. 15?

3808. Une prairie forme un losange qui a une diagonale de 97 m. et une autre de 111. Combien vaut-elle à 35 fr. l'are?

3809. Lorsque l'are vaut 35 fr., quelle est la valeur d'un verger carré de 86 m. de côté?

3810. Un carreau de vitre en losange a une surface de 667 cm², et sa petite diagonale a 23 cm. Quelle est l'autre?

3811. Un tableau de 2 m. 80 de long sur 1 m. 50 de large coûte 8 fr. 50 le décimètre carré. Combien vaut-il?

3812. Un menuisier achète 37 douzaines de planches de 3 m. 12 sur 0 m. 15. Combien payera-t-il à 3 fr. 50 le mètre carré?

3813. Un plâtrier fait un plafond de 8 m. 35 sur 5 m. 80 à 1 fr. 60 le mètre carré. Combien recevra-t-il?

3814. Six ouvriers, faisant 225 m² par jour, ont mis 13 jours de 10 heures pour bêcher un champ. Quelle en est la surface?

3815. Combien faut-il de pavés de 168 cm² pour paver une rue de 840 m. de long sur 9 m. 60 de large?

3816. Combien faut-il de carreaux de 188 cm² pour carreler un corridor de 94 m. de long sur 2 m. 50 de large?

3817. Un peintre demande 485 fr. par mètre carré pour faire un tableau de 2 m. 25 de longueur sur 1 m. 50 de largeur. Combien recevra-t-il?

3818. Un pré rectangulaire a 325 m. de long sur 58 m. de large. Quelle en est la valeur à 35 fr. 80 l'are?

3819. Quelle est la valeur d'une forêt de 3.860 m. de long sur une largeur moyenne de 2.580 m. à raison de 1.850 fr. l'hectare?

3820. Un champ rectangulaire a une surface de 43 a. 20 ca. et une longueur de 150 m. Quelle en est la largeur?

3821. Quelle largeur faut-il prendre sur un terrain de 125 m. de longueur pour obtenir une surface de 50 ares?

3822. Quel est le prix d'un tapis carré de 6 m. 1/2 de côté à 1 fr. 80 le décimètre carré?

3823. Un champ rectangulaire de 123 m. de longueur a une surface de 1 ha. 32 a. 84 ca. Quelle en est la largeur?

3824. Quel est le prix d'un jardin de 82 m. 50 de long sur 60 m. 80 de large à 46 fr. 35 l'are?

3825. Quelle est la longueur d'un champ rectangulaire de 125 m. de large et dont la surface est de 1 ha. 75?

3826. Dites le prix d'un terrain carré de 68 m. 70 de côté à raison de 7.845 fr. l'hectare?

3827. Combien faut-il de dalles en losange pour carreler une chambre de 9 m. 25 de longueur sur 8 m. 40 de largeur, si ces dalles ont 37 cm. et 30 cm. de diagonales?

3828. Un menuisier a fait 7 portes ayant chacune 2 m. 35 de hauteur sur 1 m. 20 de largeur à 6 fr. le mètre carré. Combien lui doit-on?

3829. Quelle longueur faut-il donner à un jardin rectangulaire de 124 m. de large pour qu'il ait 1 ha. 1/2?

3830. Une vitre en losange a 24 dm² et sa longueur est de 75 cm. Quelle en est la largeur?

3831. Quelle est la valeur d'un tapis de 7 m. 65 de long sur 5 m. 32 de large à raison de 25 fr. le mètre carré?

3832. Combien faut-il de dalles en losange de 0 m. 25 et 0 m. 36 de diagonales pour paver un corridor ayant 15 m. 40 de longueur sur 2 m. 50 de largeur?

3833. Quelle est la largeur d'un pré de 194 m. de long et dont la surface est de 2 ha. 8 a. 5 ca.?

3834. Quelle est la valeur d'un terrain carré de 87 m. de côté à raison de 35 fr. l'are?

3835. Quelle est la superficie d'un étang de 286 m. de long sur 195 m. de large et 1 m. 80 de profondeur moyenne?

3836. Quelle est la surface d'un portail de 3 m. 85 de largeur sur 4 m. 38 de hauteur?

3837. Donner en hectares, la superficie d'un chemin de fer à deux voies qui a 295 km. de long sur 8 m. 40 de large?

3838. Un appartement a 15 m. de long, 8 m. 60 de large et 3 m. 80 de hauteur. Quelle est la surface totale du plafond et des 4 murs?

3839. Un menuisier a fait 15 portes de 2 m. sur 0 m. 85, à 14 fr. le mètre carré. Combien lui doit-on?

3840. Quelle est la surface d'un rectangle dont le contour est de 240 m. et l'un des côtés 46 m.?

3841. Une feuille de carton de 2 m. 60 de longueur sur 1 m. 50 de largeur doit être découpée en morceaux de 40 cm². Combien y aura-t-il de morceaux ?

3842. Un terrain rectangulaire a 830 m. de longueur sur 560 de largeur. Quelle en est la valeur à 68 fr. l'are ?

3843. Un plâtrier a fait un plafond de 12 m. 80 de longueur sur 8 m. 1/2 de largeur à 1 fr. 90 le mètre carré. Combien a-t-il reçu ?

3844. Quelle largeur faut-il prendre sur un jardin dont la longueur est de 85 m. 25 pour en séparer une portion de 1.534 m² 50 ?

3845. Deux ouvriers ont moissonné un champ de blé de 168 m. de long sur 135 de large à raison de 35 fr. l'hectare. Combien chacun doit-il recevoir ?

3846. Quelle largeur faut-il prendre sur une pièce de terre de 248 m. de longueur pour obtenir une surface de 62 ares ?

3847. Quelle est, en hectares, la surface du lac du Bourget qui a 25 km. de long sur 5 km. de largeur moyenne ?

3848. Une chambre carrée de 13 m. de côté a été parquetée à raison de 6 fr. 80 le mètre carré. Combien a-t-on payé ?

3849. Pour paver une cour, il a fallu 3.940 pavés carrés de 0 m. 12 de côté. Quelle est la superficie de cette cour ?

3850. Combien faut-il de briques carrées de 0 m. 18 de côté pour carreler une chambre de 12 m. de longueur sur 9 m. de largeur ?

3851. Pour planchéier une salle, on a employé 120 planches de 2 m. 80 de longueur sur 0 m. 15 de largeur. Quelle est la superficie de cette salle ?

3852. Combien faut-il de ceps pour une vigne de 182 m. de longueur sur 85 m. de largeur, si l'on en met 3 par 2 m² ?

3853. On demande le contour et la valeur d'un champ rectangulaire de 113 m. de long sur 76 m. de large à 58 fr. l'are ?

3854. Le pas ordinaire de l'homme est de 0 m. 75. Quelle est la superficie d'un pré dont la longueur est de 68 pas et la largeur de 26 pas ?

3855. Une châtaigneraie de 280 m. longueur sur 150 de largeur contient 5 pieds d'arbres par are. Trouver le nombre et la valeur des châtaigniers à 80 fr. le pied.

3856. Un mur de 75 m. 25 de longueur sur 2 m. 86 de hauteur, a été crépi des deux côtés à raison de 0 fr. 55 le mètre carré. Combien doit-on payer ?

3857. Quel est le prix d'une table de marbre ayant 1 m. 50 de long sur 0 m. 85 de large à 65 fr. 80 le mètre carré ?

3858. La peinture des 4 murs d'une salle de 8 m. 50 de long, 5 m. 40 de large et 4 m. 60 de haut, a coûté 191 fr. 82. Combien a-t-on payé le mètre carré ?

3859. La tapisserie d'un appartement coûte 2 fr. 50 le mètre carré. Combien a-t-on payé si les 4 murs ont ensemble 86 m. de longueur sur 4 m. 20 de hauteur ?

3860. Les murs extérieurs d'une maison, ayant 25 m. de longueur, 12 de largeur et 14 de hauteur, ont été crépis sur leurs deux faces, à raison de 0 fr. 35 le mètre carré. Combien a-t-on payé?

3861. Calculer la surface d'un trapèze de 78 m. de hauteur et dont les bases ont 186 m. et 118 m.

3862. Quelle est la surface d'un pré ayant la forme d'un trapèze de 48 m. de hauteur, les bases ayant 87 m. et 53 m.?

3863. La base moyenne d'un trapèze est de 62 m. et sa hauteur de 25 m. 60. Quelle en est la surface?

3864. Quelle est, en hectares, la superficie d'un bois formant un trapèze dont les bases ont 2.520 mètres et 1.864 mètres, la hauteur ayant 580 mètres?

3865. Quelle est la surface d'un trapèze de 86 m. de hauteur et dont les bases ont 186 m. et 98 m.?

3866. A 180 fr. l'are, dites la surface et la valeur d'une vigne formant un trapèze de 48 m. de hauteur et dont les bases ont 83 m. et 57 m.

3867. Une vigne forme un trapèze dont la hauteur a 340 m. et les bases 690 m. et 560 m. et s'est vendue 2.780 fr. l'hectare. Combien a-t-elle coûté?

3868. Une parcelle de terrain ayant la forme d'un trapèze de 4 m. 75 et 5 m. 25 de bases, sur 6 m. 60 de haut, est vendue 396 fr. Quel est le prix du mètre carré?

3669. Quelle est la surface d'un plancher ayant la forme d'un trapèze de 8 m. 25 de hauteur, et dont les côtés parallèles ont 9 m. 46 et 7 m. 58?

3870. Combien faut-il de carreaux de 0 m. 15 de côté pour carreler une salle ayant la forme d'un trapèze de 8 m. de hauteur et de 10 m. et 12 m. de bases?

3871. Quelle est la surface d'un cercle dont la circonférence égale 15 m. 708 et le rayon 2 m. 50?

3872. Quelle est la surface d'un cercle de 36 m. de diamètre?

3873. Dites la surface d'un cercle de 80 m. de rayon?

3874. Trouver la surface d'un cercle de 128 m. de diamètre?

3875. Quelle est la surface d'une terrasse circulaire de 28 mètres de diamètre?

3876. Dire la surface d'un cercle de 25 m. de rayon.

3877. Quelle est, en hectares, la surface d'un étang circulaire de 1.570 m. 80 de circonférence?

3878. Quelle est la surface d'un cercle de 250 m. de rayon?

3879. Trouver la surface d'un cercle de 100 m. de circonférence.

3880. Quelle est la surface d'un cercle de 76 m. de diamètre?

3881. Quelle est la surface d'un bassin qui a 120 m. de circonférence?

3882. Quelle est la surface d'un cercle de 1 m. 25 de rayon?

3883. Quelle est la surface d'un bosquet circulaire de 86 m. de diamètre?

3884. Quelle est la hauteur d'un triangle de 36 m. de base si ce triangle est équivalent en surface à un cercle de 18 m. de rayon?

3885. Quel est le prix d'une table circulaire de 1 m. 80 de diamètre, payée à raison de 25 fr. le mètre carré?

3886. Une terrasse circulaire a 50 m. de rayon. Quelle en est la superficie?

3887. Quelle est la surface d'une pelouse circulaire de 5 m. 60 de diamètre?

3888. Quelle est, en décimètres carrés, la surface du cadran de l'horloge, s'il a 15 cm. de rayon?

3889. Dire la surface d'un cercle dont la circonférence a 628 m. 32?

3890. Donner, en millimètres carrés, la surface de la pièce de 5 fr. en argent dont le diamètre est de 37 mm.

3891. Une table ronde a 0 m. 86 de diamètre. Quelle en est la surface?

3892. Quelle est la superficie d'un couvercle de cuve de 1 m. 80 de diamètre?

3893. Quelle est la surface latérale d'un prisme de 5 m. de haut et dont la base rectangulaire a 2 m. 50 de long et 1 m. 60 de large?

3894. Quelle est la surface latérale d'une poutre de 6 m. de long, 0 m. 50 de large sur 0 m. 35 d'épaisseur?

3895. Calculer la surface latérale d'un tronc d'arbre équarri de 4 m. 80 de long, 0 m. 60 de large et 0 m. 36 d'épaisseur.

3896. Quelle est la surface latérale d'une règle carrée de 0 m. 85 de long sur 8 mm. d'équarrissage?

3897. Quelle est la surface totale d'un cube de 0 m. 75 de côté?

3898. Quelle est la surface totale d'une pierre cubique ayant 2 m. 45 de côté?

3899. Quelle est la surface totale d'une règle carrée de 50 cm. de longueur sur 12 mm. d'équarrissage?

3900. On demande la surface totale d'une pierre de 1 m. 48 de longueur, 0 m. 85 de largeur et 0 m. 45 d'épaisseur.

3901. Calculer la surface totale d'une pièce de bois ayant 8 m. de longueur sur 0 m. 35 d'équarrissage?

3902. Quelle est la surface totale du plafond, du plancher et des 4 murs d'un appartement de 14 m. de longueur, 8 m. 60 de largeur et 4 m. 50 de hauteur.

3903. Quelle est la surface totale d'un bloc de pierre dont les dimensions sont 2 m. 40, 1 m. 60 et 0 m. 35?

3904. Un salon a 4 m. 80 de longueur, 3 m. 50 de largeur et 3 m. 60 de hauteur. On en a fait peindre les murs à 0 m. 45 le mètre carré et le plafond à 0 fr. 50. Combien doit-on pour ce travail?

3905. Quelle est la surface latérale d'un cylindre de 4 m. 80 de longueur et de 1 m. 50 de circonférence?

3906. Quelle est la surface d'une colonne cylindrique de 9 m. 80 de hauteur sur 2 m. 90 de circonférence?

3907. Quelle est la surface d'un tuyau de poêle de 5 m. 80 de long sur 0 m. 38 de circonférence ?

3908. Quelle est la surface totale d'un cylindre de 2 m. 80 de circonférence et de 4 m. 50 de hauteur ?

3909. Quelle est la surface d'un tuyau de 12 m. 80 de longueur et de 0 m. 46 de circonférence ?

3910. Calculer la surface latérale d'un cylindre de 3 m. 50 de longueur et de 1 m. 85 de circonférence.

3911. Quelle est la surface d'une colonne cylindrique de 7 m. 80 de hauteur et de 1 m. 25 de circonférence ?

3912. Quelle est la surface latérale d'une cuve de 2 m. 50 de hauteur et de 8 m. 75 de circonférence ?

3913. Calculer la surface totale intérieure d'un cuvier de 1 m. 60 de diamètre et de 1 m. 40 de profondeur.

3914. Trouver la surface totale d'un crayon, ayant 23 mm. de circonférence et 19 cm. de longueur ?

3915. Quelle est la surface d'une corde de 68 m. de longueur et de 75 mm. de circonférence ?

3916. Quelle est la surface d'un fil télégraphique de 14 mm. de circonférence et de 150 km. de long ?

3917. Combien coûte la peinture d'une colonne qui a 4 m. 75 de hauteur et 1 m. 80 de circonférence à 1 fr. 50 le mètre carré ?

3918. Un puits ayant 18 m. de profondeur et 4 m. de circonférence, a été cimenté à raison de 3 fr. 80 le mètre carré. Combien a-t-on payé pour ce travail ?

3919. Quelle est la surface d'une sphère de 4 dm. de diamètre ?

3920. Calculer la surface d'une sphère de 18 cm. de circonférence ?

3921. Quelle est la surface d'une sphère de 5 m. 50 de rayon ?

3922. Quelle est la surface d'un ballon en caoutchouc ayant 1 m. 86 de circonférence ?

3923. Quelle est la surface d'une boule de 0 m. 80 de circonférence ?

3924. Calculer la surface d'une sphère de 2 m. 80 de diamètre ?

3925. Quelle est en centimètres carrés, la surface d'une orange qui a 28 cm. de circonférence ?

3926. Quelle est la surface d'un boulet de 0 m. 80 de circonférence ?

3927. Calculer la surface d'une boule de 2 dm. 1/2 de rayon.

3928. Quelle est en kilomètres carrés, la surface de la terre, si le méridien a 40.000 km. ?

3929. Quel est le volume d'un tas de bois dont chaque côté a 2 m. 75 ?

3930. Quelle est la capacité d'un bassin cubique de 3 m. 50 de côté ?

3931. Quel est le volume d'un mur de 142 m. de long, 3 m. 50 de haut et 0 m. 50 d'épaisseur ?

3932. Quel est le volume de 58 planches ayant chacune 3 m. 40 de long, 0 m. 25 de large et 0 m. 03 d'épaisseur ?

3933. Quel est en centimètres cubes, le volume d'une règle de 0 m. 45 de long sur 14 mm. d'équarrissage ?

3934. Quel est, en centimètres cubes, le volume d'une feuille de carton de 0 m. 45 de long, 0 m. 18 de large et de 2 mm. d'épaisseur ?

3935. Une feuille de verre a 0 m. 42 de long, 0 m. 28 de large et 2 mm. 1/2 d'épaisseur. Quel est son volume en centimètres cubes?

3936. Quel est, en décimètres cubes, le volume d'une planche de 4 m. 25 de long, 0 m. 18 de large et 3 cm. d'épaisseur?

3937. Quel est le volume d'un bloc de granit de 1 m. 40 de longueur sur 0 m. 95 de largeur et 0 m. 58 d'épaisseur?

3938. Quel est le volume d'une caisse de 1 m. 25 de longueur, 0 m. 75 de largeur et 0 m. 38 d'épaisseur?

3939. Quel est le volume d'une feuille de verre de 0 m. 45 de longueur, 0 m. 28 de largeur et 2 mm. d'épaisseur?

3940. Quel est le volume d'un madrier de 4 m. 50 de longueur, 0 m. 40 de largeur, 0 m. 08 d'épaisseur?

3941. Une pierre de taille a 2 m. 25 de longueur, 1 m. 80 de largeur et 0 m. 28 d'épaisseur. Quel est son volume?

3942. Une poutre de 6 m. 50 de long, 0 m. 46 de large et 0 m. 38 d'épaisseur, est payée 96 fr. le mètre carré. Combien coûte-t-elle?

3943. A 13 fr. 80 le mètre cube, combien coûtera un mur de 18 m. 25 de longueur, 2 m. 80 de hauteur et 0 m. 50 d'épaisseur?

3944. A 60 fr. le mètre cube, combien coûte une pierre de taille cubique de 1 m. 20 de côté?

3945. Quel est, en stères, le volume d'un tas de bois qui a 9 m. 25 de long, 3 m. 60 de large et 2 m. 50 de haut?

3946. A 15 fr. 80 le mètre cube de pierres cassées, quel est le prix d'un tas de 15 mètres de long, 5 m. 40 de large et 1 m. 80 de haut?

3947. Quelle est la hauteur d'une pile de bois contenant 240 s., sa longueur étant de 12 m. et sa largeur de 8 m.?

3948. Quel est, en centimètres cubes, le volume d'une plaque de zinc de 0 m. 45 de long, 0 m. 38 de large et de 2 mm. d'épaisseur?

3949. Une pile de bois de 12 mètres de longueur, 4 m. 80 de largeur et 3 m. 50 de hauteur, coûte 3.024 fr. A combien revient le stère?

3950. Un tas de pierres de 25 m. de longueur, 8 m. de largeur et de 2 m. 50 de hauteur, s'est vendu 2.125 fr. A combien revient le m³?

3951. Un ouvrier a creusé 182 fosses de 1 m. 40 sur 1 m. 35 et 0 m. 94 pour la plantation d'un verger. Combien lui doit-on à 0 fr. 80 le mètre cube?

3952. Un mur a 85 m. de long, 3 m. 25 de haut et 0 m. 45 d'épaisseur. Combien a-t-il coûté à 15 fr. le mètre cube?

3953. Deux chambres ont pour dimensions : la première 8 m., 7 m. 25 et 3 m. 80 ; la deuxième 15 m., 9 m. et 4 m. 50. Quelle est, en mètres cubes, la différence de leurs capacités?

3954. A 3 fr. 80 le mètre cube, quel serait le prix d'un tas de sable de 4 m. 25 de long, 2 m. 50 de large et 0 m. 80 de hauteur?

3955. Combien coûte la construction d'un mur qui a 128 m. de longueur, 8 m. de hauteur et 0 m. 50 d'épaisseur, à 15 fr. le m³?

3956. Je paye 800 fr. un tas de bois de 18 m. de longueur, 4 m. de hauteur et 0 m. 80 de largeur. A combien me revient le stère?

3957. A quelle distance du bout faut-il couper une pièce de bois de 0 m. 50 d'équarrissage pour en enlever un 1/2 stère?

3958. On paye 130 fr. un chêne qui a 6 m. 75 dé longueur sur 0 m. 50 d'équarrissage. A combien revient : 1° le stère, 2° le dm³ ?

3959. A 2 fr. 50 le mètre cube de marne, pour quelle somme en contient un tombereau de 2 m. 25 de longueur, 0 m. 85 de hauteur et 1 m. 10 de largeur moyenne ?

3960. Quel volume d'air contient un appartement qui a pour dimensions 10 m., 8 m. 50 et 6 m. ?

3961. Un petit réservoir a pour dimensions 2 m. 50, 1 m. 80 et 0 m. 75. Combien d'hectolitres d'eau peut-il contenir ?

3962. Quel est le prix de 12 solives ayant chacune 4 m. 1/2 de long sur 0 m. 20 d'équarrissage à 72 fr. le mètre cube ?

3963. A 13 fr. le mètre cube, combien coûtera le fumier contenu dans une fosse cubique de 2 m. 75 de côté ?

3964. Quel est le prix de 75 solives de chêne de 2 m. 50 sur 0 m. 20 et 0 m. 15 à 10 fr. le décistère ?

3965. Un tas de bois, dont les bûches ont 1 m. 20, a 5 m. 40 de long et 2 m. 20 de haut. Quel en est le prix à 8 fr. 50 le stère ?

3966. Le mètre cube de terrain déblayé se paye 0 fr. 75. Combien payera-t-on pour creuser une citerne de 15 m. de long, 5 m. de large et 3 m. 80 de profondeur ?

3967. A 5 fr. 80 le décistère, quel est le prix de 160 planches de 2 m. 50 de long, 0 m. 30 de large et 0 m. 028 d'épaisseur ?

3968. On a acheté un tas de bois de 15 m. de longueur sur 1 m. 80 de largeur et 2 m. 50 de hauteur, à 4 fr. 80 le stère. Qu'a-t-on payé ?

3969. Quelle est la valeur de l'engrais qui remplit une fosse ayant 15 m. de long, 5 m. de large et 1 m. 80 de profondeur, à 3 fr. 60 le mètre cube ?

3970. Un ouvrier a coupé un tas de bois de 9 m. sur 1 m. 80 et 2 m. 50 à raison de 3 fr. 60 le stère. Combien lui doit-on ?

3971. Quel est le prix d'une poutre de 5 m. de long sur 0 m. 45 et 0 m. 50 à 4 fr. le décistère ?

3972. Des briques, dont chacune a 0 m. 35 sur 0 m. 12 et 0 m. 07, sont empilées en un tas de 17 m. 50 de longueur, 2 m. 40 de largeur et 0 m. 70 de hauteur. Quel est le nombre de ces briques ?

3973. J'ai acheté un décastère de bois coupé à 0 m. 83; je le range en une pile de 6 m. de longueur. A quelle hauteur s'élèvera ce tas de bois ?

3974. Lorsque le mètre cube de bois de chêne se paye 125 fr., combien coûtera une poutre de 7 m. de long, 0 m. 65 de large sur 0 m. 36 d'épaisseur ?

3975. Quel est, en décastères, le volume d'un tas de bois dont les dimensions sont 13 m. 50, 3 m. 80 et 2 m. 30 ?

3976. On paye 78 fr. un chêne qui a 0 m. 40 d'équarrissage et 6 m. 50 de longueur. A combien revient le mètre cube ?

3977. Un bloc de pierre de 2 m. 50 de longueur, 0 m. 85 de largeur et 0 m. 64 d'épaisseur, a été vendu 75 fr. 25 le mètre cube. Combien a-t-il coûté ?

3978. Dans un ménage, on a brûlé 15 s. de bois en 8 mois 1/2. Combien de temps durera un tas de bois de 4 m. de longueur, 3 m. de largeur et 2 m. 50 de hauteur?

3979. Pour faire creuser un bassin de 8 m. de longueur, 3 m. 60 de largeur et 2 m. 80 de profondeur, on a payé 201 fr. 60. A combien revient le mètre cube?

3980. Quinze ouvriers, payés 3 fr. 80 par jour, ont creusé un réservoir de 46 m. de longueur, 25 m. de largeur et 1 m. 40 de profondeur. Combien ont-ils mis de temps à cet ouvrage s'ils ont reçu chacun 304 fr., et combien chacun a-t-il creusé de mètres cubes?

3981. Un mur de 18 m. de longueur, 1 m. 80 de hauteur et 0 m. 45 d'épaisseur coûte 218 fr. 70. Quel sera le prix d'un autre mur de 35 m. de longueur, 2 m. 50 de hauteur et 0 m. 50 d'épaisseur?

3982. Avec une brouette contenant 82 dm³, combien ferait-on de voyages pour transporter 154 m³ 570 dm³?

3983. A 62 fr. 50 le mètre cube, quel est le prix d'une poutre de 10 m. 75 de longueur sur 0 m. 48 d'équarrissage?

3984. Une citerne a 8 m. 50 de long sur 3 m. 60 de large. Quelle en est la profondeur, si elle peut contenir 153 m³ d'eau?

3985. On veut creuser un bassin de 18 m. de longueur et 3 m. 50 de profondeur. Quelle en doit être sa largeur pour que sa contenance soit de 383 m³ 5?

3986. Un tas de bois de 12 m. de long sur 4 m. 50 de large, contient 189 stères. On demande la hauteur du tas et la valeur du bois à 165 fr. le décastère?

3987. Une pile de bûches a 8 m. 50 de long sur 3 m. 80 de hauteur; les bûches ont 1 m. 40 de longueur. Combien faut-il vendre le décastère pour retirer 678 fr. 30 de ce tas de bois?

3988. Combien coûtera un mur de 52 m. de long, 3 m. de haut et 0 m. 45 d'épaisseur à 14 fr. le mètre cube?

3989. Un bassin de 120 m. de long sur 60 m. de large, contient 7.200 m³ d'eau. Quelle en est la profondeur si l'eau n'arrive qu'à 25 cm. du bord?

3990. Une poutre ayant 5 m. 80 de long sur 0 m. 45 d'équarrissage coûte 98 fr. le mètre cube. Quelle en est la valeur?

3991. Quel est le prix d'un bloc de pierre dont les dimensions sont 1 m. 40, 1 m. 15 et 0 m. 34, à 9 fr. 50 le mètre cube?

3992. Un bassin de 18 m. 50 de long sur 6 m. de large et 2 m. 80 de profondeur, a été rempli en 15 heures 3/4. Combien a-t-il reçu de mètres cubes par heure?

3993. Combien y a-t-il de briques de 0 m. 22 sur 0 m. 11 et 0 m. 055 dans une pile de 5 m. 50 sur 1 m. 10 et 2 m. 20?

3994. Combien vaut un tas de pierres de 12 m. 60 sur 3 m. 50 et 1 m. 80, à raison de 15 fr. le mètre cube?

3995. Combien coûtera la pierre nécessaire pour la construction d'un mur de 48 m. de longueur, 3 m. 80 de hauteur et 0 m. 80 d'épaisseur, à 18 fr. le mètre cube?

3996. Cinq ouvriers, en 16 jours, ont creusé une tranchée de 148 mètres de longueur, 0 m. 80 de largeur et 1 m. 20 de profondeur, à 3 fr. 50 le mètre cube. Combien chaque ouvrier a-t-il gagné par jour ?

3997. En 15 jours, un carrier a extrait un tas de pierre de 5 m. de long sur 3 m. de large et 1 m. 20 de haut, à 5 fr. 40 le mètre cube. Combien a-t-il gagné par jour ?

3998. Combien peut-on tailler de pavés dans un bloc dont les dimensions sont 3 m., 2 m. 80, et 0 m. 80, si, pour chaque pavé il faut un cube de 0 m. 20 de côté ?

3999. Quel est le volume de 28 chevrons de 3 m. 80 de longueur sur 0 m. 18 d'équarrissage, et quel en est le prix, à raison de 85 fr. le mètre cube ?

4000. Une règle a 3 m. 50 de longueur et 1 cm 1/2 d'équarrissage. Quel est son volume ?

4001. Quel est le prix d'une poutre de 8 m. 40 de longueur sur 0 m. 35 et 0 m. 25, à 68 fr. le mètre cube ?

4002. Combien coûte la construction d'un mur, de 170 m. de longueur sur 2 m. 80 de hauteur et 0 m. 54 d'épaisseur, à raison de 14 fr. 50 le mètre cube ?

4003. On demande le volume et le prix d'une pièce de bois de 5 m. de longueur sur 0 m. 38 et 0 m. 24, à raison de 95 fr. le mètre cube.

4004. Quel est le volume d'un cylindre de 6 m. de hauteur et de 0 m. 40 de rayon ?

4005. Un rouleau cylindrique a 0 m. 46 de diamètre et 2 m. 80 de longueur. Quel est son volume ?

4006. Quelle est la profondeur d'un puits dont la surface du fond est de 168 dm² et qui pourrait contenir 42 m³ d'eau s'il était plein ?

4007. Quelle est la capacité d'un réservoir cylindrique de 15 m. de rayon et de 1 m. 80 de profondeur ?

4008. Quel est le volume d'une corde ayant 8 cm. de circonférence et 52 m. de longueur.

4009. Quel est le volume d'une barre de fer cylindrique de 6 m. de long et de 0 m. 085 de circonférence ?

4010. Quel volume d'eau contient un bassin circulaire de 26 m. de diamètre et de 1 m. 80 de profondeur ?

4011. Quelle profondeur faut-il donner à un bassin circulaire de 20 m. de diamètre pour que sa capacité soit de 785 m³ 400 dm³ ?

4012. Trouver la capacité d'un bassin circulaire de 120 m. de circonférence et de 0 m. 90 de profondeur.

4013. Calculez la capacité d'un réservoir circulaire ayant 78 m. 54 de circonférence et 2 m. de profondeur.

4014. A 65 fr. le mètre cube, calculez le volume et le prix d'un tronc d'arbre de 3 m. 50 de longueur et de 2 m. 96 de circonférence.

4015. Quel est, en centimètres cubes, le volume d'un crayon de 0 m. 16 de longueur et de 15 mm. de circonférence ?

4016. Quel est le volume d'une colonne cylindrique de 3 m. 80 de hauteur et de 0 m. 22 de diamètre ?

4017. Quelle est la capacité d'une chaudière cylindrique de 0 m. 80 de diamètre et de 1 m. 50 de longueur?

4018. Un bassin circulaire a 18 m. de rayon et 2 m. 60 de profondeur. Quelle est sa capacité?

4019. On creuse un puits cylindrique de 8 m. 70 de profondeur et de 1 m. 68 de diamètre. Combien payera-t-on, à raison de 3 fr. 80 le mètre cube?

4020. Quel est, en centimètres cubes, le volume d'un bâton de 1 m. 18 de longueur sur 51 mm. de circonférence?

4021 Quelle est, en décimètres cubes, la capacité d'un bocal ayant 0 m. 25 de profondeur et 0 m. 12 de diamètre?

4022. Un seau cylindrique a 0 m. 24 de diamètre et 0 m. 40 de profondeur. Quelle en est la capacité en décimètres cubes?

4023. Quelle est la capacité d'un bassin circulaire ayant 4 m. 60 de diamètre et 1 m. 20 de profondeur?

4024. Quelle profondeur un tonnelier doit-il donner à une cuve de 2 m. 40 de diamètre pour qu'elle contienne 80 hl.?

4025. Quel volume d'eau contient un puits de 18 m. de profondeur et de 1 m. 60 de diamètre, si l'eau ne monte qu'à 6 m. 50?

4026. Quel volume de vin peut contenir une cuve cylindrique de 1 m. 40 de rayon et de 1 m. 80 de profondeur?

4027. Quelle est la capacité d'un vase cylindrique de 0 m. 58 de rayon et de 0 m. 45 de profondeur?

4028. Calculer en centimètres cubes, la capacité d'un verre cylindrique de 7 cm. de diamètre et de 86 mm. de profondeur?

4029. Quel est le volume d'un fil télégraphique de 580 km. 1/2 de longueur et de 13 mm. de circonférence?

4030. Quel est, en centimètres cubes, le volume d'une pierre qui plongée dans un seau de 0 m. 20 de rayon contenant de l'eau, fait monter cette eau de 3 mm.?

4031. Quel est le volume d'une pyramide dont la base a 16 m² et la hauteur 4 m. 50?

4032. Quel est le volume d'une pyramide de 6 m. de hauteur et dont la base est un carré de 3 m. 80 de côté?

4033. Quel est le volume d'une pyramide de 5 m. 40 de hauteur et dont la base est un triangle de 3 m. 80 de haut et 4 m. de base?

4034. Quel est le volume de la plus grande pyramide d'Egypte dont la hauteur est de 162 m. et qui a pour base un carré de 237 m. de côté?

4035. A 12 fr. le mètre cube de pierre, combien coûtera un mausolée pyramidal de 15 m. de hauteur et de 9 m² 60 de base?

4036. Quel est le volume d'un cône de 2 m. 40 de hauteur et qui a pour base un cercle de 4 m² 26?

4037. Quelle est la base d'un cône dont le volume est de 1 m³5 et la hauteur 0 m. 90?

4038. Quel est le volume d'un cône dont la hauteur est de 1 m. 80 et le rayon de la base de 0 m. 45?

4039. Calculer le volume d'un cône dont la base a 4 m. 26 de circonférence et la hauteur 2 m. 70 ?

4040. Quel est le volume d'un gerbier conique de 6 m.de hauteur et dont la base a 11 m. 39 de circonférence ?

4041. Quel est le volume d'une meule de foin conique de 5 m. 40 de hauteur et dont la base a 16 m. 80 de circonférence ?

4042. Quel est le volume d'une sphère de 0 m. 60 de rayon ?

4043. Quel est, en cm³, le volume d'un boulet de 12 cm. de diamètre ?

4044. Calculer, en centimètres cubes, le volume d'une orange qui a 95 mm. de diamètre ?

4045. Quel est le volume d'une bille d'ivoire de 3 cm. de rayon ?

4046. Calculer, en décimètres cubes, le volume d'une boule qui a 0 m. 40 de circonférence ?

4047. Quel est, en centimètres cubes, le volume d'une sphère de 50 mm. de diamètre ?

4048. La boule de bronze qui termine la coupole de Saint-Pierre à Rome a 8 m. de circonférence. Quel est son volume ?

4049. Quel est le volume d'un ballon de 18 m. de diamètre ?

4050. Quel est le volume du globe terrestre dont la circonférence a 40 millions de mètres ?

Récapitulation générale.

4051. En ajoutant 4.825 fr. à ce que j'ai, je pourrais payer 15.737 f. 45 que je dois, et il me resterait 25 fr. Combien ai-je ?

4052. On m'a payé 60.999 fr. 20 pour 10.015 m. 85 de drap à 7 f.80 le mètre. Combien me doit-on encore ?

4053. Un marchand achète 168 tonneaux de vin à 72 fr. l'un et gagne 4.704 fr. sur le tout. Combien revend-il chaque tonneau ?

4054. Que vaut un pré de 375 m. de longueur et 289 m. de largeur, à 0 fr. 55 le centiare ?

4055. Combien coûtera un mur de 84 m. de long, 3 m. 50 de haut et 0 m. 50 d'épaisseur, à 13 fr. le mètre cube ?

4056. J'ai 1.005 fr. en or, 1.075 fr . 20 en argent et 499 fr. 75 en bronze. Combien ai-je de francs en tout ?

4057. J'avais 10 fr., mais on m'a volé 4 fr. 95. Combien me reste-t-il encore ?

4058. Jules a 560 fr. pour acheter des moutons qui coûteront 16 fr. chacun. Combien en aura-t-il ?

4059. J'avais 5.003 fr. 50 ; j'ai gagné 100 fr. 20, on m'a donné 10 fr. 05, et encore 3 fr. 25 et j'ai perdu 43 fr. Combien ai-je ?

4060. J'avais vendu pour 807 fr. 60 d'orge ; pour 78 fr. 10 d'avoine et pour 58 fr. 30 de choux ; mais on m'a pris 944 fr. Combien me reste-t-il ?

4061. Que valent 325 sacs de raves, à 1 fr. 49 le sac ?

4062. J'ai partagé 78.775 marrons entre 25 enfants. Combien chacun en a-t-il eu ?

4063. Mon père avait 38 ans quand je naquis ; j'en ai maintenant 45. Quel est l'âge de mon père ?

4064. J'ai 10.897 fr. et mon frère 3.747 fr. ; notre cousin a 5.108 fr. de moins que moi et 2.042 fr. de plus que mon frère. Combien a-t-il ?

4065. Paul a acheté 398 m. d'étoffe à 9 fr. 55, qu'il a vendus 5.245 fr. Combien a-t-il gagné ?

4066. J'ai vendu 5 ha. 7 ares de pré, à 0 fr. 85 le centiare. Combien dois-je recevoir ?

4067. Un cafetier paye l'hectolitre de vin 25 fr. et le vend 0 fr. 40 le litre. Que gagne-t-il sur 200 hl. ?

4068. Emile a 70 billes dans une poche, 45 dans l'autre et 209 chez lui. Combien a-t-il de billes en tout ?

4069. Si j'avais 47 pièces de 20 fr. de plus, j'aurais 1.815 fr. 75. Combien ai-je ?

4070. Sept enfants vont ensemble à une école qui est à 985 m. de leur village ; combien chacun fait-il de mètres pour y aller seulement ?

4071. Un champ a 578 m. de long et 497 de large. Que coûterait-il, à raison de 1.879 fr. l'hectare ?

4072. Mon père a 6.005 fr., mon frère 3.089 fr., ma sœur 3.173 fr. et moi 29 fr. 35. Qu'avons-nous en tout ?

4073. Vingt-sept élèves ont donné chacun 1 fr. 75 pour les pauvres. Combien ont-ils donné en tout ?

4074. J'ai donné 5.213 fr. pour payer 63 pièces de vin à 82 fr. 75. Combien dois-je encore ?

4075. Sept hl. de vin coûtent 315 fr. Combien vaut le litre ?

4076. Un négociant vend 2.580 kg. de laine 9.030 fr., puis 1.590 kg. au même prix ; s'il gagne 2.443 fr. 50 sur le tout, quel est son gain par kilogramme ?

4077. On gagne 12 fr. 60 sur 45 douzaines d'œufs ; que gagnerait-on, au même prix, sur 600 douzaines ?

4078. Combien aurait-on de litres de vin pour 4 fr. 40, si l'hectolitre coûte 27 fr. 50 ?

4079. Que coûterait un mètre cube de vin à 43 fr. l'hectolitre ?

4080. Dans un sac de pièces d'argent contenant 15 kg., j'ai pris 3.000 fr. Combien y reste-t-il de kilos et de francs ?

4081. Je devais 3.987 fr., j'ai payé 2.798 fr. Que dois-je encore ?

4082. Que coûteront 789 tonneaux de vin à 47 fr. l'un ?

4083. Si 19.437 m. de drap coûtent 291.555 fr., que vaut le mètre ?

4084. Que coûteraient 10.101 livres à 0 fr. 25 l'un ?

4085. J'avais 18 pièces de 5 fr., 27 de 2 fr., 33 de 0 fr. 50 ; on m'a pris 160 fr. Combien me reste-t-il ?

4086. En ajoutant 375 fr. à ce que j'ai, je pourrais payer une dette de 7.083 fr. Quel est mon avoir ?

4087. Un cheval tout harnaché a coûté 640 fr. ; les harnais seuls auraient coûté 376 fr. De combien le prix des harnais surpasse-t-il celui du cheval ?

4088. Si j'avais payé 27 fr. de plus une marchandise que je revends 365 fr., je gagnerais 46 fr. Que m'a-t-elle coûté ?

4089. Si j'avais payé 32 fr. de moins une marchandise que je revends 374 fr., je gagnerais 53 fr. Combien l'ai-je payée?

4090. Je devais 5.862 fr. ; je donne en paiement 60 m. de drap à 9 fr. 40 le mètre. Que dois-je encore?

4091. J'avais 625 m. de drap que j'ai vendus ensemble 5.156 fr. 25. Combien ai-je vendu le mètre?

4092. Emile va au marché avec 34 fr. ; il reçoit encore 45 fr., et revient avec 62 fr. Combien a-t-il dépensé?

4093. Un chapeau coûte 12 fr. Combien coûteraient 189?

4094. Un homme a dépensé 909 fr. 15 en 39 jours. Combien a-t-il dépensé par jour?

4095. On veut partager 8.462 fr. 60 entre 4 personnes. Quelle sera la part de chacune?

4096. Cinq marchands associés ont vendu 4 paires de bœufs 560 fr. pièce, 580 moutons à 19 fr. pièce, 3 chevaux à 740 fr. l'un. Quelle sera la part de chaque marchand?

4097. Les 6/8 d'une journée ont été payés 2 fr. 60. Quel sera le prix de 15 journées?

4098. Les 8/9 d'une marchandise donnent un bénéfice de 195 fr. 20. Combien gagnera-t-on en vendant le reste au même prix?

4099. Quelle est la valeur des 7/8 d'une propriété, lorsqu'on paye 7.568 fr. pour la troisième partie?

4100. On a vendu 1/3, 1/4 et 1/6 d'une pièce de drap, et il en reste encore 5 m. Quelle était sa longueur?

4101. Un ouvrier économise les 2/3 de sa journée. Si ses dépenses journalières sont de 1 fr. 10 et qu'il travaille 300 jours, quelle sera son économie annuelle?

4102. Quel nombre doit multiplier 5/6 pour donner 3/4?

4103. Il y a trois ans, j'avais 1/5 de moins qu'aujourd'hui. Devinez mon âge?

4104. La tête d'un poisson a 3/23 de mètre, le corps égale 10 fois la tête, et la moitié de la queue est aussi longue que la tête. Calculez la longueur.

4105. Les 2/3 et le 1/8 d'un bateau plongent dans l'eau et il ne reste que 1 m. 1/3 au dessus. Calculez sa hauteur totale?

4106. En ajoutant les 2/5 d'un nombre à son 1/4, le total est 1. Quel est ce nombre?

4107. Les 3/4 d'une route ont 3 km. 5/6. Quelle est sa longueur?

4108. Chaque semaine, une pauvre mère de famille reçoit de son fils aîné 3 fr. 1/5 ; du cadet 2 fr. 1/4, et du plus jeune 2 fr. 1/10. Combien reçoit-elle par an?

4109. Un jardin a 30 m. de long et 20 m. de large. Combien a-t-il de mètres carrés de surface, et quelle est la longueur de son contour?

4110. Quelle est la surface totale de 4 portes ayant chacune 2 m. 10 de hauteur sur 96 cm. de largeur, et combien doit-on les payer, si le menuisier demande 5 fr. 50 par mètre carré?

4111. Combien plantera-t-on de ceps de vigne dans un terrain rectangulaire de 329 m. sur 79, si l'on en met un par mètre carré?

4112. Une prairie forme un rectangle de 12 ha. 30 ca. de surface ; elle a 300 m. de largeur. Quelle est sa longueur ?

4113. Un terrain carré de 18 m. 25 de côté a été payé 4 fr. 50 le mètre carré. Quelle somme a-t-il coûté ?

4114. On a payé 2.259.576 fr. une propriété formant un rectangle de 1.268 m. de long sur 891 m. de large. A combien reviennent le mètre carré, l'are et l'hectare ?

4115. Un champ de forme rectangulaire a 208 m. de longueur et 29 m. 50 de largeur. Quels en sont le contour, la surface et le prix, à 105 fr. l'are ?

4116. Une rue longue de 880 m. a 8.300 m² de surface. Quelle est sa largeur ?

4117. Un jardin carré a 342 m² de surface et 18 m. de longueur. Quels en sont la largeur et le contour ?

4118. Le toit d'un bâtiment a sur chaque versant 15 m. sur 6 ; on y a employé 40 tuiles par mètre carré. Combien y en a-t-il et combien doit-on les payer, à 60 fr. le mille ?

4119. Après avoir mesuré un champ, on a reconnu que l'on doit rendre au voisin 14 ca. sur une longueur de 56 m. Quelle largeur doit-on prendre ?

4120. Un propriétaire échange une terre formant un carré de 45 m. de côté contre un pré rectangulaire d'une surface égale ayant 50 m. de longueur. Quelle est la largeur du pré ?

4121. Un bassin est alimenté par deux robinets qui donnent : le premier 15 hl. 2/7 par heure et le deuxième 10 hl. 8/9 ; l'eau se répandant par une fissure, il ne reste dans le bassin, après la première heure, que 191 dal. 3/8. Combien s'en répand-il par heure ?

4122. Les 4/5 d'une pièce de drap ont 12 m. de long. Quelle est la longueur des 7/9 ?

4123. Un ouvrier reçoit pour les 4/5 d'une journée 3 fr. 10. Combien aurait-il reçu pour la journée entière ?

4124. Quelle est la valeur des 5/6 de 72.000 fr. ?

4125. Entre le 1/4 et les 2/5 du prix d'une montre, il y a 15 fr. de différence. Que vaut cette montre ?

4126. Un ouvrier fait 25 m. en 4 jours, un autre fait 15 m. en trois jours. Dites le plus habile et de combien par jour ?

4127. Les 6/10 d'une marchandise coûtent 144 fr. Que payera-t-on pour le reste ?

4128. Quel est le nombre dont les 5/6 des 7/8 égalent 26 ?

4129. La différence entre le 1/3 et le 1/4 d'un nombre est 25. Quel est ce nombre ?

4130. Mon père me donne 2 fr. 40 et ma bourse est augmentée de 2/3 de ce qu'elle contenait. Combien avais-je d'abord ?

4131. Pour remplir un vase, on y vide une première fois 3 litres 2/5 et une seconde fois 5 litres 2/7. Le vase se trouvant alors à ses 3/5, on demande quelle en est la contenance ?

4132. Un ivrogne a dépensé 1/6 de son argent. Combien a-t-il dépensé, s'il ne lui reste que 18 fr. ?

4133. Une ménagère achète 3 kg. de riz à 0 fr. 60 le kilog. 3 kg. de semoule à 0 fr. 65 le kilo, et 8 hg. de figues à 0 fr. 80 le kilo ? Combien devra-t-elle vendre de douzaines d'œufs à 0 fr. 40 la douzaine pour payer ses emplettes ?

4134. Une cuisinière achète 4 kg. de beurre à 1 fr. 80 le kilo, 3 kg. de fromage à 1 fr. 10 le kilo et 12 kg. de châtaignes à 0 fr. 30 le kilo. Pour combien a-t-elle acheté ?

4135. En 2 jours un homme a labouré un champ d'un hectare ; le premier jour il a labouré pendant 9 heures, et le deuxième pendant 7. Combien a-t-il labouré d'ares chaque jour, l'ouvrage s'étant fait proportionnellement aux heures de travail ?

4136. Quel est le volume d'un cube dont l'arête ou côté a 2 m. 50, et quelle est la superficie totale de ses six faces ?

4137. Que coûtera un tas de fumier de 4 m. de long, 3 m. de large et 2 m. 50 de haut, à 8 fr. le mètre cube ?

4138. Une classe a 7 m. de long, 6 m. de large et 4 de haut. Combien contient-elle de mètres cubes d'air ?

4139. Tous les jours que tu te fâcheras, disait une mère à son fils, tu me devras 1/10 de franc, et tous les jours que tu passeras sans te fâcher, je t'en donnerai 5/10 ; au bout de huit jours l'enfant ne s'était fâché que deux fois. Combien dut-il recevoir ?

4140. Si j'avais 4 ans de plus, les 5/6 de mon âge seraient de 10 ans. Quel est mon âge ?

4141. Lorsque la douzaine de pommes est payée 0 fr. 25, combien pourrait-on acheter de douzaines d'une autre espèce 3 fois moins chère avec 6 fois plus d'argent ?

4142. Un marchand achète 16 pièces de vin de 215 litres chacune, qu'il revend, en détail, 0 fr. 60 le litre. Quel est son bénéfice, le prix d'achat de la pièce étant de 65 fr. ?

4143. Quelle dette paye un propriétaire qui donne 140 mesures de froment à 6 fr. 80 la mesure, 248 mesures de seigle à 4 fr. 60 et 185 mesures d'orge à 3 fr. 40 ?

4144. Un entrepreneur occupe 12 ouvriers à 3 fr. ; 15 à 2 fr. 50, 14 à 2 fr. 25 et 9 à 1 fr. 75. On demande : 1° ce qui sera dû à chaque ouvrier à la fin de la semaine ; 2° ce que déboursera l'entrepreneur pour une année ?

4145. Une armée composée de 28.000 hommes a des vivres pour 7 mois. Combien une armée de 98.000 hommes pourrait-elle se nourrir de temps avec les mêmes vivres ?

4146. Une place forte est gardée par 25.000 hommes qui ont des vivres pour 5 mois. Si l'on veut que les vivres durent 8 mois, combien devra-t-on renvoyer d'hommes ?

4147. Avec 13 fr. 50, on achète les 2/3 d'une pièce d'indienne. Combien coûterait le reste ?

4148. Les 5/6 du prix d'un habillement complet égalent 150 fr. Quel serait le prix de 3 habillements semblables ?

4149. Il a fallu 186 litres pour remplir les 3/4 d'un tonneau. Quelle est la contenance de ce tonneau ?

4150. Vingt-cinq ouvriers mettent 35 heures pour moissonner les 4/7 d'un champ. Combien aurait-il fallu d'ouvriers pour moissonner tout le champ dans le même temps?

4151. Un piéton met 3 heures 1/5 pour faire les 3/7 du chemin qu'il doit parcourir. Après avoir marché 6 heures, que lui restera-t-il encore à faire?

4152. Il ne reste plus que 3.860 fr. d'une fortune dont on a dépensé les 5/6. Quelle était cette fortune?

4153. Il s'en faut de 3 1/4 que le 1/5 d'un nombre égale son 1/4. Quel est ce nombre?

4154. Un ouvrier a fait dans une maison 25 journées à 3 fr. 15, 54 journées à 3 fr. 85 et 86 journées à 4 fr. 25 ; on lui devait déjà 138 fr. 75. Combien lui est-il dû en tout?

4155. Quel est le volume d'un arbre équarri, qui a 8 m. de long et 50 cm. d'équarrissage?

4156. Un fossé a 10 m. de long, 4 de large et 2 de profondeur. Combien a-t-il de mètres cubes?

4157. Le bief d'un moulin a 96 m. de longueur, 10 m. de largeur et 2 m. 50 de profondeur et contient de l'eau pour faire tourner le moulin pendant 4 heures. Combien laisse-t-il écouler d'hectolitres d'eau par minute?

4158. Un maçon doit construire, à 14 fr. le mètre cube, un mur de 10 m. de haut, 15 m. de long et 60 cm. d'épaisseur moyenne. Combien recevra-t-il?

4159. Pour faire une cave, on doit enlever de la terre sur une longueur de 15 m., une largeur de 4 m. 50 et une profondeur de 3 m. Combien en enlèvera-t-on de mètres cubes?

4160. La différence de hauteur de deux peupliers est de 8 m., et l'un n'est que les 5/6 de l'autre. Quelle est la hauteur de chacun?

4161. Si au double des 2/5 d'un nombre on ajoute son 1/4, on aura 125. Quel est ce nombre?

4162. La grêle a emporté les 5/7 d'une récolte qui avait été vendue 3.780 fr. Quelle a été la perte de l'acheteur?

4163. Un ouvrier gagne 4 fr. 50 par jour et dépense 2 fr. 30 ; un deuxième ouvrier gagne et dépense 1/4 de moins que le premier. Combien aura-t-il de moins à mettre de côté par semaine?

4164. Deux voyageurs se mettent en route : lorsque le premier fait 3 pas, le deuxième en fait 3 1/5. Chaque pas étant de 0 m. 90, à quelle distance seront-ils du point de départ après 3 heures 2/7, et combien d'hectomètres le deuxième aura-t-il fait de plus que le premier, s'il fait 110 pas par minute?

4165. Quel nombre doit multiplier 8 5/7 pour donner 1?

4166. Quel est le nombre qui surpasse ses 8/9 de 11?

4167. Par quel nombre faut-il multiplier une somme pour la diminuer de ses 2/3?

4168. Quelle heure est-il quand il s'est écoulé les 3/4 de la matinée de minuit à midi?

4169. Par quel nombre faut-il multiplier une somme pour l'augmenter de ses 4/5 ?

4170. Une fontaine donne 25 litres d'eau en 15 minutes ; une autre en donne 600 en 75 minutes. Quelle est la plus abondante, et de combien par minute ?

4171. Deux hommes copient un ouvrage : le premier écrit 25 pages en 9 heures et l'autre 37 pages en 13 heures. Combien en font-ils chacun par heure ?

4172. Quel est le bénéfice d'un marchand qui revend 2.900 fr. 6 chevaux qui lui coûtaient 450 fr. pièce ?

4173. Que coûte une caisse contenant 6 rangées de 210 volumes in-18, à 0 fr. 65 pièce ?

4174. J'ai acheté du charbon dont les 100 kilos me coûtent 1 fr. 25 d'achat et 0 fr. 25 de transport. A combien me reviendra un vagon de 16.200 kg., et quel sera mon bénéfice si je le revends 264 fr. ?

4175. Un tailleur achète une pièce d'étoffe qui lui coûte 60 fr. ; il en fait 8 pantalons qu'il vend 9 fr. pièce, et 3 gilets qu'il vend 3 fr. 50 pièce. Quel est son bénéfice, s'il a payé 8 journées à 3 fr. 50 l'une ?

4176. Quatre voitures de tuiles en contiennent chacune 950. Combien coûtent-elles à raison de 3 fr. 50 le cent ?

4177. Une lampe à pétrole brûle pour 0 fr. 25 en 4 heures, une autre brûle pour 0 fr. 30 en 5 heures. Quelle est la plus économique, et de combien par heure ?

4178. Deux ouvriers font : le premier 1 m. 50 de velours en 3 heures l'autre 2 m. 25 en 5 heures. Le prix du mètre étant de 1 fr. 50. Quel est celui qui gagne le plus par journée de 10 heures ?

4179. Quels sont les 4/5 de la moitié de 30 ?

4180. Quel est le nombre dont le 1/5 × 2/3 égale 1 ?

4181. Il y a six ans, mon âge n'était que les 2/5 de ce qu'il est aujourd'hui. Quel est-il ?

4182. Un voyageur a 260 km. à parcourir ; en 4 heures 1/3, il fait la dixième partie de sa course. S'il est en route depuis 25 heures, que lui reste-t-il encore à faire, et quel temps lui faut-il pour la finir ?

4183. Le triple du prix d'une casquette surpasse de 7 fr. ce même prix. Que coûte cette casquette ?

4184. Pour 76 fr. 75, on obtient les 7/8 d'une marchandise. Combien en obtiendrait-on pour 877 fr. 1/7 ?

4185. Avec 3.000 fr., combien aurait-on de douzaines de chaises au prix de 16 fr. les 2/3 de douzaine ?

4186. Par quel nombre faut-il diviser 5 1/4 pour avoir 1/4 ?

4187. Quelle heure est-il ? demandait-on à un horloger ; il répondit : Dans 3 heures 1/4 nous serons aux 3/4 de la journée. Trouvez cette heure.

4188. Un homme peut copier un ouvrage en 15 jours, et un second en 13 jours ; si on les emploie tous deux, quel temps leur faudra-t-il ?

4189. Une cuisinière vide le 1/3 d'un litre de vin dans une cafetière. Combien faut-il en mettre encore pour la remplir, si elle n'est qu'aux 2/7 ?

4190. Combien a reçu par mètre cube un entrepreneur qui a fait pour 800 fr. un remblai de 40 m. de long, 5 de large et 5 de haut ?

4191. Une pile de bois contenant 560 stères a 16 m. de long et 10 m. de large. Quelle est sa hauteur ?

4192. On a acheté à 45 fr. le mètre cube 3 pierres de taille ayant 3 m. de long, 0 m. 50 de large et 0 m. 60 d'épaisseur. Que doit-on payer ?

4193. Un tas de pierres de 28 m³ a 8 m. de long et 1 m. 75 de haut. Quelle est sa largeur ?

4194. Dans un mur de 14 m. de longueur, 12 de hauteur et 0 m. 60 d'épaisseur, on a fait des ouvertures pour 2 portes de 2 m. de haut et 1 m. de large, et pour 4 fenêtres de 1 m. 90 de haut et 1 m. 10 de large. Combien reste-t-il de mètres cubes de maçonnerie ?

4195. Une caisse a 80 cm. de long, 42 de large et 25 de haut. Quel est son volume et la surface totale de ses 6 faces ?

4196. Le temps que j'ai perdu a réduit le prix de ma journée à 4 fr. 50, tandis qu'elle devait être de 6 fr. 50 pour 7 heures de travail. Combien ai-je perdu de temps ?

4197. Quel est le 1/4 du 1/3 de 25 ?

4198. Une lampe brûle par heure pour 0 fr. 10 d'huile ; une autre lampe brûle pour 0 fr. 63 de pétrole en 7 heures. Quelle est par heure la différence de dépense ?

4199. Il me manque 3/4 de mètre pour faire un pantalon, et si j'en achète 7 m., je pourrai en faire 3 de plus. Combien ai-je de drap ?

4200. Combien faudra-t-il de mètres carrés de planches pour faire une porte cochère doublée de 3 m. 90 sur 2 m. 80 ?

4201. Si aux 2/3 d'une somme on ajoute 360 fr., on aura les 5/3 de cette somme. Quelle est-elle ?

4202. Quel est le nombre de tes moutons ? demandait-on à un berger. Celui-ci répondit : Il vient de m'en mourir 1, sans cela il ne m'en manquerait que 6 pour en avoir 1/5 de plus. Combien avait-il de moutons ?

4303. Quels sont les 8/9 du tiers de 72 ?

4204. Quel est le tiers de la moitié de 200 ?

4205. Quel est le nombre qui, étant ajouté à son 1/4 et à sa moitié, égale 250 ?

4206. Deux hommes parcourent : l'un 13 km. en 2 heures, l'autre 16 km. en 3 heures. Quel est celui qui va le plus vite, et de combien par heure ?

4207. Par quel nombre faut-il diviser 6 pour le diminuer de ses 3/4 ?

4208. Combien faut-il de mètres carrés de tôle pour faire une caisse de 1 m. 20 de long, 0 m. 50 de large et 0 m. 30 de haut ?

4209. Un homme avait 16 fr., il en perd au jeu les 3/4. Combien lui reste-t-il ?

4210. Une personne gagne 3 fr. par jour et ne travaille que 300 jours dans l'année. Combien lui reste-t-il par an, si elle dépense 2 fr. chaque jour ?

4211. On a retiré 742 fr. de la vente d'une pièce de drap, en la vendant 18 fr. le mètre. Quelle en était la longueur ?

4212. On a acheté 15 douzaines d'œufs à 0 fr. 85 la douzaine, et il s'en est cassé 10. Combien faudra-t-il revendre la douzaine pour gagner 1 fr. 70 sur le tout?

4213. On a sorti les 3/4 d'un nombre et il reste 60. Quel est ce nombre?

4214. On a payé 0 fr. 15 et l'on a revendu 0 fr. 20 le kilo d'une marchandise sur laquelle on a gagné 4.800 fr. Combien a-t-on vendu de kilos?

4215. Un homme a gagné 4.500 fr. en revendant du sucre à 0 fr. 30 le kilo au-dessus du prix d'achat. Combien a-t-il vendu de kilos et combien avait-il déboursé, si les 100 kg. lui ont coûté 120 fr.?

4216. Un grand locataire a loué une maison 20.000 fr. : il cède 60 chambres à 25 fr. par mois, et 4 magasins lui rendent chacun 1.500 fr. par an. Combien gagne-t-il par an s'il paye 1.000 fr. d'impositions?

4217. Un maître ouvrier occupe 25 hommes qu'il paye en moyenne 50 fr. par mois ; mais il en retire 2 fr. 25 par jour. Combien gagnera-t-il dans un an, si les ouvriers ne travaillent que 25 jours par mois?

4218. Une personne gagne 1.879 fr. 75 par an. Combien gagne-t-elle par jour?

4219. Louis avait 18.000 fr.; dans une fausse spéculation, il a perdu les 7/9 de son argent. Combien lui reste-t-il?

4220. Un propriétaire vend une terre 6 fr. 40 le mètre carré, et il en retire 1.000 fr. Combien a-t-elle de mètres carrés?

4221. On a acheté 246 kg. de châtaignes à 9 fr. les 41 kilos, et il y en a 6 kg. de gâtées. Combien faudra-t-il revendre les 50 kg. pour gagner 12 fr. sur le tout?

4222. Treize litres ont coûté 8 fr. Combien coûteraient 26 litres?

4223. Cent quarante kilos de pain ont coûté 50 fr. Combien coûteront 70 kg. du même pain?

4224. On avait 5.620 fr. en caisse ; de cette somme on a prélevé 1/5. Combien reste-t-il en caisse, et combien a-t-on prélevé?

4225. On a payé 725 fr. d'achat et 10 fr. de port pour 350 kg. de café que l'on revend 2 fr. 50 le kilo. Quel est le bénéfice?

4226. Si le vin coûte 150 fr. les 533 litres, combien vaut le litre?

4227. On a payé 400 fr. pour 10 hl. de vin pour le donner à 0 fr. 35 le litre et gagner 20 fr., combien faudra-t-il y ajouter d'eau?

4228. Combien faut-il vendre de litres de vin à 0 fr. 25 pour payer une somme de 800 fr.?

4229. Le double décalitre d'huile valant 28 fr., combien faudra-t-il en vendre de litres pour payer 301 fr. ?

4230. Pour 750 fr. on a affermé un pré qui a fourni 25.000 kg. d'un fourrage estimé à 3 fr. les 40 kg. Combien a-t-on gagné, si on a payé 100 fr. de faux frais?

4231. On a acheté 425 m. de drap à 8 fr. le mètre ; en le mouillant, il s'est retiré de 25 m. A combien revient le mètre?

4232. On a payé 100 fr. une pièce de toile de 75 m. qui s'est retirée d'un seizième au blanchissage. A combien revient le mètre?

4233. On a payé 27 fr. pour faire un ouvrage qui a 6 m. de long et 3 de large. A combien revient le mètre carré ?

4234. On a récompensé 800 soldats parmi lesquels 30 officiers ont reçu 30 fr. chacun, et les autres ont eu chacun 10 fr. Quelle somme a-t-on distribuée ?

4235. On a reçu les 4/7 d'une somme ; ce qui reste à recevoir égale 3.900 fr. Combien a-t-on reçu ?

4236. On a vendu 45 hl. de vin à 0 fr. 50 le litre. Combien a-t-on retiré ?

4237. On a vendu 15 doubles décalitres d'huile à 26 fr. le double décalitre. Combien doit-on recevoir ?

4238. On a reçu 7.440 fr. pour la vente de 150 hl. de vin. A combien revient le litre ?

4239. Le vin a augmenté de 3 fr. par hectolitre. Quel est le bénéfice de celui qui avait 8.542 litres à vendre ?

4240. Après avoir refusé 843 fr. de son vin, un vigneron n'en retire que 780 fr. Combien a-t-il vendu l'hectolitre, s'il en avait 30, et combien a-t-il perdu par hectolitre ?

4241. On a acheté 740 kg. de pommes de terre à 8 fr. les 100 kg. et l'on a payé 20 fr. de port. Combien a-t-on gagné, si on a revendu 5 fr. les 40 kg. ?

4242. Cent quarante-six litres de vin ont coûté 40 fr. Combien aurait-on eu de litres pour 20 fr. ?

4243. A 181 fr. 30 les 980 kg., combien valent 50 kg. ?

4244. On achète 31 kg. de coton à 4 fr. 25 le kilo. Combien pour la même somme aurait-on de kilos de laine à 3 fr. 10 ?

4245. A 40 fr. les 25 kg. de sucre, combien valent 75 kg. ?

4246. Quelle somme a-t-on retirée, si l'on a vendu 66.666 kg. 666 à 0 fr. 08 le kilo ?

4247. On a fait construire une maison qui a 25 fenêtres ; chaque fenêtre a 8 carreaux qui coûtent 0 fr. 60 pièce. Combien a-t-on payé au vitrier ?

4248. Une pièce de toile écrue, longue de 90 m. a coûté 130 fr. ; après avoir été blanchie, elle n'avait plus que 80 m. A combien revient une chemise pour laquelle il faut 2 m. de cette toile, et qui coûte 2 fr. de façon ?

4249. Un marchand a acheté 8.670 kg. d'une marchandise qui lui coûte 25 fr. les 100 kilos ; il a payé 60 fr. de port, et il a eu 70 kg. de déchet. Combien faudra-t-il revendre les 40 kg. pour gagner 100 fr. sur le tout ?

4250. Si le vin vaut 18 fr. l'hl., combien faut-il vendre le litre pour gagner 15 fr. sur 75 hl. ?

4251. Les 100 kg. de riz coûtent 45 fr. Combien faudra-t-il revendre le kilo pour gagner 10 fr. par quintal ?

4252. Sept m. de toile ont coûté 12 fr. Combien ont coûté 2 m. 10 ?

4253. Une personne économise 78 fr. en 52 jours. Ses dépenses s'élevant à 1 fr. 55 par jour, combien gagne-t-elle par jour ?

4254. On doit 845 fr. sans intérêt ; on ne peut donner que 60 fr. par an. Quel temps mettra-t-on pour se libérer ?

4255. Les revenus d'une personne s'élèvent à 1.500 fr. Combien a-t-elle placé si le taux est 6 % ?

4256. On achète 30.000 bouchons à 0 fr. 75 le cent, avec escompte de 4 % si l'on paye comptant. Combien déboursera-t-on dans ce dernier cas ?

4257. On a vendu 12 ballots de 30.000 bouchons à 8 fr. le mille, avec escompte de 3 %. Combien a-t-on reçu ?

4258. Une personne est née le 6 juin 1824 et elle est décédée le 24 mars 1860. Quel était son âge ?

4259. Deux personnes ont ensemble 8.100 fr. ; l'une a 1/4 de plus que l'autre. Combien ont-elles chacune ?

4260. Combien aurait vécu d'années une personne qui compterait 63.072.000 secondes depuis sa naissance ?

4261. Que faut-il ajouter à 732 m³ de bois pour avoir 888 stères ?

4262. Sur une marchandise que l'on a revendue 8 % au-dessus du prix d'achat, on a gagné 1.000 fr. Combien avait-on acheté de kilos, si le quintal avait coûté 50 fr. ?

4263. Combien faut-il revendre une marchandise qui coûte 40 fr. les 100 kilos, si l'on veut gagner 5 fr. par 50 kilos ?

4264. Un vin vaut 25 fr. l'hectolitre. Combien vaut le baril qui contient 33 litres 1/4 ?

4265. Paul a 350 fr. de plus que Pierre, et ils ont entre eux deux 1.200 fr. Combien ont-ils chacun ?

4266. On a acheté 750 litres de vin à 24 fr. l'hectolitre ; il s'en est perdu 50 litres, et l'on a payé 10 fr. de port. Combien faut-il revendre le litre pour gagner 30 fr. sur le tout ?

4267. Une personne donne les 2/5 de ses revenus aux pauvres, le 1/6 à l'église, le 1/8 pour son habillement, et le reste pour son entretien, s'élevant à 2 fr. 22 par jour. Quel est le montant des ses revenus ?

4268. Dans le problème précédent, combien cette personne a-t-elle donné aux pauvres, à l'église et pour son habillement ?

4269. Un négociant a acheté 150 quintaux de sucre qu'il a payés comptant en profitant d'un escompte de 3 %, et il a déboursé 17.460 fr. Quel était le prix du kilo de sucre ?

4270. Une personne économise tous les jours 0 fr. 75, et, à la fin de l'année, elle place ses économies à 5 %. Combien aura-t-elle dans 5 ans ?

4271. Combien faut-il de mètres de drap à 8 fr. pour valoir 780 fr. ?

4272. Combien coûterait une pièce de drap qui aurait 97 m. 50 à 8 fr. le mètre linéaire, si elle a 1 m. 21 de large ?

4273. Pierre a 150 fr. de plus que Jean qui lui a lui-même 120 fr. de plus que Paul. Combien ont-ils chacun, s'ils possèdent ensemble 1.200 fr. ?

4274. Pour 5 fr., combien aurait-on d'œufs à 0 fr. 50 la douzaine ?

4275. Combien faut-il de clous pour ferrer un cheval, s'il en faut 8 à chaque fer ?

4276. Combien aura-t-on de plumes pour 0 fr. 75, si 4 coûtent 0 fr. 05 ?

4277. Combien peut gagner celui qui renouvelle sa marchandise 4 fois dans l'année, s'il gagne 6 %, et s'il achète chaque fois pour 6.000 fr ?

4278. Dans combien de temps 6.000 fr. seront-ils doublés, s'ils produisent annuellement 240 fr. ?

4279. Si j'avais 150 fr. de plus, j'aurais 50 fr. de plus que toi, disait un jeune homme à son ami. Combien ont-ils chacun, s'ils ont à eux deux 500 fr. ?

4280. Les 7/9 de mon avoir font 2.100 fr. Combien ai-je ?

4281. Paul donne tous les jours 0 fr. 05 aux pauvres. Combien donnera-t-il en 10 ans ?

4282. Pendant 50 ans, une personne a économisé par jour 0 fr. 10 qu'elle a déposés à la Caisse d'épargne. Combien a-t-elle aujourd'hui, si les intérêts égalent le triple de la somme économisée ?

4283. Combien faut-il vendre de mètres de drap à 12 fr. 50 le mètre pour recevoir une somme de 2.812 fr. 50 ?

4284. Combien peut-on faire d'habits avec une pièce de drap de 120 m. sur 1 m. 20 de large, s'il faut 3 m. de long pour chaque habit ?

4285. On a vendu 10 pièces de toile ayant chacune 60 m. sur lesquelles on a eu un bénéfice net de 0 fr. 15 par mètre. Combien a-t-on gagné ?

4286. Quelle est la perte annuelle de celui qui gagne 3 fr. 50 par jour de travail, mais qui perd un jour de travail par semaine et dépense ce jour-là 5 fr. de plus pour ses menus plaisirs ?

4287. Une personne dépense 10 fr. par semaine pour son entretien et paye 60 fr. de loyer. Combien gagne-t-elle par jour si elle économise 500 fr. par an en ne travaillant que 300 jours ?

4288. Un ouvrier gagne 1.200 fr. par an : 1/3 est employé pour sa nourriture, 1/6 pour son habillement, 1/8 en bonnes œuvres. Combien lui reste-t-il à la fin de l'année et combien a-t-il consacré à chaque dépense ?

4289. Combien doit gagner par jour celui qui, après avoir dépensé 950 fr., veut encore se faire une économie de 550 fr., en travaillant seulement 300 jours par an ?

4290. Combien faudrait-il de temps pour gagner 6.000 fr., en économisant 25 fr. par mois ?

4291. L'hectolitre de vin vaut 25 fr., le double décalitre d'huile vaut aussi 25 fr. Combien faut-il donner de litres de vin pour 10 litres d'huile ?

4292. Combien faudrait-il de pièces de 5 fr. pour peser autant que 350 kilos de pain ?

4293. Combien faudrait-il de pièces de 50 centimes pour peser autant que 14.000 pièces de 5 fr. en argent ?

4294. Une pièce de 5 fr. a 0 m. 037 de diamètre ; combien en faudrait-il mettre bout à bout pour faire un kilomètre ?

4295. Combien faudrait-il de pièces de 5 fr. pour faire le tour de la terre ?

4296. Dites le poids et la valeur des pièces de 5 fr. nécessaires pour faire le tour de la terre?

4297. Quel espace occuperait sur une route 1.082 charrettes, s'il faut 5 m. pour chaque voiture et 7 pour les deux chevaux qui la conduisent?

4298. Le budget de la France était à peu près de 3.000.000.000 de francs vers 1880. Quel serait le nombre de vagons qu'il faudrait pour porter cette somme en argent, si chaque vagon peut porter 100 quintaux métriques?

4299. Deux personnes, A et B, s'associent dans une entreprise et gagnent 6.600 fr. Quel est le bénéfice de chacune, si A a mis au fonds de la société 1/5 de plus que B?

4300. Deux hommes mettent 3 heures pour parcourir ensemble 18 km. Combien 6 hommes, avec la même vitesse, mettraient-ils de temps pour faire le même chemin?

4301. Un tonneau contenant 25 hl. est vidé par deux robinets dont l'un donne 20 litres par minute, et l'autre 30. Dans combien de temps le tonneau sera-t-il vide, et combien chaque robinet aura-t-il écoulé de litres?

4302. Un tonneau contient 25 hl.; un robinet le viderait en deux heures et un autre en 3 heures. S'ils coulent ensemble, combien mettront-ils de temps pour vider le tonneau et combien chaque robinet donnera-t-il de litres?

4303. On partage 8.640 fr. entre 4 personnes de la manière suivante : la première a 1/3, la deuxième 1/4, la troisième 1/5, et la quatrième le reste. Combien ont-elles chacune?

4304. Un travail pressant est proposé à 3 compagnies d'ouvriers : la première peut le faire en 15 jours, la deuxième en 20 jours, et la troisième en 25 jours. Combien mettront-elles de temps si elles travaillent ensemble?

4305. Combien faut-il revendre les 40 kg. d'une marchandise qui a coûté 75 fr. les 100 kg., plus 100 fr. de port, si l'on veut gagner 400 fr., et si l'on a déboursé 3.000 fr., non compris le port?

4306. Une vendange donne environ 70 litres 5 par 100 kg. Combien aura-t-on de vin pour 864 kg. de cette vendange?

4307. Une terre produit 10 hl. de blé à 28 fr. l'hectolitre, plus 15 hl. 5 de vin à 20 fr. l'hectolitre. On a payé 60 journées à 2 fr. 50 et 60 fr. d'impositions. Quel est le bénéfice?

4308. Combien faut-il vendre de kilos de sucre pour gagner 1.000 fr. si l'on a 8 fr. de gain par 100 kg.?

4309. Si l'on vend le kilo de sucre 0 fr. 15 au-dessus du prix d'achat on gagne 1.500 fr. Combien a-t-on de kilos?

4310. Un boulanger au moment d'une hausse de 0 fr. 04 par kilo de pain possède 40 balles de farine qui peuvent lui donner chacune 180 kg. de pain. Quel sera son bénéfice?

4311. Dans le problème précédent, s'il y avait eu une hausse de 0 fr. 05 par kilo et que le boulanger eût eu 50 balles dans les mêmes conditions, quel aurait été son bénéfice?

4812. Un boulanger paye pour une balle de farine 55 fr. d'achat et 6 fr. de fabrication. Quel sera son bénéfice, s'il vend le pain 0 fr. 45 le kilo et si la balle en donne 180 kilos ?

4813. Si un boulanger avait 100 balles dans les conditions du problème précédent, quel serait son bénéfice en renouvelant 4 fois l'an sa provision ?

4814. Sept kilos de café coûtent 21 fr. Combien valent 9 kg. ?

4815. Combien coûtent 80 kg. de pommes de terre, si 100 kg. se payent 5 fr. ?

4816. Une personne doit 6.300 fr. ; pour payer cette somme il lui en manque 2/7. Combien a-t-elle et combien lui manque-t-il ?

4817. Une cuve contient 17.430 litres ; un robinet la viderait en 10 heures, un autre en 20 et un troisième en 40. S'ils coulent tous les trois ensemble, combien mettront-ils de temps pour la vider ?

4818. Une fontaine donne 15 litres par minute ; elle coule dans un bassin qui peut contenir 2.000 litres; mais qui a une ouverture qui perd 5 litres par minute. Dans combien de temps le bassin sera-t-il plein ?

4819. Combien faut-il de pièces de 0 fr. 50 pour faire 1.000 fr., et quel est le poids de cette somme ?

4820. Combien aura après 20 ans un homme qui économise 4 fr. par semaine ?

4821. En plaçant 4.160 fr. à 6 %, combien aura-t-on à dépenser par an ?

4822. Combien faudrait-il de temps à une personne pour compter une somme de 2.000.000.000 en pièces de 1 fr., si elle compte 200 fr. par minute et si elle travaille pendant 12 heures par jour ?

4823. Un coquetier a acheté 8 corbeilles d'œufs contenant chacune 20 douzaines ; il paye 0 fr. 50 la douzaine, et la revend 0 fr. 75. Combien a-t-il gagné, s'il y a eu 12 œufs cassés par corbeille, et s'il a employé 5 jours pendant lesquels il a dépensé 3 fr. par jour ?

4824. Un marchand a acheté 7 pièces de drap de 42 m. à 12 fr. le mètre ; en les revendant il a eu le 15 % de bénéfice. Combien a-t-il revendu le mètre ?

4825. Une maison a 8 locataires qui payent par mois chacun 15 fr. Le propriétaire l'a payée 20.000 fr. et il paye 200 fr. d'impositions. A quel taux a-t-il placé son argent ?

4826. Combien faut-il revendre de litres de vin avec 0 fr. 03 de bénéfice pour gagner 105 fr. ?

4827. Dans une fausse spéculation, on a perdu 4 %. Combien a-t-on perdu si on a retiré 4.800 fr. ?

4828. Une personne dispose ainsi de ses revenus : elle en donne 1/4 aux pauvres, 1/5 pour l'instruction de la jeunesse, 1/6 à l'église 600 fr. à ses parents, et emploie 780 fr. pour son entretien. Quel est le total de ses revenus ?

4329. Combien la personne du problème précédent donne-t-elle pour chaque bonne œuvre ?

4330. Quelle est la fortune de la même personne, si son argent lui rapporte 4 % ?

4331. Une personne vend une marchandise 150 fr. de plus qu'elle ne lui a coûté. Combien a-t-elle déboursé, si elle a gagné 3 fr. par 100 kg. et si 50 kg. lui ont coûté 12 fr. ?

4332. Combien faut-il vendre de mètres de drap à 11 fr., en gagnant 0 fr.25 par mètre, pour faire un bénéfice de 600 fr.; et à quel taux l'argent est-il placé, s'il faut un an pour réaliser ce bénéfice ?

4333. Un litre d'huile coûte 4 fois et demie plus qu'un litre de vin. Combien aura-t-on de litres de vin pour 50 litres d'huile ?

4334. Un joueur a perdu les 4/7 de son argent il lui reste 126 fr. Combien avait-il avant de jouer ?

4335. Pierre a 12 ans 5 mois de plus que Paul. Quel est l'âge de chacun, s'ils ont 80 ans entre eux deux ?

4336. Jules a 30 fr. 50 de plus que Jean, ensemble ils ont 120 fr.40. Combien ont-ils chacun ?

4337. Jules a 5 fois plus d'argent que Jean, qui lui-même en a 3 fois plus que Paul. Combien ont-ils chacun, s'ils ont ensemble 1.938 fr. ?

4338. Une personne donne 0 fr.05 à 20 pauvres pendant 20 jours. Combien a-t-elle donné en tout ?

4339. Cinq mètres de toile valent autant qu'un demi-mètre de drap. Que vaut le mètre de ce drap, si le mètre de toile coûte 1 fr.25 ?

4340. Que valent 7 m³ 350 dm³, à 40 fr. le mètre cube ?

4341. On a du vin à 25 fr. l'hectolitre que l'on mêle avec un autre de 18 fr., et l'on revend le mélange 0 fr.25 le litre. Combien a-t-on gagné sur 600 litres de mélange ?

4342. Trois personnes gagnent ensemble 3.500 fr. Si la première doit avoir deux fois autant que la seconde et celle-ci deux fois autant que la troisième, quelle sera la part de chacune ?

4343. En revendant une marchandise 8 % au-dessus du prix d'achat, on gagne 4.000 fr. Combien a-t-on vendu de kilos si les 100 kg. ont coûté 50 fr. ?

4344. Un marchand a payé du vin 32 fr. l'hectolitre à la récolte ; il le conserve 6 mois et le revend 0 fr.40 le litre. A quel taux a-t-il placé son argent, s'il y a 5 litres de lie par hectolitre ?

4345. Un négociant remarque qu'il gagne 20 % sur une marchandise, et qu'en ne gagnant que 15 %, il vendra trois fois plus dans le même temps. Que gagnera-t-il de plus, s'il adopte ce dernier mode ?

4346. Combien faut-il vendre de kilos de fromage pour faire un bénéfice de 380 fr., si on gagne 0 fr.25 par kilo ?

4347. Combien faut-il économiser tous les jours pour se faire en 10 ans un capital de 8.030 fr. ?

4348. Combien peut dépenser par jour une personne qui a 52.560 fr. placés à 5 % ?

P. D'ARITH., C. ÉLÉM.　　　　　　　　15

4349. Sur 3 kg. de café on a gagné 0 fr. 75. Combien faudrait-il en vendre pour gagner 100 fr.?

4350. Cent-vingt-cinq francs m'ont donné 7 fr. d'intérêt. A quel taux cet argent était-il placé?

4351. Une somme a été escomptée à 3 %, et a été diminuée de 420 l. Quelle était cette somme?

4352. Depuis la création du monde, on compte 5.894 ans. Combien d'années compte-t-on depuis le déluge arrivé en l'an du monde 1656?

4353. Combien faudrait-il vendre de mètres de toile à 1 fr.25 pour payer une pièce de drap de 27 m. à 11 fr. le mètre?

3454. On a vendu 712 m² de terrain à 135 fr. l'are. Quelle somme recevra-t-on?

4355. Je dois recevoir 2.000 fr. le 5 décembre 1902. Combien dois-je attendre à partir du 20 mai 1895?

4356. Combien faudrait-il travailler de temps pour gagner 640 fr., en gagnant 4 fr.15 et dépensant 3 fr.10 par jour?

4357. Une terre qui a 150 mètres de long et 90 de large doit être partagée entre 6 personnes. Combien chaque personne aura-t-elle d'ares?

4358. Un fumeur dépense pour 0 fr.20 de tabac par jour. Combien dépensera-t-il en dix ans?

4359. On a payé du vin 26 fr. l'hectolitre et on l'a revendu 0 fr.30 le litre. Combien a-t-on gagné sur 533 litres.

4360. On a acheté un jardin rectangulaire qui a 25 m. sur 15, à 2 fr. 50 le mètre carré. Combien l'a-t-on payé?

4361. Une marchandise a coûté 180 fr. les 100 kg. et on la revend 90 fr. les 40 kg. Combien a-t-on gagné par kilo?

4362. On fait faire des lits en fer de 22 kg. à 0 fr.90 le kilo. Quel sera le prix de chaque lit et que dépensera-t-on pour 20 lits?

4363. Dans le problème précédent, si l'on avait voulu des lits plus solides et y mettre 30 kg. quelle dépense aurait-on faite de plus, et quel aurait été le prix de chaque lit?

4364. Quatre personnes dépensent chacune pour leur nourriture 0 fr.75 et elles gagnent chacune 2 fr.50 par jour. Quelle sera leur économie personnelle et totale à la fin de l'année, si elles ont travaillé seulement 300 jours?

4365. Un marchand en vendant les 5/7 de sa marchandise, a gagné 860 fr. Quel sera son bénéfice sur la totalité?

4366. Un robinet peut remplir un tonneau en 10 heures, un autre peut le vider en 12 heures. Dans combien le temps le tonneau supposé vide sera-t-il plein, si les deux robinets fonctionnent à la fois?

4367. Un joueur a perdu dans une première partie les 2/5 de sa fortune, et dans une seconde partie les 3/8. Combien a-t-il perdu, s'il avait 15.000 fr.?

4368. Un tonneau peut être vidé par un robinet en 6 heures et par un autre en 8 heures ; il peut être rempli par un troisième robinet en 5 heures. Le tonneau étant plein, dans combien de temps sera-t-il vide, si les trois robinets coulent ensemble?

4369. On a payé une certaine somme en quatre payements: au premier on a donné 1/5 de la somme, au deuxième 2/7, au troisième 4/9, et au quatrième 330 fr. Quelle est la somme que l'on a payée et quelle est la valeur de chaque payement ?

4370. Un ouvrier tombe malade le 25 avril et ne revient au travail que le 24 mai suivant. Combien a-t-il eu perdu de journées, s'il y a eu 4 dimanches ?

4371. Quelle est, en mètres carrés, la hauteur des 5/6 du dam² ?

4372. Un paysan a vendu 460 kg. de blé à 24 fr. les 100 kg.; 36 kg. de beurre à 0 fr.95 les 500 gr.;15 kg. de fromage à 0 fr. 75 le demi-kilo. Quelle somme a-t-il retirée ?

4373. En France, la consommation par habitant est en moyenne de 265 litres de blé, 69 litres 25 de vin et 21.900 gr. de viande. Quelle est la consommation totale pour chacun de ces articles, si la population est de 38.430.500 habitants ?

4374. Une fruitière reçoit 8 caisses de pommes qu'elle paye 2 fr.25 le décalitre. Combien déboursera-t-elle, si chaque caisse a intérieurement 1 m. 25 de long, 0 m. 80 de large et 0 m.45 de haut ?

4375. Combien gagnera la fruitière du problème précédent en revendant ses pommes 30 fr. l'hectolitre, si elle a payé 2 fr. de transport par caisse ?

4376. Par quel nombre faut-il diviser 54 pour avoir 75 ?

4377. Un domaine qui s'est vendu 654.000 fr. a été payé moitié en billets de banque et moitié en argent. Quel est le poids de cette dernière partie ?

4378. A combien l'acheteur du problème précédent a-t-il placé son argent, si son nouvau domaine lui rapporte 2.289 fr. par an ?

4379. Un bateau à vapeur se rend directement de Lyon à Arles avec une vitesse de 5 m.45 par seconde. Quel temps mettra-t-il pour faire ce parcours qui est de 265 km.

4380. Déterminer l'intérêt de 9.540 fr. pour 26 jours à 3/5 % par mois ?

4381. A 270 fr. le décamètre carré, quelle est la valeur d'une propriété de 17 ha. 875 ?

4382. Le litre d'eau-de-vie à 43 degrés pèse 981 gr. Quel est le poids d'une barrique de 125 litres, le fût pesant 45 kilos ?

4383. Deux tailleurs de pierre ont taillé 8.648 m² de parements à raison de 2 fr. 15 le mètre carré; le premier en a fait 854 m² de plus que l'autre. On demande ce que chacun a dû recevoir ?

4384. Une propriété a coûté 35.650 fr.; on y a fait des réparations pour une somme égale au 1/5 du prix d'achat. Combien faudra-t-il la revendre pour gagner 8.400 fr.

4385. Quel est le prix de la clôture des deux côtés d'un chemin de fer de 175 km. à 0 fr. 95 le mètre courant ?

4386. Un multiplicateur étant 250, de combien d'unités a-t-il fallu augmenter le multiplicande pour avoir au produit 25.000 unités de plus ?

4387. On a gagné 750 fr. sur la vente de 8 chevaux qui avaient coûté 560 fr. l'un. Combien les a-t-on revendus en tout ?

4388. Combien doit-on vendre de litres de vin à 0 fr.60 pour avoir de quoi payer 135 m. de toile à 1 fr.25 ?

4389. Quel est, en hectos, le poids des 7/8 de 100 kilos ?

4390. Une chambre peut contenir 35 rames de papier sur sa longueur, 29 sur sa largeur et 67 sur sa hauteur. Pour quelle somme pourrait-elle en contenir, à 3 fr.25 la rame ?

4391. Combien 16 ouvriers, en 15 jours de 8 heures, feront-ils de mètres cubes de maçonnerie, s'il faut à un ouvrier 36 heures pour en faire 3 ?

4392. Un marchand place à 5 % le prix de 2.500 m. de toile qu'il a vendus 1 fr. 20 le mètre. S'il le laisse placé pendant 3 ans 8 mois, combien recevra-t-il en tout ?

4393. Un libraire a fourni 60 volumes à 2 fr.25, 35 à 1 fr. 20, 14 à 0 fr.75. Pour quelle somme en a-t-il livré ?

4394. Dans une multiplication, le multiplicande est 75. De combien d'unités a-t-il fallu diminuer le multiplicateur pour diminuer le produit de 225 ?

4395. Un fripier vend 112 fr. une commode qui lui en avait coûté 95. Quel est son gain s'il y a fait pour 3 fr. 25 de réparations ?

4396. Lorsque les pommes de terre coûtent 8 fr. les 100 kg., combien en aurait-on pour 6 fr.50 ?

4397. Quelle est la surface totale d'un cube d'un mètre d'arête ?

4398. Qu'est-ce que 3 litres par rapport au mètre cube ?

4399. Combien devra-t-on payer pour 54 ares de terrain si, pour 1 mètre carré on donne 3 m. 15 de cotonnade à 0 fr.75 le mètre ?

4400. On présente à un banquier un billet de 3.000 fr. qui n'est payable que dans 8 mois. Combien recevra le porteur, si l'escompte est de ½ % par mois ?

4401. Un serrurier reçoit 250 fr. pour un certain nombre de journées. Combien a-t-il gagné par jour, étant donné que s'il avait travaillé 15 jours de plus il aurait reçu 310 fr. ?

4402. Quelle est la superficie d'une table de 0 m.95 sur 1 m.25, et quel serait le prix d'un tapis qui en dépasserait les bords de 0 m.20 à 0 fr.07 le décimètre carré ?

4403. Quel est le poids des 3/4 de 2.700 fr. en or, en argent et en bronze ?

4404. Un fermier fait assurer sa ferme pour 8.000 fr., à 2 fr. par mille. Combien payera-t-il par an et quelle somme recevra-t-il de la Compagnie, si un incendie consume les 4/5 de la valeur assurée ?

4405. Autour d'un bassin de 25 m. de circonférence, on a fait placer une grille qui a 125 barreaux de 0 m.01 d'épaisseur, non compris la porte et ses deux montants qui ont ensemble 0 m.90 de large. Quelle est la distance des barreaux ?

4406. Le total d'une addition a été trouvé de 765 ; mais par erreur on avait additionné 260 au lieu de 200 et 85 au lieu de 83. Quel est le vrai total ?

4407. Combien y a-t-il de centimètres cubes dans les 4/5 d'un demi-décalitre?

4408. Le département de l'Ain a 592.674 ha. de superficie : 91.000 hm. carrés sont en riche terreau, 185.000 ha. en craie, 2.140 km² en sol argileux, le reste est en sol limoneux ou pierreux. Quelle est la surface de ces derniers terrains?

4409. On achète 7.836 kg. de bois à 13 fr. le stère de 800 kilos, et l'on donne un acompte de 50 fr. Que redoit-on?

4410. Quel est le poids de 34 sacs de blé contenant chacun 2 hl. si l'hectolitre pèse 76 kg.?

4411. Quel est le prix de 12 hl. et demi de blé à 4 fr. 25 le double décalitre?

4412. On a payé 585 fr. pour 13 hl. de vin. A combien revient le double litre?

4413. Combien doit-on payer 780 gr. de beurre, si le demi-kilog. coûte 1 fr.40?

4414. Un marchand achète 1 hl. et demi de grain pour 90 fr. Quel est le prix du double décalitre?

4415. Pour ensemencer un hectare de terrain, il faut 225 litres de froment. Combien faut-il de litres pour ensemencer 34 a. 19 ca.?

4416. A 46 fr. l'are, quel est le prix d'un terrain carré de 86 mètres de côté?

4417. En 15 jours un ménage a consommé 22 litres ½ de lait à 0 fr. 15 le litre. Quelle est la dépense par jour?

4418. J'ai payé 3.770 fr. un pré de 6.500 m² et je l'ai revendu 75 fr. l'are. Combien ai-je gagné?

4419. Un fil de fer de 156 m. de long est employé à faire des pointes de 3 cm.25 de longueur, qui se vendent 5 c. la douzaine. Pour quelle somme en fournira-t-il?

4420. Un litre d'huile pesant 913 gr., quel est le prix de 12 hl. de cette huile à 145 fr. les 100 kilos?

4421. Si 2 ha. 48 ares de terre ont coûté 24.800 fr., à combien revient l'hectare?

4422. Un épicier a acheté 86 pains de sucre pesant chacun 11 kg. 8, à raison de 138 fr. les 100 kilos. Combien a-t-il déboursé?

4423. On a semé dans un terrain 220 litres de blé ; le rendement a été de 350 gerbes qui ont donné 7 hl. de blé. Quel est le produit d'un litre de semence?

4424. Dans un champ de 82 a. 8 ca., on a récolté 165 hl. de pommes de terre. Combien un are en a-t-il fourni de décalitres?

4425. Un champ de 12 ha. 8 a. a coûté 86.900 fr. Combien faut-il le revendre pour gagner 12 fr. par are?

4426. On enlève 58 stères d'une pile de bois qui contient 15 demi-décastères. Quelle est la valeur du reste à 95 fr. le décastère?

4427. Lorsque le kilogramme de beurre coûte 2 fr. 25, combien en aura-t-on pour 1 fr. 80?

4428. Une vigne a rapporté pour 3.489 fr. 10 de raisins qu'on a vendus 18 fr. 50 les 100 kilos. Combien de kilos de raisins a-t-on récoltés ?

4429. S'il faut 2 hl. d'orge pour ensemencer 1 ha., combien en faut-il pour ensemencer un terrain de 260 m. de longueur sur 190 de largeur ?

4430. Un épicier a payé 198 fr. pour 12 pains de sucre à raison de 0 fr. 75 les 5 hg. Quel est le poids de chaque pain ?

4431. Un champ de 24 ares 75 coûte 1.930 fr. Quel serait le prix d'un autre champ de même qualité et de 4.536 mètres carrés ?

4432. Quel est le prix de 27 doubles décalitres de vin à 68 fr. l'hl. ?

4433. Un pré de 3 ha. 6 ares a coûté 19.890 fr. Quelle est la valeur d'une parcelle de ce pré formant un triangle de 45 m. de base sur 36 m. de hauteur ?

4434. A 15 fr. le stère, quel est le prix d'un tas de bois de 3 m. ½ de haut et dont la base est un rectangle de 12 m. sur 5 m. 80 ?

4435. Quelle est, en hectolitres, la capacité d'un bassin cubique de 3 m. et demi de côté ?

4436. Une personne qui devait 915 fr. 85 a donné en payement 25 hl. de blé à 18 fr. l'hectolitre et 160 litres de vin à 65 fr. l'hectolitre. Combien doit-elle encore ?

4437. Combien vaut un double hectolitre de blé à 36 fr. les 3 demi-hectolitres ? -

4438. Lorsque les pommes de terre valent 8 fr. 50 l'hectolitre, combien coûte un sac de 14 dal. ?

4439. Un tonneau de vin contenant 2 hl. ½ a coûté 120 fr. d'achat, 12 fr. de transport et 8 fr. d'entrée. A combien revient le litre ?

4440. Une pièce de vin de 228 litres pèse 264 kg. et coûte 167 fr. 50 d'achat et de droits, 7 fr.50 de port par quintal, et 22 fr. 50 d'entrée par hectolitre. A combien revient le litre ?

4441. Un terrain de 86 m. de long a coûté 8.772 fr. Quelle en est la largeur, si le mètre carré a été payé 1 fr.50 ?

4442. Quel est le prix de 85 tablettes de chocolat pesant chacune 24 dag. à 3 fr.60 le kg. ?

4443. Un litre de blé rend environ 6 hg. de farine, 9 dag. de son et 70 gr. de recoupe. Quel est, en kilogrammes, le rendement de 25 hl. de blé ?

4444. Un ménage a brûlé dans un hiver 1.520 kg. de charbon à 36 fr. 80 la tonne. Quelle est sa dépense ?

4445. Le contour d'un terrain rectangulaire est de 2.162 m.; sa largeur est de 236 m. Quelle en est la valeur à 1.890 fr. l'ha. ?

4446. Si l'on paye à l'octroi 2 fr.60 par hectolitre de vin, combien payera-t-on pour l'entrée de 45 pièces de chacune 225 litres ?

4447. A 25 fr. 60 l'hectolitre, quel sera le produit de la récolte d'un champ formant deux triangles de 180 m. de base commune sur 64 m. et 98 m. de hauteur, si l'hectare rapporte 30 hl. et demi ?

4448. Quinze hommes, en 10 jours de 8 heures, ont bêché un terrain de 78 a. 45 ca. Combien un homme seul a-t-il bêché de mètres carrés ?

4449. Pour défricher un mètre carré, on paye 0 fr.45. Que payera-t-on pour 18 a. 8 ca. ?

4450. On a fait badigeonner des deux côtés un mur de 67 m. de long sur 2 m. 80 de haut, à raison de 0 fr.25 le mètre carré. Combien doit-on ?

4451. Un mur de 86 m. de long, 2 m. 50 de haut et 0 m. 40 d'épaisseur a été payé 14 fr. 50 le mètre cube. Combien a-t-il coûté ?

4452. Un épicier achète 680 kg. de sucre à 0 fr. 80 le demi-kg. Quel sera son bénéfice s'il revend ce sucre 1.250 fr.

4453. Quel est le volume d'une caisse qui a 1 m. 50 de long, 0 m. 85 de large et 0 m. 60 de profondeur ?

4454. Combien faut-il de planches de 3 m. 50 de long sur 0 m. 25 de large pour planchéier un appartement de 10 m. 50 de long sur 7 m. 50 de large ?

4455. Quel sera le bénéfice fait sur un achat de 1.260 litres d'une huile payée 9 fr.80 le décalitre, et que l'on revend 1 fr. 10 le litre ?

4456. Une propriété composée d'une vigne de 3 ha. 8 a., d'un pré de 87 ares et d'un bois de 12 ha. 6 ares, a été vendue 95 fr. 80 l'are. Quel en est le prix ?

4457. Un employé porte une somme d'argent pesant net 47 kg. et demi. Quelle est cette somme ?

4458. J'ai acheté 85 ares de pré à 3.540 fr. l'hectare. J'ai donné en payement 125 hl. de blé à 24 fr. Quelle remise ai-je obtenue ?

4459. Une haie de 692 mètres entoure un champ de 215 m. de long. Quelles sont la largeur et la surface de ce champ ?

4460. Pour parqueter une chambre de 6 m. 30 de long, on a employé 108 planches de 2 m. de long sur 0 m. 12 de large. Quelle est la largeur de cette chambre ?

4461. En 10 heures un ouvrier a labouré une plate-bande de 60 m.50 de long sur 1 m. 20 de large, à raison de 6 fr. l'are. Combien a-t-il gagné par heure ?

4462. Un embranchement de chemin de fer doit avoir 128 km. de long sur 12 m. de large. Combien coûtera le terrain à acquérir si on le paye en moyenne 5.800 fr. l'hectare ?

4463. Un sac contenant un même nombre de pièces de 1 fr., de 2 fr. et 0 fr. 50, pèse 3.775 gr. Dites la valeur totale de ces pièces et le nombre de pièces de chaque espèce, si le sac vide pèse 215 gr.

4464. Pour construire une chaussée de 3.876 m. de long sur 7 m.50 de large, on paye le terrain 18 fr. 80 l'are. Combien coûte ce terrain ?

4465. Un jardin carré est entouré d'un mur de 196 m. de longueur totale. Quelles sont la surface et la valeur de ce jardin à 1 fr.80 le mètre carré ?

4466. Un hectolitre de haricots pèse 76 kg. Quel est le prix de 36 dal. à 0 fr. 45 le kilo ?

4467. Quel est le poids total de l'argent contenu dans 18 pièces de 2 fr. et 68 pièces de 5 fr.?

4468. Si 13 ha. 8 a. de terrain étaient payés à raison de 1 fr. 25 le mètre carré, quel en serait le prix?

4469. Une saulaie de 480 m. de long sur 255 m. de large contient 16 saules par are. Quelle en est la valeur à 6 fr.50 le pied?

4470. Combien doit-on à un charpentier qui a fourni à 80 fr. le mètre cube, 10 soliveaux de 4 m. de longueur sur 0 m. 16 d'équarrissage?

4471. Un tas de pierres est disposé sur un carré de 5 m. de côté. A quelle hauteur doit-il monter pour contenir 35 mètres cubes?

4472. Un tableau a 1 m.80 de long sur 1 m. 05 de large. Quelle en est la valeur à 3 fr.80 le décimètre carré?

4473. Un maçon a construit à raison de 13 fr. le mètre cube, un mur de 120 m. de longueur sur 3 m. 50 de hauteur et 0 m. 46 d'épaisseur. Combien lui doit-on?

4474. Un pré ayant la forme d'un triangle de 1.560 m. de base sur 480 m. de hauteur a coûté 168.480 fr. A combien revient l'ha.?

4475. Trois kilos de farine donnant 4 kg. de pain, combien de quintaux de farine faut-il acheter pour obtenir 8.540 kg. de pain?

4476. A 50 fr. la tonne de charbon de terre, combien valent 4.000 kg.?

4477. A 285 fr. la tonne, quel est le prix de 25 tuyaux de fonte pesant chacun 185 kg.?

4478. Combien doit-on vendre le kilogramme de sucre acheté 1 fr.45, pour faire un bénéfice de 20 %?

4479. Un kilogramme de café vert donne 918 gr. de café torréfié. Quel est le prix du kilo de café torréfié lorsque le café vert coûte 3 fr.25 le kilogramme?

4480. Quel est le prix de 3 m³ 86 dm³ de chaux hydraulique à 4 fr.25 l'hectolitre?

4481. Une rivière entraîne dans son cours 280 mètres cubes d'eau par minute. Combien entraîne-t-elle d'hectolitres par jour?

4482. Des pommes de terre nouvelles achetées 15 fr. l'hectolitre sont vendues au détail 20 c. le litre. Quel bénéfice fait-on par dal.?

4483. La suie vaut 0 fr.25 le double décalitre. On la répand sur les prairies dans la proportion de 5 litres par are. Combien doit-on payer pour fumer un pré de 175 m. de long sur 84 m. de large?

4484. Quel est le poids de l'eau contenue dans un bassin de forme cubique qui a 3 m. ½ de hauteur?

4485. Un tonneau plein de vin pèse 215 kg.; vide, il pèse 38 kg. Combien contient-il de litres, si le litre de vin pèse 991 gr.?

4486. Lorsque l'hectolitre de blé vaut 18 fr. 50, quel est le prix du blé contenu dans une caisse de 1 m.80 de long, 1 m.50 de large et 0 m.80 de profondeur?

4487. A 0 fr.25 le mètre carré, que devra-t-on payer pour faire crépir des deux côtés un mur de 29 m. de long sur 2 m. 80 de haut?

4488. Un pré a la forme d'un trapèze ayant pour bases 284 m. et 198 m. et pour hauteur 145 m. Quelles sont la superficie et la valeur de ce pré à 3.860 fr. l'hectare?

4489. Quelle est la surface d'un cercle de 6 m. 80 de rayon?

4490. Quelle est la surface d'un carré dont le contour est de 1.888 mètres?

4491. Combien faut-il de pavés carrés de 0 m.15 de côté pour paver une rue de 450 m. de long sur 7 m. 50 de large?

4492. Quel est le prix d'un tas de bois de 15 m. de long, 4 m. 80 de large et 3 m. 50 de haut, à 12 fr. le stère?

4493. Combien faut-il de planches de 2 m. 80 de long sur 15 cm. de large pour planchéier un salon de 7 m. de long sur 6 m. de large?

4494. Une vigne a 185 m. de long sur 96 m, 80 de large. Combien vaut-elle à 45 fr. l'are?

4495. Un carafon contient pour 0 fr.75 d'eau-de-vie à 3 fr. le litre. Quelle est sa capacité?

4496. Lorsque le litre de cassis vaut 3 fr., quelle est la capacité d'une bouteille qui en contient pour 1 fr. 65?

4497. Un propriétaire a vendu 6 pièces de vin à raison de 52 fr. l'hectolitre pour la somme de 733 fr. 20. Quelle est la contenance de chaque pièce?

4498. Une cuve contient 6 m³ de vin. Combien faut-il de tonneaux de 240 litres pour la soutirer?

4499. Combien faut-il de bouteilles de 75 cl. pour recevoir le vin d'une cuve de 4 m³ et demi?

4500. Combien faut-il de bennes de 2 hl. et demi pour remplir une cuve de 5 m³ et demi?

4501. A 78 fr. l'hectolitre de vin, quel est le prix de 38 pièces contenant chacune 228 litres?

4502. Un marchand a acheté 25 pièces de vin de chacune 220 litres pour 3.000 fr. Il a payé 150 fr. de droits et 60 fr. de transport. Combien doit-il revendre le litre pour gagner 90 fr. sur son marché?

4503. Combien de ceps de vigne faut-il dans un terrain de 360 m. de long sur 195 m. de large, si chaque cep doit occuper 1 m². 44?

4504. Un plâtrier fait un plafond de 8 m.40 sur 5 m. 25, à raison de 1 fr. 80 le mètre carré. Combien recevra-t-il?

4505. Quel est le poids de l'argent contenu dans 860 fr. en pièces de 5 fr.?

4506. Quel est le poids du cuivre contenu dans 1.500 fr. en or?

4507. Que pèse l'or contenu dans 258 pièces de 20 fr. ?

4508. Quel est le poids du cuivre contenu dans 1.895 fr. en pièces de 2 fr.?

4509. Que vaut une somme d'argent qui pèse 15 kg. 75?

4510. Quelle est la valeur d'une somme en or qui pèse 16.120 gr. ?

4511. On veut paver une cour de 129 m² avec des carreaux qui ont chacun 150 cm² Combien en faudra-t-il?

4512. Quelle est, en mètres cubes, la contenance de 13 cuves contenant chacune 45 hl.?

4513. A 7 fr. 80 le mètre cube, quelle est la valeur d'un tas d'engrais de 5 m. 40 de long, 3 m. 80 de large et 1 m. 50 de haut?

4514. Quel est le poids de l'air contenu dans une chambre de 4 m. 80 de long, 3 m. 60 de large et 4 m. 20 de hauteur, si le décimètre cube d'air pèse 1 gr. 30?

4515. Un mur de 25 m. de long, 3 m. 50 de haut et 0 m. 48 d'épaisseur a coûté 630 fr. A combien revient le mètre cube?

4516. Un percepteur a en caisse 1.000 fr. en or, 200 fr. en argent et 50 fr. en bronze. Quel est le poids total de cette monnaie?

4517. Quelle est la surface totale de 825 planches de 3 m. 50 de long sur 0 m. 28 de largeur moyenne?

4518. A 3 fr. 25 par mètre cube, combien doit-on payer pour faire creuser un fossé de 120 m. de long, 1 m. 80 de large et 1 m. 40 de profondeur?

4519. Un vase pèse 4 kg. ½ lorsqu'il est vide et 37 kg. lorsqu'il est plein d'eau. Quelle est sa capacité?

4520. Quelle est la surface totale d'un cube de 0 m. 85 d'arête?

4521. Un champ a une superficie de 2 ha. 3/4.; quelle en est la valeur à raison de 36 fr. l'are?

4522. Combien faut-il de mètres cubes de marne pour en répandre 15 mm. d'épaisseur sur un champ de 2 ha. 20 ; quelle sera la dépense si le mètre cube revient à 5 fr. 25?

4523. Combien faut-il de jours à un ouvrier pour bêcher un champ qui a 185 m. de long sur 64 m. de large, s'il bêche 3 a. 20 ca. par jour?

4524. Combien devra-t-on payer pour faire nettoyer un fossé de 358 m. de long, sur 0 m. 85 de large, si la vase à retirer a une épaisseur de 0 m. 18 et si l'on paye 1 fr. 50 par mètre cube de vase?

4525. A 0 fr. 85 le mètre cube, combien coûtera un canal de 156 m. de long sur 0 m. 60 de large et 0 m. 35 de profondeur?

4526. Un champ de luzerne non plâtré fournit 5.690 kg. de foin sec à 4 fr. 80 le quintal. Lorsqu'on y répand 12 hl. de plâtre à 3 fr. 40, il fournit 10.780 kg. de fourrage sec. Quel est le bénéfice?

4527. On répand environ 80 litres de purin par are. Combien faudra-t-il d'hectolitres pour un champ formant un triangle de 260 m. de base sur 45 m. de hauteur?

4528. Une vigne de 270 m. de long sur 85 m. de large a rapporté 180 litres par are. Que vaut la récolte à 56 fr. l'hectolitre?

4529. Une poutre de 5 m. 80 de long sur 0 m. 35 d'équarrissage a été payée 92 fr. le mètre cube. Quel en est le prix?

4530. Quel est le volume d'un arbre équarri qui a 18 m. de long et 0 m. 35 d'équarrissage?

4531. Pour amender un terrain de 2 ha. 8 a. 78 ca., on veut y étendre une couche de marne d'une épaisseur de 6 mm. Combien faut-il employer de marne?

4532. Que vaut un tas de terreau de 15 m. de longueur, 4 m. de largeur et 1 m. 80 de hauteur à 2 fr. 60 le mètre cube?

4533. Un tronc d'arbre équarri a 5 m. 80 de longueur sur 0 m. 42 d'équarrissage. Quelle en est la valeur à 75 fr. le mètre cube ?

4534. On débite l'arbre du problème précédent en planches de 0 m.021 d'épaisseur. Quelle surface pourrait-on couvrir avec ces planches ?

4535. Une poutre a 5 m. 40 de longueur et 0 m. 48 sur 0 m. 45 pour ses deux autres dimensions. Combien vaut-elle à 85 fr. le mètre cube ?

4536. A 2 fr.25 le mètre carré, combien payera-t-on pour faire peindre les 4 murs et le plafond d'un appartement de 12 m. de long sur 7 m. de large et 4 m. 5 de haut ?

4537. A 1 fr. 25 le mètre carré pour le plafond et 0 fr. 75 pour les murs, combien payera-t-on pour faire blanchir un appartement de 7 m. 50 de long sur 4 m. de large et 3 m. 20 de hauteur ?

4538. Quel est le prix de 850 planches de 3 m. 60 de long sur 0 m.28 de largeur moyenne à 2 fr. 50 le mètre carré ?

4539. Une pompe fournit 20 litres d'eau par seconde. Combien mettra-t-elle de temps pour remplir un bassin de 15 m. de long, 8 m. de large et 2 m. 80 de profondeur ?

4540. Combien faut-il de carreaux de 0 m.18 de côté pour carreler un appartement de 12 m.60 de long sur 9 m. 63 de large ?

4541. Un bassin a 25 m² 8 dm² de surface de fond. Quelle en est la profondeur s'il peut contenir 627 hl. d'eau ?

4542. Une source verse 180 hl. d'eau par jour dans un bassin qui a 35 m. de long, 28 m. de large, 3 m. 60 de profondeur. Combien mettra-t-elle de jours pour le remplir ?

4543. Quelle est, en hectolitres, la capacité d'un puits de 15 m. de profondeur et de 7 m.854 de circonférence ?

4544. Un champ de 25 ha. 58 ares doit être traversé par une route de 316 m. de long sur 13 m. de large. A combien sera réduite la superficie de ce champ ?

4545. Pour carreler une salle de 8 m. 80 de longueur sur 6 m. 50 de largeur, on emploie des briques qui ont 0 m.25 sur 0 m.06. Combien coûtera ce carrelage si l'on paye les briques 150 fr. le mille et la main-d'œuvre 1 fr.80 par mètre carré ?

4546. En 40 jours, 4 ouvriers ont extrait un tas de pierres de 20 mètres de long, 3 m. 50 de large et 2 m. de haut, à raison de 5 fr. le mètre cube. Combien chaque ouvrier a-t-il gagné par jour ?

4547. Combien faut-il de briques de 0 m. 35 sur 0 m. 12 et 0 m. 07 pour faire une cloison de 24 m.50 de longueur, 3 m. 60 de hauteur et 0 m.14 d'épaisseur ?

4548. Quelle est la surface totale d'un cube de 2 m. 50 d'arête ?

4549. Une route de 12 m. de large doit traverser un pré sur une longueur de 278 mètres. Que recevra le propriétaire si l'on paye le terrain envahi 48 fr. 60 l'are ?

4550. Une roue de voiture a 2 m.50 de diamètre. Combien fait-elle de tours entre deux villes distantes de 39 km. 270 ?

4551. On demande le volume et la valeur d'un tas de terreau de 18 m. de long, 4 m.80 de large et 1 m.60 d'épaisseur, à 3 fr. 50 le mètre cube ?

4552. Quelle est la surface d'un pré formant un trapèze de 48 m. de hauteur sur 145 m. et 97 m. de bases ?

4553. Quelle est la surface d'un cercle de 186 m. de rayon ?

4554. Une citerne a 3 m.25 de longueur, 2 m. 30 de largeur et 3 m. de profondeur. Combien faudra-t-il faire de voyages pour la vider avec un tonneau contenant 5 hl. 25 ?

4555. A 29 fr. l'hectolitre, quel est le prix du vin contenu dans une cuve cylindrique de 2 m.80 de diamètre et 1 m.60 de hauteur ?

4556. Le périmètre ou contour d'un terrain carré est de 500 m. Quelle est la valeur de ce terrain à 28 fr. 60 l'are ?

4557. Que vaut une somme en or qui contient 161 gr. 29 de cuivre ?

4558. On met 40 pièces de 5 fr. en argent dans l'un des plateaux d'une balance. Combien faudrait-il mettre de pièces de 5 fr. en or dans l'autre plateau pour établir l'équilibre ?

4559. Quel est le poids du cuivre et de l'argent contenus dans 900 fr. en pièces de 5 fr. et 300 fr. en pièces de 2 fr. ?

4560. La densité de l'argent monnayé étant de 10,121, quel est le volume de 25.000 fr. en argent ?

4561. Quelle somme en bronze pèserait autant que l'eau que pourrait contenir un bassin circulaire de 6 m. de rayon et de 2 m. 50 de profondeur ?

4562. Un puits cylindrique de 12 m. de profondeur et de 1 m.20 de diamètre, contient un poids d'eau égal à celui de 56.548 fr. 80 en bronze. A quelle hauteur s'élève l'eau dans ce puits ?

4563. Une benne bien pleine contient 186 litres d'eau. On y plonge un bloc de fer dont les dimensions sont 0 m.65, 0 m. 18 et 0 m.045. Combien reste-t-il de litres d'eau dans la benne ?

4564. Un pré ayant la forme d'un trapèze de 68 m. et 94 m. de bases et 52 m. de hauteur, a coûté 2.106 fr. Combien doit-on le revendre pour gagner 10 fr. par are ?

4565. Quelle est la valeur de 28 sacs de froment contenant chacun 18 décalitres à 25 fr. 60 le quintal, si l'hectolitre pèse 76 kg. ?

4566. La densité du cuivre étant 8,850, quel est le poids d'une plaque de 0 m. 80 de long, 0 m.50 de large et 4 mm. d'épaisseur ?

4567. Quelle est la surface du fond d'un bassin circulaire de 25 m. de circonférence ?

4568. Combien faut-il payer pour la peinture d'une colonne cylindrique de 7 m. et demi de hauteur et de 1 m. et demi de tour à raison de 3 fr.25 le mètre carré ?

4569. Quelle est la surface totale d'un cylindre de 0 m.40 de rayon et 6 m. 80 de hauteur ?

4570. Combien faut-il de kilos de fer pour ferrer 800 chevaux pendant un an, si chaque fer pèse 2 hg. et demi, et qu'il faille les renouveler tous les mois ?

4571. Si l'on remplit d'eau un réservoir de 2 m. 80 de long sur 1 m. 50 de large et 0 m. 90 de profondeur, quel sera le poids de cette eau ?

4572. Quel est, en quintaux métriques, le poids de l'eau contenue dans un bassin de 10 m.60 de longueur, 8 m. 50 de largeur et 1 m. 80 de profondeur ?

4573. Une cave carrée de 3 m. ½ de côté est inondée jusqu'à une hauteur de 0 m.75. Combien contient-elle de seaux de 25 litres ?

4574. Une salle de classe a 9 m.40 de long, 6 m.54 de large et 3 m. 70 de haut et contient 64 élèves. Quel est le volume d'air par élève ?

4575. Quelle longueur doit avoir un tas de pierres de 3 m. de large et de 2 m. de haut pour que son volume soit de 24 mètres cubes ?

4576. Quel est, en décimètres cubes, le volume d'une planche de 4m. 50 de longueur, 0 m.16 de largeur et 35 mm. d'épaisseur ?

4577. Quelle est la capacité d'un bassin circulaire de 4 m. de rayon et de 2 m.50 de profondeur ?

4578. Quelle est la capacité d'un puits de 12 mètres de profondeur et de 1 m. 20 de diamètre ?

4579. On a creusé une citerne de 18 m. 50 de long, 5 m. de large et 3 m. 60 de profondeur. Quel est le volume du terrain enlevé si la terre remuée augmente des 0,35 de son volume primitif ?

4580. Quelle est, en centimètres cubes, la capacité d'un tube de 0 m.18 de longueur sur 8 cm. de diamètre intérieur ?

4581. Un menuisier a fait 8 paires de persiennes de chacune 2 m.25 sur 0 m.85. Que lui doit-on à 15 fr. le mètre carré ?

4582. Combien faut-il de mètres cubes de pierre pour construire un mur de 25 m. de longueur sur 2 m.50 de hauteur et 0 m.60 d'épaisseur, dans lequel on devra ménager 2 portes de 2 m. de hauteur sur 1 m. 20 de largeur ?

4583. Combien coûte une pierre de taille cubique de 0 m. 83 de côté à 45 fr. le mètre cube ?

4584. On a payé 585 fr. pour un mur de 45 m. de long 2 m.50 de haut et 0 m.40 d'épaisseur. A combien revient le mètre cube ?

4585. Avec un tombereau de 1 m.80 de longueur, 0 m.85 de largeur et 0 m.60 de profondeur, on fait 86 voyages pour transporter un tas de sable. Quel est le volume de ce sable ?

4586. Une pierre de taille a pour dimensions : 1 m. 50, 1 m. 35 et 0 m.85. Quel en est le volume et combien vaut-elle à 58 fr. le mètre cube ?

4587. Quel est le volume d'une volige de 2 m.80 de longueur sur 18 cm. de largeur et 15 mm. d'épaisseur ?

4588. Quelle profondeur faut-il donner à une citerne carrée dont le côté a 2 m. 80 pour qu'elle puisse contenir 186 hl. 2 ?

4589. Un fossé plein d'eau a 0 m. 50 de profondeur et 0 m. 80 de largeur moyenne. Combien d'hectolitres d'eau contient-il sur une longueur de 100 mètres ?

4590. Un bassin de 2 m. 80 de profondeur a pour fond un carré dont le contour a 51 m.60. Combien peut-il contenir d'hectolitres d'eau ?

4591. Quelle est, en hectolitres, la capacité d'un bassin circulaire de 6 m. de rayon et de 2 m.50 de profondeur ?

4592. Un bassin a 28 m. de long, 16 m. 50 de large et 1 m. 80 de profondeur. Combien peut-il contenir d'hectolitres d'eau ?

4593. Un puits a 15 m. de profondeur et pour base un cercle de 0 m.80 de diamètre. Quelle est sa capacité en hectolitres ?

4594. Une source coule dans un bassin de 7 m. 25 de long, 3 m. et demi de large et 1 m.80 de profondeur, et donne 25 litres par minute. Combien mettra-t-elle pour le remplir ?

4595. Quel est le prix de 197 hl. de blé à 3 fr. 80 le double décalitre ; combien doit-on revendre l'hectolitre de ce blé pour réaliser un bénéfice de 6 % ?

4596. Un champ carré de 38 m. de côté a produit par are 15 dal. de pommes de terre que l'on a vendues 8 fr.75 l'hectolitre. Quel est le prix de cette récolte ?

4597. Une citerne pleine d'eau a 6 m.85 de longueur sur 3 m.60 de largeur et 2 m.50 de profondeur. Combien contient-elle de seaux de 12 litres ?

4598. A 25 fr. l'hectolitre, combien vaut le vin que peut contenir une cuve cylindrique de 1 m.80 de rayon et 2 m.40 de hauteur ?

4599. Calculer le volume, la surface totale et le poids d'une pierre cubique de 0 m.80 et dont la densité est 2,48.

4600. On demande le volume et la surface totale d'un bloc de pierre dont les dimensions sont 1 m.50, 0 m.80 et 0 m. 60.

4601. A combien revient un bloc de marbre cubique de 0 m.65 d'arête, si ce marbre vaut 180 fr. le mètre cube, et la taille 3 fr. 50 le mètre carré ?

4602. Calculer le volume, la surface totale et le prix d'une pierre de taille de 1 m.80 de long, 1 m.30 de large et 0 m.40 d'épaisseur, à 45 fr. le mètre cube ?

4603. Une barre de fer a 4 m.95 de longueur, 6 cm. et demi de largeur et 18 mm. d'épaisseur. On demande le volume, le poids et le prix de cette barre à 31 fr.75 le quintal métrique, le décimètre cube pesant 7 kg. 81 ?

4604. A 250 fr. le mètre cube, calculez le volume, la surface totale et le prix du bloc de marbre dont les dimensions sont 1 m.50, 1 m. 40 et 0 m.60 ?

4605. On demande la surface et le volume d'un ballon sphérique qui a 15 m. de diamètre ?

4606. Trouver la surface et le volume d'une boule de 0 m.40 de circonférence ?

4607. Quelle est la surface totale d'une meule de moulin de 0 m.60 de rayon et 0 m.48 d'épaisseur ?

4608. On demande la surface et le volume du ballon *Le Géant* qui avait 30 m. de diamètre ?

4609. Quelle profondeur faut-il donner à un puits cylindrique dont le diamètre a 1 m. 40 pour qu'il puisse contenir 180 hl. d'eau ?

4610. Dire la surface totale et le volume d'un cylindre de 2 m.80 de longueur et 1 m.90 de circonférence ?

4611. Quelle est la capacité d'un bassin cylindrique de 0 m.86 de diamètre et de 1 m.20 de profondeur ?

4612. Quelle est, en hectolitres, la capacité d'un bassin circulaire de 5 m. de rayon et de 2 m.50 de profondeur ?

4613. A 22 fr. 80 l'hl., quelle est la valeur du blé contenu dans un grenier de 5 m.20 de long, 3 m.80 de large et 2 m. de haut. ?

4614. Deux bassins l'un de forme cubique, ayant 3 m. 80 de côté ; l'autre cylindrique, ayant 2 m. de rayon et 2 m. 80 de hauteur, sont pleins d'eau. Combien l'un contient-il de litres de plus que l'autre ?

4615. Combien coûte un bloc de pierre de forme cubique de 0 m.84 d'arête si la pierre vaut 7 fr.50 le mètre cube et la taille 1 fr.15 le mètre carré ?

4616. Calculez la surface latérale et le volume d'un cylindre ayant 0 m.24 de circonférence et 0 m.40 de haut ?

4617. Quelle est la valeur d'un rouleau de pièces de 20 fr. pesant 161 g. 29 ?

4618. Quel est le volume d'une sphère en argent pesant 16 kg. et demi, la densité de l'argent étant de 10,47 ?

4619. Combien pourrait-on fabriquer de pièces de 50 cent., avec l'argent contenu dans 334 pièces de 5 fr. ?

4620. Combien faut-il payer pour faire blanchir les 4 murs d'une salle qui a 6 m. de long, 5 m. de large et 3 m.50 de hauteur, à raison de 0 fr.45 le mètre carré ?

4621. Un terrain se compose d'un carré de 35 m. de côté, d'un rectangle de 280 m. sur 86 m.; d'un triangle de 68 m. de base et 25 m. de hauteur. Combien vaut ce terrain à 48 fr. l'are ?

4622. Le diamètre de la pièce de 5 fr. étant de 37 mm. et son épaisseur de 2 mm. ½, on demande la différence de valeur qui existe entre une ligne de pièces de 5 fr. de 2 m.553 mm. de longueur et une pile de 0 m.24 de hauteur ?

4623. Combien de litres d'eau peut contenir un bassin de 2 m.80 de long, 0 m.85 de large et 0 m.60 de profondeur ?

4624. Dix ouvriers ont mis 5 jours de 11 heures pour creuser un bassin de 6 m.80 de longueur, 3 m. 50 de largeur et 1 m. 80 de profondeur. Combien chacun a-t-il reçu si le mètre cube a été payé 2 fr. 80 ?

4625. Trouver la surface totale et le volume d'une caisse fermée dont les dimensions sont 1 m. 80, 1 m. 20 et 0 m. 40 ?

4626. On demande le volume et la surface totale d'un tronc d'arbre équarri de 3 m. 50 de long sur 0 m.40 d'équarrissage ?

4627. Dire le volume et la surface totale d'une pierre de taille dont les arêtes ont 2 m. 80, 1 m. 50 et 0 m. 40 ?

4628 Une chambre de 5 m.20 sur 4 m., doit être carrelée avec des des briques de 0 m.15 de côté, dont le mille vaut 90 fr. La pose est payée 1 fr.50 le mètre carré. Quelle sera la dépense totale?

4629. Combien faut-il de briques dont les dimensions sont 0 m.24, 0 m.16 et 0 m.04 pour construire un mur dont les dimensions sont 80 m., 2 m. 50 et 0 m.40?

4630. Quel est le volume du câble télégraphique qui traverse l'océan Atlantique, sa longueur étant de 4.000 km. et son diamètre de 3 centimètres?

4631. Une citerne de 18 m. de long sur 14 m. de large contient 7.560 hl. d'eau. Quelle en est la profondeur?

4632. Quel est le volume d'un ballon qui a 18 m. de circonférence?

4633. Dites le volume et le poids d'une meule de moulin ayant 1 m. 40 de diamètre et 0 m.40 d'épaisseur, la densité de cette pierre étant de 2,5?

4634. Déterminez le volume, le poids et le prix de la bande de fer qui cercle une roue de 1 m.35 de diamètre, sachant que cette bande a 12 cm. de largeur et 15 mm. d'épaisseur, que la densité du fer est de 7,7 et que le quintal de fer vaut 54 fr.?

4635. Quel est le nombre dont les 3/4 moins les 5/7 égalent 10?

4636. Un ouvrier a fait 25 mètres 5/6 d'ouvrage en 3 heures 1/4. Combien a-t-il fait de mètres à l'heure?

4637. J'ai acheté les 2/7 plus les 3/5 d'une pièce de toile de 70 m. de longueur, à 2 fr. 1/4 le mètre. Combien ai-je payé?

4638. Un voyageur a fait 36 km. 4/5 en 8 heures. Combien en fera-t-il en 15 heures ½?

4639. Un ouvrier reçoit 27 fr. 1/5 pour 8 journées de travail. Combien gagne-t-il par semaine?

4640. Si les 3/4 d'un are coûtent 45 fr., quel est le prix de 38 a. 4/5?

4641. Une montre avance de 2/3 de minute par demi-heure. De combien avance-t-elle par jour?

4642. Un joueur a perdu les 5/6 de son argent et il lui reste 10 fr. Combien avait-il et combien a-t-il perdu?

4643. Les 7/10 d'une marchandise coûtent 350 fr. Combien payera-t-on pour le reste?

4644. La journée d'un ouvrier est payée 4 fr.25. Combien lui doit-on pour 8 jours 3/5?

4645. Quelle différence y a-t-il entre les 2/3 du 1/5 de 21 fr. et la 1/2 du 1/4 de 12 fr.?

4646. Un fermier a vendu les 3/8 et les 2/5 de sa récolte, combien lui en reste-t-il?

4647. Que valent les 3/5 des 2/3 de 54 fr.?

4648. Une pièce de vin coûte 75 fr. Quelle est la valeur des 3/5 de cette pièce?

4649. La somme de deux fractions est 7/8 ; leur différence est 3/4. Quelles sont ces fractions?

4650. Quelles sont les deux fractions dont la somme est 7/12 et la différence 1/2?

4651. Quels sont les 7/8 dés 4/5 de 25 ?

4652. Quel est le prix de 16 m. 3/4 à 11 fr. 3/11 le mètre ?

4653. Quel est le prix du kilogramme de beurre lorsque 8 kg. 2/3 coûtent 25 fr. 1/6 ?

4654. Diviser les 7/9 de 36 en 14 parties égales.

4655. Un tonneau contient 225 litres de vin ; si l'on en retire 15 fois 12 litres 2/5, combien en restera-t-il ?

4656. Quelle est la contenance d'un tonneau s'il a fallu 286 bouteilles de 3/4 de litre pour le soutirer ?

4657. Que reste-t-il d'un héritage de 2.218.680 fr. dont on a prélevé le tiers, le quart et le cinquième ?

4658. Les 3/4 d'un tonneau contiennent 90 litres de plus que les 3/10 du même tonneau. Quelle est sa capacité ?

4659. Une pièce de drap de 85 m. 1/2 coûte 1.744 fr. 1/5. Quel est le prix du mètre ?

4660. Quelle est la fraction qui devient 1/4 si on la multiplie par 2/5 ?

4661. Les 3/5 d'une pièce de toile coûtent 108 fr. Quel est le prix des 2/3 des 3/4 de la même pièce ?

4662. En revendant un cheval 880 fr., on gagne les 2/9 du prix d'achat. Combien coûtait ce cheval ?

4663. J'ai acheté 33 m.1/3 pour 357 fr. 1/7. Combien faut-il revendre le mètre pour gagner 1 fr. 2/3 par mètre ?

4664. On remplit un tonneau aux 7/9 en y versant 280 litres. Quelle est la capacité de ce tonneau ?

4665. Deux propriétés ont été vendues 121.212 fr.; le prix de la seconde est les 5/7 du prix de la première. Quel est le prix de chacune ?

4666. Quels sont les 5/11 et demi de 17/85 ?

4667. Les 3/4 d'un nombre diminués des 2/3 de ce même nombre donnent 8. Quel est ce nombre ?

4668. En revendant une propriété 3,509 fr. on a gagné le dixième du prix d'achat. Combien la propriété avait-elle coûté ?

4669. On paye deux chevaux 1.365 fr.; le prix de l'un est les 5/8 du prix de l'autre. Quel est le prix de chaque cheval ?

4670. Quel est le nombre dont les 5/8 égalent 60 ?

4671. Si j'avais 10 ans de plus, les 3/4 de mon âge seraient de 18 ans. Quel est mon âge ?

4672. Avec 360 fr., on achète les 3/5 d'une pièce de toile. Quel est le prix du reste ?

4673. De quel nombre 875 est-il les 4/5 ?

4674. Un jardinier a vendu le quart et le tiers de ses pêches et il lui en reste dix. Combien en avait-il ?

4675. Un coquetier a vendu les 3/4 de ses poulets et il lui en reste 3 douzaines 1/2. Combien en avait-il ?

4676. Lorsque 3 m. 1/5 de drap coûtent 35 fr.20, combien coûtent 7 m.1/2 ?

4677. Un ouvrier a fait 7 m. 2/3 et 12 m. 3/5. Combien lui doit-on à 4 fr. 3/4 le mètre ?

4678. Une source donne 18 litres 5/7 en 3/4 d'heure. Combien donne-t-elle par heure ?

4679. Un marchand avait 42 m. 2/9 de drap ; il en a vendu 8 m. 6/7 plus 17 m. 2/3. Combien lui en reste-t-il ?

4680. De quel nombre 40 est-il le 5/8 ?

4681. Il y a 3 de différence entre le 1/5 et le 1/6 d'un nombre. Quel est ce nombre ?

4682. Les 7/8 d'une pièce de toile coûtent 280 fr. Quel est le prix de la pièce ?

4683. Quel est le prix de 3 m.2/3 de soie à 18 fr.50 le mètre ?

4684. On a acheté deux propriétés pour la somme de 84.500 fr. La seconde coûte les 5/8 de la première. Quel est le prix de chacune ?

4685. Un ouvrier qui gagne 4 fr.20 par journée de 10 heures, a perdu 3 heures 1/2 le lundi et 2 heures 1/4 le samedi. Combien lui retiendra-t-on sur son compte de la semaine ?

4686. Une personne paye 45 fr. de loyer par trimestre. Combien doit-elle pour 10 mois 2/3 ?

4687. Que reste-t-il d'une pièce de 100 fr. dont on a dépensé les 2/5 plus les 3/8 ?

4688. Combien reste-t-il de mètres de drap à une pièce de 180 m. dont on a vendu les 5/9 et le 1/3 ?

4689. Il faut 15 jours à un ouvrier pour faire un ouvrage. Combien en fera-t-il en 9 jours 3/4 ?

4690. Quels sont les gages d'un domestique si les 2/7 de ces gages égalent 160 fr. ?

4691. Avec 15 fr.1/2 de plus, je pourrais payer une dette de 65 fr. 3/4 et avoir 10 fr.80 de reste. Combien ai-je ?

4692. Que reste-t-il d'une pièce de soie de 85 m.2/3 après qu'on a vendu 58 m. 3/4 ?

4693. Quel est le prix de 5 m.2/3 de velours à 14 fr. 5/8 le mètre ?

4694. Lorsque 2 m. 5/6 de drap coûtent 18 fr.4/5, combien coûtent 5 m. ½ ?

4695. Les 3/5 d'une propriété coûtent 7.500 fr. Quelle est la valeur des 5/8 ?

4696. Lorsque 2/5 de mètre coûtent 4/5 de franc, quel est le prix de 10 m. 3/4 ?

4697. Je reçois 2 fr.80 pour les 3/4 d'une journée. Combien recevrai-je pour 5 semaines ½ ?

4698. Quelle est la somme dont les 2/3 ont suffi pour acheter une propriété de 3 ha. 8 a., à 75 fr. l'are ?

4699. Les 4/5 d'une propriété ont rapporté 284 hl. de blé vendu 35 fr. le double hectolitre. Dites la quantité et le prix du blé récolté dans toute la propriété ?

4700. J'ai acheté, à raison de 15 fr. le mètre, les 3/8 d'une pièce de drap pour 225 fr. Dites la longueur de cette pièce ?

4701. Quelle est la contenance d'une cuve dont les 4/5 ont rempli 18 tonneaux contenant chacun 220 litres ?

4702. Quelle est la valeur des 5/6 d'une propriété lorsque les 3/4 se payent 46.809 fr.?

4703. Quelle est l'étendue d'une prairie dont les 3/7 payés 86 fr. l'are ont coûté 15.492 fr. 90?

4704. Lorsque les 3/4 d'une journée se payent 3 fr. 60, quel est le prix de 13 journées et demie?

4705. Les 2/5 plus les 3/8 d'une pièce de toile ont 93 m. de longueur. Quelle est la valeur de cette pièce, à 4 fr. 50 le mètre?

4706. Les 2/3 d'une cuve contiennent 126 litres de plus que les 3/5 de la même cuve. Quelle est la capacité de cette cuve?

4707. Le 1/3 plus les 2/5 plus les 3/7 de ma fortune s'élèvent à 97.600 fr. Combien ai-je?

4708. J'avais 570 fr.; j'en ai dépensé 1/5, 1/3 et 1/4. Combien ai-je dépensé et combien me reste-t-il?

4709. J'ai dépensé 1/4, 1/5 et 1/6 de mon argent et il me reste 1.794 fr. Combien avais-je?

4710. J'ai acheté une propriété dont j'ai payé les 2/3 des 3/8, et je dois encore 8.340 fr. Quel est le prix de cette propriété?

4711. Quel est le prix d'une montre, s'il y a 7 fr. de différence entre les 2/3 et les 5/9 de sa valeur?

4712. Combien coûte un cheval dont les 3/5 du prix moins les 2/7 du même prix égalent 237 fr. 60?

4713. Les 5/6 d'une marchandise ont coûté 315 fr. Combien payera-t-on pour le reste?

4714. Quel est le nombre qui surpasse ses 2/5 de 75?

4715. Quel est le nombre dont les 9/13 égalent 63?

4716. Les 3/4 d'une pièce de toile ont 54 m. Quelle est la longueur des 2/3?

4717. Une source donne 3/4 d'hectolitre d'eau par minute. Combien mettra-t-elle de temps pour donner 15 hl.?

4718. J'ai acheté deux chevaux pour la somme de 1.500 fr. Le prix de l'un égale les 2/3 du prix de l'autre. Quel est le prix de chacun?

4719. Deux bœufs coûtent 1.368 fr. Le prix de l'un égale les 4/5 du prix de l'autre. Quel est le prix de chacun?

4720. Un ouvrier gagne 3 fr.50 par journée de 10 heures, il a perdu 1/2 heure le matin et 1 heure 3/4 le soir. Combien lui doit-on?

4721. Il reste 1.500 fr. d'un héritage dont les 2/3 ont été dépensés. Quel était le montant de cet héritage?

4722. Combien doit-on à un ouvrier pour 45 journées 3/4 à raison de 3 fr. 50 par jour?

4723. Une personne donne à un pauvre 8 fr.50 qui sont les 5/6 de ce que renferme son porte-monnaie. Quelle somme avait cette personne?

4724. Mon âge augmenté de ses 2/3 donnerait 35 ans. Quel est mon âge?

4725. Une cuve a une capacité de 8 mètres cubes 3/5. Elle est pleine aux 3/4 d'un vin estimé 48 fr. 2/3 l'hectolitre. Quel est le prix de ce vin?

4726. Après qu'on a tiré d'un tonneau plein les 2/5 de son contenu, il y reste 135 litres. Combien a-t-on retiré de litres ?

4727. Il y a 47 1/4 de différence entre les 2/5 et les 3/8 d'un nombre. Quel est ce nombre ?

4728. On a partagé un héritage entre trois frères. L'aîné a eu les 3/5, le cadet les 4/11, et le plus jeune a reçu pour sa part 1.620 fr. Quel était le montant de cet héritage ?

4729. Une personne achète les 5/8 d'une pièce d'étoffe, et une autre personne prend le reste pour 18 fr. Dire le prix et la longueur de la pièce, si le mètre vaut 1 fr.20.

4730. Un ouvrier fait 9 m.1/3 en 4 heures 4/5. Combien fait-il de mètres en 6 heures 6/7 ?

4731. Dans un terrain carré dont le contour a 180 m. on creuse un bassin qui occupe 1/5 de la surface. Quelle est la contenance de ce bassin qui a 1 mètre 4/5 de profondeur ?

4732. Un pain de sucre pèse 11 kg. 2/3. Quel en est le prix à 0 fr. 85 le demi-kilo ?

4733. Un ouvrier qui gagne 4 fr.80 par journée de 10 heures a perdu en différentes fois 1 heure 1/4, 2 heures 3/4 et 4 heures 1/2. Combien recevra-t-il pour 15 journées de travail ?

4734. Une dette dont on paye 1/3 et 1/4 se réduit à 480 fr. Quelle est cette dette ?

4735. En revendant de la toile 2 fr.80 le mètre, on perd les 2/9 du prix d'achat. Combien avait coûté le mètre de cette toile ?

4736. J'ai payé une dette de 596 fr. 2/5 et il me reste 693 fr. 20 de plus que je n'ai payé. Combien avais-je ?

4737. Jules a perdu 1/8, 1/4 et 1/2 de son argent, et s'il avait 3 fr. de plus il lui resterait 15 fr. Combien avait-il et combien a-t-il perdu ?

4738. Un entrepreneur fait une remise de 6 fr. 1/8 % sur les prix portés au devis. Combien recevra-t-il, la dépense totale s'élevant à 22.420 fr. ?

4739. Les 3/4 du vin d'une cave ont été vendus 63.720 fr. à raison de 45 fr. l'hectolitre. Combien d'hectolitres contenait cette cave et quelle est la valeur du reste à 50 fr. 2/3 l'hectolitre ?

4740. Les 3/8 d'une propriété valent 16.290 fr. Quelle est la valeur des 5/6 ?

4741. Un ouvrier gagne 7 fr.3/4 en 15 heures 1/2. Combien gagne-t-il par heure et par jour de 9 heures et demie ?

4742. Quelle est la valeur d'une pièce de toile de 82 mètres et demi de long sur 7/8 de mètre de large à 4 fr. 4/5 le mètre carré ?

4743. Les 2/3 de la pension d'un gendarme égalent 1.600 fr. Quelle est la valeur des 3/4 de cette pension ?

4744. Les 5/6 des 18/25 moins le 1/10 d'une pièce de drap égalent 87 m. 50. Quelle est la longueur de cette pièce ?

4745. En revendant un cheval 840 fr. on perd 1/25 du prix d'achat. Combien avait-il coûté ?

4746. Quel est le nombre que l'on diminue de ses 3/8 en en retranchant 708 ?

4747. Quel est le nombre que l'on augmente de ses 2/5 en y ajoutant 754 ?

4748. Quel est le prix de 7 ares 3/7 à 1 fr. 40 le mètre carré ?

4749. Dites le prix de 8 mètres cubes 4/7 de grain à 25 fr. 2/3 l'hectolitre ?

4750. Combien coûtera un mur de 185 m. de long, 3 m. 60 de haut et 2/5 de mètre d'épaisseur, à 15 fr. 3/4 le mètre cube ?

4751. Combien vaut un tas de terreau de 7 m. 3/5 de long, 4 m. 2/5 de large et 1 m. 7/8 de haut, à 2 fr. 1/2 le mètre cube ?

4752. En 5 heures 1/2 un ouvrier a fait les 2/5 d'un ouvrage. Combien lui faut-il de temps pour en faire les 8/11 ?

4753. Combien faut-il de temps pour faire 69 m. 3/5, s'il faut 1/2 h. pour faire 3/4 de mètre ?

4754. J'ai soldé les 2/3 des 4/5 des 5/7 d'une facture, et je dois encore 130 fr. Quel était le montant de cette facture ?

4755. On achète 33 m. 1/3 pour 357 fr. 1/7. Combien faut-il vendre de mètres à 11 fr. 2/3 pour gagner 13 fr. 1/3 ?

4756. Un rentier lègue à son neveu les 3/5 de sa fortune et à sa nièce les 50.000 fr. qui restent. On demande la fortune du rentier et la part du neveu ?

4757. J'ai acheté 16 m. 2/3 pour 178 fr. 4/7, et j'en ai vendu 2 m. 4/5 pour 32 fr. 2/3. Combien ai-je gagné par mètre ?

4758. J'ai acheté les 3/5 d'une pièce de drap à 12 fr. 5/6 le mètre ; en les revendant 13 fr. 6/7, j'ai gagné 90 fr. 30. Déterminez : 1° le nombre de mètres achetés ; 2° la somme reçue ; 3° la longueur de la pièce ?

4759. Un ouvrier gagne 80 fr. par mois ; il dépense les 2/5 de son gain pour son entretien et en envoie 1/4 à ses parents. Combien lui reste-t-il au bout de l'année ?

4760. Un marchand achète 175 m. de drap à 17 fr. 4/5 le mètre. Il en a revendu les 3/7 avec 24 % de bénéfice et le reste avec 8 % de perte sur le prix d'achat. Combien a-t-il gagné sur le tout ?

4761. Un ouvrier ferait un ouvrage en 1/5 de jour, un second en 1/4 de jour, et un troisième en 1/6 de jour. S'ils travaillent ensemble, combien mettront-ils de temps pour faire ce même ouvrage, leur journée étant de 12 heures ?

4762. Un ouvrier ferait un ouvrage en 5 jours, un second le ferait en 4 jours, et un troisième en 6 jours. S'ils travaillent ensemble, combien mettront-ils de jours pour faire cet ouvrage ?

4763. Trois ouvriers se présentent pour faire un travail. Le premier offre de le faire en 16 jours, le deuxième en 12, et le troisième en 10. On les emploie tous les trois à la fois. Combien de jours durera le travail ?

4764. Une source remplirait un bassin en 10 heures, mais l'eau s'en échappe par une ouverture qui viderait le bassin en 24 heures. Combien la source mettra-t-elle d'heures pour remplir le bassin ?

4765. Trois fontaines coulent dans un bassin : la première le remplirait en 5 heures, la deuxième en 10 heures et la troisième en 12 heures. En combien de temps le bassin sera-t-il rempli ?

4766. Dire le volume et la surface totale d'une caisse dont les dimensions sont 1 m. 2/5, 7/9 et 5/7 de mètre ?

4767. Quelle est la capacité d'un puits dont le rayon est 5/7 de mètre et la profondeur 9 m. 2/3 ?

4768. A 45 fr. 2/3 l'hectolitre, quelle est la valeur du vin contenu dans une cuve cylindrique de 1 m. 3/7 de rayon et 2 m. 1/3 de hauteur si la cuve est pleine aux 6/7 ?

4769. Cinq ouvriers vivant ensemble ont payé 256 fr. pour un mois de pension ; pendant ce temps l'un est tombé malade le 18 et n'est revenu que le 28 et un second a fait un voyage de 12 jours. Quel est, par jour et par ouvrier, le prix de la pension ?

4770. Une ménagère a vendu 8 douzaines d'œufs à 55 cent.; 4 kg. de beurre à 75 cent. le demi-kilo ; 3 paires de poulets à 1 fr.80 l'un. Que restera-t-il du montant de ces ventes, si elle y prend pour acheter 13 m. de toile à 1 fr. 15, et 12 kg. de riz à 0 fr. 25 le demi-kilo ?

4771. Un braconnier a tiré 66 coups. Quel gain a-t-il fait, sachant que chaque coup lui a coûté 0 fr. 12, et s'il a tué 20 canards vendus 2 fr. 15 l'un ?

4772. Sur un mur de 25 m. de long, on fait placer une barrière en fer qui doit avoir 126 barreaux de 3 cm. d'épaisseur. A quelle distance faudra-t-il les mettre ?

4773. Quel nombre faut-il ajouter à 18 pour le tripler ?

4774. Un coutelier a vendu 25 douzaines de couteaux pour acheter 35 m. de toile à 1 fr.30, et 15 m. de drap à 12 fr. Combien a-t-il vendu la douzaine de couteaux ?

4775. Quelle est, en décamètres carrés, la superficie des 8/9 de 15 ha ?

4776. Un libraire achète 3.000 volumes qu'il paye 2 fr. 25 et revend 2 fr. 40. Quel aurait été son bénéfice, s'il en avait acheté pour 8.520 fr. ?

4777. Une propriété de 15 ha. a coûté 427.000 fr. Quelle somme a dû payer l'un des acheteurs qui en a eu les 4/7 ?

4778. L'année étant de 365 jours 5 heures 48 minutes 51 secondes, combien l'aiguille des secondes d'une montre fera-t-elle de fois le tour du cadran pendant ce temps ?

4779. Un chapelier vend 8 douzaines de chapeaux à 3 fr.40 l'un. Pour combien en a-t-il vendu, et quel a été son bénéfice, ses dépenses ayant été de 220 fr. ?

4780. Un marchand achète 6 pièces de 225 litres ne vin qu'il paye 0 fr. 40 le litre. Combien devra-t-il revendre le litre pour gagner 189 fr. sur son marché ?

4781. Le quintuple du total de trois nombres est 685 ; deux de ces nombres égalent ensemble 56. Quel est l'autre ?

4782. Quel nombre de litres y aurait-il dans les 5/7 d'un mètre cube ?

4783. On s'acquitte d'une dette en donnant 215 m. de drap à 12 fr., 77 m. de planches à 6 fr., 170 m. d'indienne à 0 fr. 75, 25 pièces de 20 fr., 15 pièces de 10 fr. et 12 pièces de 0 fr.10. Quelle est cette dette?

4784. Quel est, en décagrammes, le poids des 3/4 de 25 kg. d'eau?

4785. Quel nombre faut-il retrancher de 180 pour le diviser par 5?

4786. Les 8/15 d'une citerne peine d'eau égalent 54 hl. Quelle est en mètres cubes la contenance de cette citerne?

4787. A combien s'élève l'escompte de 4.000 fr. payables dans 18 mois, à 5,50 %?

4788. Quel est le montant d'une facture de 24 hl. de vin à 58 fr. l'hectolitre, 3 hl. de cognac à 3 fr. le litre et 70 l. de Bordeaux à 4 fr.?

4789. Un travail fait par 18 ouvriers a été commencé le 7 mai et fini le 15 juin. Quelle somme a-t-il fallu pour payer les ouvriers à 3 fr.25 la journée?

4790. Une chambre a 8 m. 26 sur 10 m. 29 ; on prend les 4/7 de sa longueur et de sa largeur pour en faire une seconde. Quelle sera la surface de la nouvelle chambre?

4791. Par quel nombre faut-il multiplier 16 entiers pour les augmenter d'une unité?

4792. Pour solder 3 pièces de vin de 215 litres à 1 fr.25 le litre, un négociant a donné 5 douzaines de mouchoirs à 0 fr.60, 50 m. de drap à 12 fr. et 141 m. de calicot à 1 fr. 30. Quel est le résultat de cet échange?

4793. Lorsque les 3/4 du mètre cube de sable valent 2 fr. 60, quel sera le prix de 15 voitures de 1 m³ 150 chacune?

4794. La terre parcourt autour du soleil 206.144.825 lieues dans un an. Combien en parcourt-elle en 30 jours?

4795. La superficie du département de l'Aisne est de 728.530 ha., dont les 5/12 sont en riche terreau. Quelle est la superficie des autres terrains?

4796. On reçoit deux caisses d'oranges ; l'une en contient 36 de plus que l'autre ; on en prend 60 dans la première, 96 dans la deuxième, et il en reste en tout 10 douzaines. Combien y avait-il de douzaines dans chaque caisse?

4797. A 15 fr. 25 les 10 kg., quel est le prix de 750 kg.?

4798. Combien a-t-on fait tailler de mètres cubes de pierre pour 856 fr.25, à raison de 0 fr.75 les 100 dm³?

4799. Un ouvrier place à 5 % le montant de 168 journées de travail dont le 1/3 à 1 fr.90, le 1/4 à 2 fr.25 et le reste à 3 fr. 60. Combien retirera-t-il après 15 mois 25 jours?

4800. Le multiplicande d'une multiplication étant 200, de combien d'unités a-t-il fallu augmenter le multiplicateur pour avoir 800 de plus au produit?

4801. Un boulanger qui a acheté 1.900 fagots à 13 fr. le cent, en a déjà reçu pour 117 fr. Combien doit-il encore en recevoir et pour quelle somme?

4802. Un marchand a acheté 164 moutons à 28 fr. pièce ; il les a revendus 35 fr. pièce, et il a dépensé à la foire 28 fr. 50. Quel a été son bénéfice, s'il lui en a péri deux dont les peaux lui ont été payées ensemble 8 fr.15 ?

4803. Trente-cinq douzaines de verres coûtent 54 fr. Combien faut-il revendre la douzaine pour retirer son argent, s'il s'en est brisé 96 ?

4804. Un écolier a perdu 12 billes dans une première partie, dans une seconde il en a gagné 18 et il en a maintenant 75. Combien en avait-il en se mettant au jeu ?

4805. Un marchand de faïence achète 1.850 assiettes à 20 fr. le cent et les revend 280 fr. le mille. Combien pourra-t-il en acheter d'autres avec la somme qu'il a retirée de cette vente, en supposant qu'on lui en donne 125 au lieu de cer.., et qu'il les paye 15 fr. le cent ?

4806. On a diminué de 350 le dividende d'une division qui n'a pas de reste, et par cette opération, le quotient s'est trouvé diminué de 7. Quel est le diviseur ?

4807. Dans un ménage il s'est dépensé en un mois pour 64 fr. de pain, 54 fr. de viande, 20 fr. d'épiceries, 30 fr. de vin, 100 fr. d'habillements. Quel sera pour toute l'année le montant de chacun de ces articles, si les dépenses sont toujours les mêmes ?

4808. Quel temps faut-il à 5.000 fr. pour rapporter 280 fr. à 3 1/4 % par an ?

4809. Dans 150 kg. de confiture il est entré 80 kg. de sucre. Combien avec 135 kg. de sucre pourra-t-on faire de pots de confiture, si chacun en contient 1 kg.½ ?

4810. Un parquet a été payé 8 centimes le décimètre carré. Combien a-t-il coûté, s'il a 7 m.60 sur 6 m.25 ?

4811. On veut distribuer 8.528 fr. à 24 pauvres : les 16 premiers doivent avoir chacun 230 fr. Combien recevront chacun des 8 derniers ?

4812. Un domestique devait recevoir pour gage 360 fr. et un habit ; il se retire après 5 mois de service et reçoit seulement 200 fr. Quelle devait être la valeur de cet habit ?

4813. Un employé d'usine devait recevoir 1.800 fr. à la fin de l'année ; s'étant retiré après quelques mois, il ne reçoit que 540 fr. Combien de mois est-il resté ?

4814. Un fabricant a vendu 134 paires de souliers 1.070 fr. La marchandise employée valait 585 fr.50 et la façon a été payée 2 fr.80 par paire. Combien gagne-t-il par an, s'il a 8 ouvriers qui lui en font chacun 315 paires ?

4815. En 35 minutes, un voyageur peut faire 3 km. 57. Combien en ferait-il en 8 heures ?

4816. Que valent 3 m³ 25 de pierre, à 0 fr.03 les 10 décimètres cubes ?

4817. Quel est le poids de l'eau contenue dans un bassin de 8m.de long, 5 m.75 de large et 3 m.15 de haut, l'eau arrivant aux 3/4 de la hauteur ?

4818. Dans le carrelage d'une chambre de 7 m. 15 sur 6 m. 07, on a employé des carreaux de 0 m. 20 de côté. Combien en a-t-il fallu ?

4819. Le siège d'une ville a commencé le 15 mai et n'a été levé que le 19 juillet. Combien de jours a-t-il duré?

4820. Un liquoriste paye 3 tonneaux d'eau-de-vie 300 fr. l'un. Quel sera son bénéfice en revendant le litre 1 fr.65, la contenance de chaque tonneau étant de 240 litres?

4821. Pour acheter 864 hl. de blé à 18 fr. l'hectolitre, on vend 530 hl. de vin à 26 fr. Combien a-t-il fallu vendre de litres de rhum à 3 fr. le litre pour compléter ce qui a manqué?

4822. Un grainetier a 25 dal. de blé à 3 fr., 13 doubles décalitres d'avoine à 0 fr.12 le litre ; 3 hl. d'orge à 17 fr. Quelle est la valeur de sa provision?

4823. Une vigne qui a 28 m. sur 21 m. 35, a rapporté 180 kg. de raisins, qu'on a vendus 20 fr. les 100 kg. Combien payera l'acheteur des 2/3 de la vendange?

4824. Un domaine de 140 ha. 25 a été partagé entre deux héritiers. Quel est le prix de ce domaine et la surface de chaque part, si l'un qui a 5 ha. 75 de plus que l'autre, doit rendre à celui-ci 10.350 fr. ?

4825. Dans 8.641 cm³ combien y a-t-il de demi-décalitres?

4826. Sur 640 stères de bois on a gagné 608 fr., en les revendant 1 fr. 25 le décistère. Combien avait-on payé le stère?

4827. Les 33/37 du département de l'Allier sont imposables, et 61.266 ha. ne le sont pas. Quelle est la superficie totale de ce département?

4828. Un épicier reçoit 30 pains de sucre de 8 kg. 25 à 1 fr. 35 le kilo ; il en revend 8 à 2 fr. le kilo et sur le reste il fait 0 fr.25 de bénéfice par kilo. Quel est son bénéfice total?

4829. Un verger a 36 pommiers en tous sens. Combien a-t-il d'arbres, et quel en est le produit, si chaque arbre donne en moyenne 4 dal. de pommes à 0 fr.85 le décalitre?

4830. Un banquier a en caisse 125 pièces de 100 fr., 54 pièces de 20 fr. et 18.000 fr. en billets de banque. S'il paye 5 billets de 280 fr. chacun, quelle somme lui restera-t-il?

4831. Quels sont les deux nombres dont la différence est 72 et le quotient 13?

4832. Le double de la somme de deux nombres est 250, et l'un de ces nombres est 85. Quel est l'autre?

4833. A 2 fr.25 les 4/5 du décalitre de vin, que valent 65 hl. ?

4834. Un ouvrier place 1.500 fr. à 5 1/3 %. Dans combien de temps pourra-t-il toucher 145 fr. d'intérêts?

4835. Un coquetier avait acheté des œufs à 15 pour 0 fr.60 ; il les a revendus à 12 pour 0 fr. 55. Son bénéfice ayant été de 16 fr., combien de douzaines avait-il achetées?

4836. Il faut 24 jours à 3 manœuvres pour défoncer un terrain de 50 m. de long et 12 m. de large. Quel temps faudrait-il à 8 ouvriers pour en défoncer un second de 17 ares 15?

4837. Un navire se met en mer le 15 juin et n'arrive que le 13 octobre. Combien de jours a-t-il passés en mer?

4838. Pour ensemencer 2 ha. 525 de terre, on a payé 1.060 fr. 50. La récolte a produit 5.289 f. 60. Quel est le bénéfice par are ?

4839. On vend 164 doubles stères de bois à raison de 15 fr. 45 le stère. Quelle somme recevra-t-on ?

4840. Quelle est la valeur d'une récolte de 7 ha. 82 ca. d'avoine, si l'are a produit 33 litres au prix de 7 fr. 15 l'hectolitre ?

N. B. *Les élèves disposeront les réponses des problèmes suivants article par article, en forme de mémoire, compte ou facture. Voir pour modèle à la fin du volume.*

4841. *Résumé des comptes d'un fermier.* Vendu du froment pour 2.765 fr.; de l'avoine pour £28 fr. 60 ; veaux et autres animaux pour 1.216 fr.; laitage et œufs pour 524 fr. 75. Payé une batteuse 2.800 fr.; aux domestiques 985 fr.; à divers 789 fr. 35. Acheté 4 jeunes porcs, 6 fr. 35. Vendu 7 moutons à 35 fr.
Vendu 15 kg. de beurre à 2 fr. 50. Acheté des souliers pour Louis et Jean, 26 fr. 75. Vendu au boucher un bœuf de 1.218 kg. 750 à 0 fr. 80. Acheté une robe à Jeanne et à Marie, 91 fr. 25 et pour moi un vêtement complet, 115 fr. Payé le mémoire du maréchal-ferrant, 47 fr. 85. Payé au pâtissier 17 fr. 35. Vendu 23 hl. de blé à 18 fr. 70. Payé 9 journées des manœuvres à 3 fr. 10. Payé le trimestre de la ferme, 900 fr. Donné en étrennes, aux trois valets et à la servante, 10 fr. à chacun. Faire deux règlements.

4842. Un fermier va à la foire avec 350 fr. dans sa bourse : il vend un veau 65 fr.; il achète une vache 425 fr. et un habit 4 fr. 50 ; il reçoit 83 fr. 60 d'un débiteur et paye pour 5 fr. 75 de menues dépenses. Faire l'état de ses dépenses, de ses recettes et de ce qui lui reste.

4843. *Note d'un boucher.* — 3 kg. 52 de bœuf à 1 fr. 20 le kilo ; 1 kg. 725 de veau à 1 fr. 75 le kilo.; 2 kg. 120 de mouton à 1 fr. 80 le kilo. Compléter et faites le total.

4844. *Facture d'un épicier.* — 4 kg. 500 de figues à 0 fr. 90 le kg.; 2 kg. 250 de raisins secs à 1 fr. 10 le kilo.; 3 kg. de sel à 0 fr. 20 ; 0 l. 250 de vinaigre à 0 fr. 40 le litre ; 3 kg. 500 de bougie à 2 fr. 20. Dire ce qui reste à payer si l'on a donné 5 fr. ?

4845. Terminer la facture suivante et dire le net à payer si l'on fait une remise de 1 fr. 70 : 7 m. 25 de drap à 12 fr. 60 ; 4 m. 45 de mérinos à 8 fr. 25 ; 8 m. 75 de soie à 9 fr. 50 ; 12 m. 50 de doublure à 0 fr. 85.

4846. *Facture d'un marchand de bois.* — 1.560 planches de chêne à 385 fr. le cent ; 7.800 échalas à 18 fr. 50 le mille ; 360 bottes de lattes de 50 chacune, à 35 fr. le mille. Remise de 3 fr. 30. Dire le net à payer.

4847. *Facture d'un marchand de literie.* — 4 lits en bois de noyer à 65 fr.; 4 sommiers bourrelets à 70 fr.; 4 matelas laine et crin, première qualité, à 68 fr.; 12 couvertures à 20 fr. l'une ; 250 kg. crin à 0 fr. 25 le kg. Total.

4848. *Facture d'un papetier.* — 6 rames couronne à 7 fr. 25 ; 8 rames cloche à 5 fr. 75 ; 8 ramettes poulet à 2 fr. 55 ; 2 mains colombier à 1 fr. 60 ; 4 boîtes mathématiques à 7 fr. 50 ; 3 grosses crayons ordinaires à 4 fr. 75. Total.

4849. *Facture d'un mercier.* — 3 kg. 145 lacets coton à 11 fr. le kilo.; 5 douzaines peignes corne à décrasser, à 1 fr. 25 la douzaine ; 3 douzaines peigne corne à retaper à 1 fr. 35 la douzaine ; 3 dag. lacets soie à 340 fr. le kilo.; 12 kg. crochets bouclés vernis à 2 fr. le kilo. Total.

4850. *Facture d'un verrier.* — 500 bouteilles ordinaires à 11 fr. le cent ; 650 litres à 16 fr. le cent ; 50 demi-litres à 10 fr. le cent ; 75 quarts de litre à 10 fr. 50 le cent ; 200 gobelets forts polis à 12 fr. le cent ; 50 salières à 5 fr. le cent ; 200 verres ordinaires à 10 fr. le cent.

4851. *Facture d'un papetier.* — 2.500 enveloppes à 0 fr.75 le cent ; 15 tablettes carmin à 0 fr.60 la tablette ; 4 douzaines crayons menuisier à 0 fr.70 la douzaine ; 6 registres cloche, 400 pages, à 2 fr.25 l'un ; 5 agendas de poche à 0 fr. 80 ; 6 feuilles carton blanchies à 0 fr.15.

4852. *Facture d'un lampiste.* — 8 lampes à pétrole de 3 lignes à 4 fr.75 ; 6 id. de 7 lignes à 5 fr.50 ; 2 lampes à schiste avec suspension à 21 fr.50 ; 60 litres schiste à 0 fr. 85 ; 55 litres pétrole à 1 fr. 10 ; 9 douzaines verres de cristal à 0 fr.60 pièce. Reçu 20 fr. Reste à payer.

4853. *Facture d'un meunier.* — Mouture de 235 kg. de froment à 1 fr.50 les 100 kg.; id. de 385 kg. d'orge à 1 fr. 10 les 100 kg., fourni 195 kg. de son à 13 fr.75 les 100 kg. Faire le total.

4854. Pour 1 mètre cube de mortier de ciment il faut 571 kg. de ciment à 13 fr.70 les 100 kg.; 0 m.³ 84 de sable à 3 fr.25 le mètre cube ; travail et faux frais, 1 fr. 25. Etablir le prix du mètre cube de ce mortier.

4855. Etablir le prix de 12 mètres cubes de mortier, d'après les données précédentes.

4856. Le sel préserve les animaux de plusieurs maladies ; il en faut par jour : 160 gr. aux chevaux et aux bœufs à l'engrais ; 130 gr. aux vaches ; 70 gr. aux bovillons et 32 gr. aux veaux. Chercher ce qu'il en faut par an à chaque animal, et le prix à 15 fr. les 100 kg. ?

4857. Une fermière va au marché et vend 9 douzaines d'œufs à 0 fr. 75 ; 5 kg. 5 de beurre à 1 fr. 90 ; 24 fromages à 0 fr. 15 ; 5 poulets à 2 fr. 25. Elle achète une douzaine de verres à 0 fr.15 l'un ; 300 gr. de pain à 0 fr. 30 le kg., et un demi-litre de vin à 0 fr. 70 le litre. Faire son compte et dites ce qui lui reste.

4858. Faire la note d'octroi pour un voiturier qui entre à Lyon deux pièces de vin de 215 litres, 75 litres d'eau-de-vie, 210 litres de vinaigre et 120 litres de bière sachant que le droit d'octroi est de 4 fr. par hectolitre de vin, de 16 fr par hectolitre d'eau-de-vie, de 5 fr. par hectolitre de vinaigre et de 15 fr. par hectolitre de bière.

4859. *Mémoire d'un charron.* — 2 paires de roues à 24 fr. 50 la roue ; 2 chars à bras de 78 fr. l'un ; 3 brouettes à 18 fr. 25 ; 7 rayons à 14 fr. 40 la douzaine ; 3 ridelles à 2 fr. 70 l'une. Dire le net à payer s'il y a une diminution de 4 fr.25.

4860. *Facture d'un marchand de bouchons.* — 1.500 bouchons à 12 fr.50 le mille ; 4.000 bouchons surfins Catalogne à 15 fr.25 le mille ; 3.500 id., surfins premier choix, à 16 fr. le mille ; 50 bouchons bondes grosses à 0 fr. 10 l'un ; 40 bouchons bondes ordinaires à 0 fr. 50 pièce.

4861. *Facture d'un marchand corroyeur.* — 9 cuirs pesant ensemble 292 kg., à 3 fr. 70 le kilo ; 24 coupons pesant ensemble 100 kg., à 5 fr. 50 ; 4 collets de cuir pesant 125 kg. à 2 fr.60 ; 4 bandes lissées ensemble 42. kg. 800, 3 fr. 30.

4862. *Facture d'un marchand de marrons.* — 324 kg. 250 petites châtaignes, à 14 fr.50 les 100 kg.; 528 id. grosses à 18 fr. 25 ; 407 kg. 349 marrons, à 32 fr. les 100. kg.; 540 kg. id. petits à 25 fr. 50 les 100 kg. Reçu 25 fr. Reste dû.

4863. *Facture de rouennerie.* — 2 pièces madras de 138 m. 40 chacune, à 1 fr.90 le mètre ; 1 pièce coutil d'Evreux 96 m. 90, à 2 fr.60 ; 2 pièces coutil de 85 m. à 1 fr.70 le mètre.

4864. *Facture d'un quincaillier.*—3 pelles et pincettes à 2 fr. 25 l'une ; 2 marmites fonte à 3 fr.25 ; 5 id. id. à 5 fr.50 ; 4 poêles à frire à 2 fr.50 ; 4 douzaines couverts à 4 fr. 25 la douzaine ; 5 couteaux à hacher à 2 fr. 25 ; 6 bassines à 5 fr. 25; 9 robinets à 2 fr. 25 ; une lanterne, 3 fr. 25.

4865. *Facture d'un ferblantier.* — 15 soupières à 4 fr. 25 ; 15 cuillères à pot à 0 fr.80 ; 6 lanternes carrées à 0 fr. 90 ; 12 arrosoirs à 8 fr.75 ; 10 pots à huile à 1 fr.25.

4866. *Facture d'un marchand de charbon.* — 8.158 kg. Malbrouk-Château, à 2 fr. 05 les 100 kg.; 6.400 kg. pérats à 3 fr. 20 les 100 kg., 8.130 kg. menu, à 1 fr.80 les 100 kg., 7.340 kg. coke, à 2 fr.80 les 100 kg.

4867. *Facture d'un marchand de papiers peints.* — 30 rouleaux sépia à 1 fr. 25 le rouleau ; 18 id. maïs à 1 fr. 05 ; 20 id. gris bleu à 0 fr. 85 ; 30 id. Sépia Corinthe à 1 fr.25 ; 25 id. gris Corinthe à 3 fr. le rouleau ; 8 id. vert rose à 3 fr.; 4 id. rouge uni à 1 fr; 50 ; 10 id. bois velouté à 8 fr. le rouleau. Reçu 15 fr. 60. Reste à payer.

4868. *Mémoire d'un peintre en bâtiment.*—Avoir peint dans la maison N : la salle à manger, surface 89 m² 64, à 0 fr.85 le mètre carré ; un placard ayant 4 m² 67, à 2 fr. 15 ; la chambre du premier étage, surface 48 m² 85, à 1 fr. 25. Reçu à compte 35 fr. 30 fr. Reste à payer.

4869. *Facture d'un pharmacien.* — 250 gr. thé vert mélangé à 10 fr. le kilo ; 600 gr. diachylum chargé, à 2 fr.40 le kilo ; 8 m. diachylum léger, à 0 fr. 25 le mètre ; 2 boîtes pilules vermifuges, à 2 fr.50 la boîte ; 24 boîtes vides grand modèle, à 0 fr. 05 pièce ; 12 kg. pastilles de menthe à 5 fr. 25 le kilo ; 600 gr. gomme mélangée, à 2 fr. 60 le kilo.

4870. Pour un mètre de cloison en brique, on emploie 28 briques simples à 2 fr.25 le cent ; 45 kg. de plâtre à 5 fr. les 100 kg. ; on ajoute 0 fr. 65 pour la main-d'œuvre et 1 dixième pour le bénéfice. Dire le prix de 75 m. de cette cloison.

4871. Un vitrier a placé 12 carreaux à 0 fr. 85 ; 7 à 0 fr.35 ; 16 à 0 fr. 60. et 24 à 0 fr. 45. Combien lui revient-il?

4872. Un vigneron a façonné 37 ares de vigne à 6 fr. 75 l'are, fait 22 provins par are à 3 fr. 95 le cent, 85 m. de rigole à 0 fr.03 le mètre et planté 250 échalas par are à 3 fr.80 le mille. Que lui doit-on?

4873. *Mémoire d'un maçon.* — Creusé les fondations d'une maison ayant hors d'œuvre 15 m. de long. sur 7 de large, à une profondeur de 1 m.65 et une largeur de 0 m.58, à 0 fr. 35 le mètre cube ; fait les murs dans les fondations et à 7 m. 50 de haut sur une épaisseur moyenne de 0 m.50 à 13 fr. 80 le mètre cube ; fait le carrelage du rez-de-chaussée à 2 fr. 50 le mètre carré. Total. A déduire de la maçonnerie deux ouvertures de 3 m. de haut sur 2 m.50 de large. Reste à payer.

4874. *Mémoire d'un charretier.* — Le 1ᵉʳ mars 1910, charroi de 15 mètres cubes de sable à 4 fr.50 le mètre cube ; le 3 mars, charroi d'un tas de moellons de 5 m. sur 4 m. et 1 m. 25, à 2 fr.40 le mètre cube ; le 6 mars, transport d'un bloc de pierre ayant 1 m. 56 sur 1 m. 40 et 1 m. 25, à 9 fr. le mètre cube. Total.

4875. *Facture d'un marchand de bois.* — Fourni 20 lames de mélèze de 18 lignes mesurant 13 m² 70, à 2 fr. 70 le mètre carré ; 18 lames id. de 15 lignes mesurant 13 m² 20, à 2 fr. 35 le mètre carré ; 295 lames de sapin mesurant 141 m² 60 à 1 fr. 70 ; 10 planches de 10 pieds, ensemble 10 mètres carrés, à 1 fr. 35 le mètre carré.

4876. *Facture d'un marchand de porcelaine.* — 4 douzaines bénitiers à 3 fr. 50 la douzaine ; 15 soupières faïence à 3 fr. 50 l'une ; 18 grands plats de grès à 3 fr. 10 ; 4 douzaines assiettes à 3 fr.75 la douzaine ; 36 verres taillés à 4 fr.25 la douzaine ; 12 tasses à 0 fr.25 pièce ; 8 soupières noires à 1 fr.25.

4877. Il faut en moyenne et par jour 15 kg. 50 de foin pour un bœuf, 10 kg. 50 pour une vache et 1 kg. 17 pour un mouton. Calculer la quantité de foin qu'il faut par an à un fermier qui a 4 bœufs, 7 vaches et 25 moutons.

4878. Pour nourrir 30 poules, il faut, par an, 3 hl. d'avoine à 6 fr., 3 hl. d'orge à 9 fr. et pour environ 15 fr. d'autres substances : chaque poule peut donner en moyenne 9 douzaines d'œufs à 0 fr.50 et pour 1 fr. de colombine. Calculer le bénéfice net des 30 poules.

MODÈLE D'UN LIVRE DE RECETTES ET DÉPENSES

Dates	MOIS DE FÉVRIER 1894	RECETTES fr.	c.	DÉPENSES fr.	c.
1	Caisse de ce jour......	332	75		
5	Payé à l'épicier sa facture du 17 janvier.			66	25
9	Vendu à M. Morniez 60 douzaines d'œufs à 0 f. 50	30	»		
16	Vendu 80 kilogrammes de fromages à 0 fr. 90...	72	»		
17	Payé pour achat de 87 kg. de sucre........... ..			60	90
19	Payé pour l'entrée de 8 hectolitres de vin..			24	»
21	Reçu de M. P. Marcoz, son loyer du 1ᵉʳ trimestre..	57			
28	Vendu une vache...............................	280			
27	Payé le gage du domestique.			400	»
	Reste en caisse.................			220	60
	TOTAL....................	771	75	771	75

MÉMOIRE DE TAILLEUR

MÉMOIRE des ouvrages confectionnés pour la famille FRITT
pendant l'année 1894,
par M. P. M., marchand tailleur à...

		fr	c.
	POUR MONSIEUR		
Mars 25	3ᵐ25 drap bleu, pour pantalon, à 8 francs le mètre......	26	»
	Façon et fournitures........................ ..	9	»
Juillet 4	Façon d'une redingote	11	»
	1ᵐ80 drap d'Elbeuf, bleu foncé pour redingote, à 30 fr. 50 le mètre.........................	54	90
	POUR MADAME		
Juin 7	10ᵐ30 mérinos noir, pour robe, à 10 francs le mètre.............................	103	»
Novembre 14	Raccommodage de manteau, fournitures et façon....................................	7	25
	POUR M. LOUIS		
Décembre 14	2ᵐ10 de satin laine, pour pantalon et guêtres, à 20 fr le mètre.....	42	»
	Fournitures et façon......................	9	50
	TOTAL.................	262	65

Pour acquit de la somme de deux cent soixante francs, valeur réduite du présent mémoire.

A...   le,..   18 ..

(Signature du tailleur.)

FACTURE D'UN MARCHAND DE CHAUDRONNERIE

JEAN-LOUIS CORDIER
Rue Rougette, 15, à Lyon

Doit, Monsieur BERTRAND, aubergiste à la Demi-Lune, à Jean-Louis CORDIER, les articles ci-après détaillés :

LYON, le 20 juin 1894.

1894				fr.	c.
Juin 4	3		Casseroles en cuivre rouge à 18 fr.............	54	»
	2		Marmites en fonte à 5 fr. 60...................	11	20
— 7	2		Chaudrons en cuivre jaune à 27 fr. 80.........	55	60
	1		Passoire en étain.............................	4	25
— 15	2		Poêles à frire, à 4 fr. 75....................	9	50
			TOTAL....................	134	55

MÉMOIRE DE SERRURIER

MÉMOIRE *des travaux de serrurerie exécutés chez M. COP, rue du Beau-Fruit, nᵒ 7, pendant l'année 1894, par M. N..., serrurier, rue...., n....,*

		fr.	c.
Janvier. 7	Fourni 4 espagnolettes de 2ᵐ 25 de haut avec poignée renforcée, à 6 fr. l'une.............	24	»
— 19	16 crampons pour la charpente du toit, pesant ensemble 58 kg. à 60 fr. les 100 kilos	34	80
Mars. 13	Posé une sonnette avec un ressort............	3	250
— 20	Fourni 15 boulons en fer à tête ronde pour une réparation faite au portail.................	8	70
Juin. 17	Fourni 24 pommelles, avec leurs vis, et les avoir posées	22	»
—	Fourni une serrure Fichet, à 3 clefs...........	12	»
—	Fourni 6 gonds à patte, de 6 cm. de développ. les avoir placés, à 1 fr. 20................	7	20
	TOTAL.............	111	95

Pour acquit de la somme de **cent onze francs cinquante centimes,** valeur réduite du présent mémoire.

A...   le...   18.

(Signature du serrurier.)

TABLE DES MATIÈRES

Pages

Préliminaires. — Exercices............................ 5

CHAPITRE I

Numération parlée et écrite. — Exercices.............. 6

CHAPITRE II

Opérations fondamentales sur les nombres entiers 11
Addition. — Exercices............................... 12
Soustraction. — Exercices. — Récapitulation........... 17
Multiplication. — Exercices. — Récapitulation.......... 27
Division. — Exercices. — Récapitulation.............. 43

CHAPITRE III

Numération des fractions décimales.................... 70
Opérations sur les fractions décimales. — Exercices........ 73

CHAPITRE IV

Système métrique. — Notions générales................ 96
Calcul des unités métriques. — Exercices.............. 98
Mesures de longueur. — Exercices.................... 101
Mesures de surface. — Exercices.................... 107
Mesures de volume. — Exercices.................... 113
Mesures de poids.................................. 120
Mesures de capacité. — Exercices.................... 122
Exercices sur les mesures de poids 127
Mesures monétaires. — Exercices.................... 133
Relations des mesures. — Mesures de temps. — Exercices.... 137

CHAPITRE V

Fractions ordinaires. — Généralités. — Exercices.......... 152
—   —   Réductions. — Exercices............ 153
—   —   Soustraction. — Exercices........... 160
—   —   Multiplication. — Exercices......... 163
—   —   Division. — Exercices.............. 166
—   —   Conversion des fractions. — Récapitulation 169

CHAPITRE VI

Méthode de l'unité. — Problèmes résolus. — Exercices....... 178
Intérêt. — Escompte............................... 185
Répartition proportionnelle. — Mélanges............... 193

CHAPITRE VII

Surfaces et volumes. — Exercices.................... 195
Récapitulation générale............................ 197

Lyon. — Imp. Emmanuel VITTE, 18, rue de la Quarantaine — 862

PERLVSTRAT
VELOCI CVRSV
T ALIGER ORBEM
Α ω